云南省普通高校“十二五”规划教材

# 嵌入式系统简明教程

何文学　编著

科学出版社
北　京

## 内 容 简 介

本书以嵌入式 ARM 9 内核为切入点，讲述具有 MMU(内存管理单元)管理能力的 ARM 嵌入式系统应用技术开发。全书共五篇，分别是第一篇主要介绍 openSUSE Linux 操作系统的安装和使用；第二篇重点介绍基于 ARM 9 的嵌入式 Linux 2.6.x 内核的配置及应用开发；第三篇主要讲述 Qt 应用与开发；第四篇重点讲述 Android 应用与开发；第五篇根据前四篇学习的知识，介绍两个嵌入式项目设计实例。全书紧跟最新技术发展，注重实践、由浅入深、分步系统地阐述嵌入式系统应用开发的全过程，是嵌入式系统应用开发学习的入门教程。

本书适合高等院校电子信息类及相关专业本科教学使用，也可作为电子类专业工程技术人员的培训和自学入门指导书。

**图书在版编目(CIP)数据**

嵌入式系统简明教程/何文学编著．—北京：科学出版社，2013

云南省普通高校"十二五"规划教材

ISBN 978-7-03-038086-9

Ⅰ.①嵌…　Ⅱ.①何…　Ⅲ.①微型计算机-系统设计-高等学校-教材
Ⅳ.①TP360.21

中国版本图书馆 CIP 数据核字(2013)第 144278 号

责任编辑：任俊红　李梦华 / 责任校对：钟　洋

责任印制：徐晓晨 / 封面设计：华路天然工作室

科 学 出 版 社出版

北京东黄城根北街 16 号

邮政编码：100717

http://www.sciencep.com

北京捷迅佳彩印刷有限公司 印刷

科学出版社发行　各地新华书店经销

*

2013 年 8 月第　一　版　开本：787×1092　1/16

2019 年 7 月第五次印刷　印张：19 1/4

字数：506 000

**定价：68.00 元**

(如有印装质量问题，我社负责调换)

# 前　言

目前，几乎所有的智能手机和 MID，使用的都是 ARM 芯片。由于其指令集较简单，所以功耗低、成本低，特别适用于移动设备。随着性能不断提高，它已经开始装备平板电脑、电纸书等。ARM 公司目前主要授权三个系列的芯片设计：ARM 9、ARM 11 和 Cortex－Ax。

近几年来，嵌入式系统开发技术人才需求量巨大，国内外高校的计算机、电子、通信、自动化等专业都相继将嵌入式系统课程列入教学计划，重点教授。嵌入式系统是一门综合性很强的专业课程，涉及的基础知识广泛，不仅覆盖了软件、硬件方面的技术，而且与通信、自动控制、电子等专业知识相关，要求学生具有较好的计算机软件、硬件基础知识，教学难度较大。此外该课程还是一门实践性很强的课程，只有通过实践才能真正理解和掌握嵌入式系统开发的方法和过程。

本教材紧扣研发产品的思路组织教材内容，基于市场上提供的最基本的硬件开始，从最底层软件的开发、目前最流行的 Android 图形界面的设计全面讲述嵌入式产品研发需要掌握的必备知识，使学生学完该门课程后就有能力参与该类需求的项目。

本教材分为五篇：openSUSE Linux 操作系统、嵌入式应用与开发、Qt 应用与开发、Android应用与开发、应用与设计。总括起来，该教材具有如下 6 个主要特点。

(1) 基于 ARM9 开发板，本教材从桌面 Linux 开始到嵌入式 Linux 和目前主要使用的 Qt GUI编程及目前最流行的 Android 编程分步系统地阐述嵌入式系统应用开发的全过程，并以实践为主，理论为指导，大大降低学习的难度。

(2) 第一篇，针对电子类专业学生 Linux 操作系统知识欠缺的实际情况，选择主流的 openSUSE Linux 从安装到特点描述及操作，全方位上机教学，大大减低学习门槛。

(3) 第二篇，以嵌入式 ARM 9 开发板为基础，从嵌入式系统的基本接口入手到嵌入式 Linux 内核编译，最后到驱动程序和底层软件开发，系统讲授嵌入式软件核心层。这也是学习嵌入式软件开发的难点。

(4) 第三篇，讲述 Qt 应用开发，让学生学习常用嵌入式系统高层软件开发的工作环境和图形界面的编写。

(5) 第四篇，从安装、编程和下载全面讲述目前最流行的 Android 应用开发的全过程，弥补目前同类教材内容滞后或难配套的问题。

(6) 本教材第五篇以我校学生通过该课程学习后参与设计的两个项目作为应用实例，让学生进一步理解学习的实用性和嵌入式产品开发的实际过程。

为了方便广大读者的学习，本书所用的软件工具和源代码可通过网络下载，下载地址为 http://ecenter.ynnu.edu.cn/embededSystem/hewenxue/embededSoftwarePackage.rar。

本教材是云南师范大学民族信息化教育部重点实验室应用研究方向建设成果之一，也是云南省教育厅“便携式智能数字投影系统”重大专项及云南省电子信息技术实验教学示范中心和云南省模拟电子技术精品课程的部分成果。

本教材的出版得到了云南省“十二五”规划教材出版基金的资助。2009 级学生张志越、顾秋杨和黄兆可等进行了内容校对上的支持，科学出版社的任俊红同志为本书的出版做了大量有效的工作，物理与电子信息学院的张雄教授给予了教材的编写指导，教务处的侯德东教授给予出版上的支持，在此一并表示深切的致谢。

嵌入式系统，由于内容更新快、实践教学强，其教学内容的选择、教学模式的确定、实验教学的组织等问题一直处于探索阶段。加之作者水平有限，本教材尚需进一步完善，不当之处，敬请指正，作者将不胜感激！E-mail：wendell31132@hotmail. com。

何文学

2013 年 4 月于昆明

# 目　　录

## 第三篇 Qt 应用与开发



## 第四篇 Android 应用与开发

## 第五篇　应用与设计

# 第一篇 openSUSE Linux 操作系统

Linux 是一种类似于 Unix 的操作系统，是一个完全免费的、符合 POSIX 1003.1 标准的操作系统。严格地说，Linux 只是一个操作系统的内核，正确的叫法应为 GNU/Linux 操作系统。不同发行厂商发行的 Linux 发行版只是 GNU 操作系统的某个发行版，Linux 是各种版本的 GNU 操作系统的内核。

Linux 由志愿者在 Internet 网络上开发，可从许多以电子形式发布的提供者那里免费获得。它的软件包中包括 X Window 系统(X11R6)和 TCP/IP 网络功能(包括 SLIP、PPP 和对 NFS 的支持)。

Linux 系统不仅能够运行在 PC 平台(又称桌面 Linux)，还能在嵌入式系统(又称嵌入式 Linux)上大放光芒。在各种嵌入式 Linux 操作系统迅速发展的状况下，嵌入式 Linux 操作系统逐渐形成了可与 Windows CE 等嵌入式操作系统(EOS)抗衡的局面。

目前的桌面 Linux 主要有以下几种版本：

Red Hat Linux　Red Hat Linux 是 Red Hat Software 公司将商业公司和自由软件开发者的优点融合起来，制作出的一套非常优秀的 Linux 发行版本。

SUSE Linux　SUSE Linux 以其独特的设计、世界级的支持与服务，在欧洲颇占优势。

Debian Linux　Debian Linux 是由 GNU 发行的 Linux 发行套件，完全由网络上的 Linux 爱好者负责维护。

Xteam Linux　Xteam Linux 是由北京冲浪平台软件公司开发的全球第一套中文 Linux 操作系统。

Turbo Linux　在 Linux 领域，拓林思(TurboLinux)公司是一个主要的开发商，开发了全中文化的发行版。

红旗 Linux　红旗 Linux V1.0 是以 Intel 和 Alpha 芯片为 CPU 构成的服务器平台上第一个国产的操作系统版本，并将在其他硬件平台上推出不同的版本。

Tom Linux　Tom Linux 是由北京实达朗新信息科技有限公司开发的我国第一个完全遵循 GPL 条款的、面向教育和广大个人计算机爱好者的、完全中文化的 Linux 发行版。

COSIX Linux　COSIX Linux 是中国计算机软件与技术服务总公司研制的国产牌中文、安全 Linux 操作系统。

在学习 SUSE Linux 会经常看到很多的缩写，如 SUSE、SLES、SLED。下面分步进行介绍，以加深对 SUSE Linux 的理解。

首先，了解一下缩写是如何来的：

SLES＝SUSE Linux Enterprise Server；

SLED＝SUSE Linux Enterprise Desktop。

SUSE 是德国最著名的 Linux 发行版，在全世界范围内也享有较高的声誉。SUSE 自主开发的软件包管理系统 YaST 也大受好评。SUSE 于 2003 年年末被 Novell 收购。

SUSE Linux 原是以 Slackware Linux 为基础，并提供完整德文使用界面的产品。1992 年 Peter McDonald 研发了 Softlanding Linux System(SLS)这个发行版。这套发行版包含的软件非常多，首次收录了 X 及 TCP/IP 等套件。Slackware 就是一个基于 SLS 的发行版。

为了创建一个开发 SUSE Linux 的社区，Novell 公司成立了 openSUSE 项目组，使最新版本的 SUSE 成为完全免费的版本。这个项目的主要目标是使 SUSE Linux 成为最易获得和最广泛使用的 Linux，成为最棒的用户 Linux 桌面环境。openSUSE. org 提供了自由简单的方法来获得世界上最好用的 Linux 发行版 SUSE Linux。openSUSE 项目为 Linux 开发者和爱好者提供了开始使用 Linux 所需要的一切。本篇基于 openSUSE Linux 介绍如何建立嵌入式桌面开发环境。

# 第 1 章 openSUSE 11.3

嵌入式 Linux 开发环境一般有以下两个方案：

(1) 在 Windows 下安装虚拟机后，再在虚拟机中安装 Linux 操作系统；

(2) 直接安装 Linux 操作系统。

本教程采用 Windows XP 下安装虚拟机(virtual machine，VM)，再安装 openSUSE Linux 11.3 的方案，属于上述方案(1)。

由于 openSUSE 11.3 安装后占用空间为 2.4G～5G，另外还要安装 ARM-Linux 等开发软件，因此对开发计算机的硬盘空间要求较大。一般情况下，硬件配置要求如下：

CPU 主频：高于 1.5GHz；

内存：大于 1GB；

硬盘：大于 80GB。

## 1.1 安装虚拟机

本教程使用的主操作系统为 Windows XP，其他操作系统运行在该操作系统的虚拟机器上。本节主要介绍如何在 Windows XP 下安装虚拟机。

本教程使用随教材软件包 Part01 目录下提供的 VMware Workstation 7.1 版本作为虚拟机(注意：低于该版本的虚拟机在 Linux 下不支持与 Windows 的共享文件夹)，安装步骤如下：

(1) 将软件压缩包 VMwareWorkstation7.1.rar 复制在空间为 6G 以上的硬盘中并解压，双击 VMwareWorkstation7.1 目录中 VMware-workstation-full-7.1.4.16648.exe 启动安装；

(2) 选择典型安装；

(3) 设置安装文件夹＞Next；

(4) 取消 Check for product updates on startup＞Next＞Next＞Next＞Continue；

(5) 安装过程大约 2 分钟，输入 License Key；

(6) 选择 Restart now，Windows XP 重启后，在桌面上就可看到 VM 虚拟机图标，安装完毕。

Windows XP 下的 VM 虚拟机安装好后，随时都可在 VM 下安装 1 个或多个其他操作系统。在同一台 PC 机下，通过切换界面就可以进入不同的操作系统中，十分方便。

## 1.2 安装 openSUSE 11.3

在一台 PC 机上安装 openSUSE Linux(本教程选用版本为 openSUSE 11.3)需要磁盘空间大约为 5G，建议为整个安装预留大约 30G 以上的空间，具体视用户的硬盘空间大小来确定。在安装完 SUSE 后还要安装 Linux 的编译器(GCC)和开发库(X Lib)以及 ARM-Linux 的所有源代码，这些包安装后大约需要的空间为 800M。openSUSE Linux 11.3 为软件包 Part01 目录下的 iso 镜像文件，总大小 4G 左右，开发工具齐全，安装简单。下面是在 VM 虚拟机下安装 openSUSE 的步骤：

(1) 第一次启动 VM 虚拟机时，需选择 yes，I accept the terms in the license agreement. 点击 OK。然后开始 openSUSE Linux 的安装，选择 File>New>Virtual Machine，如图 1.1 所示。

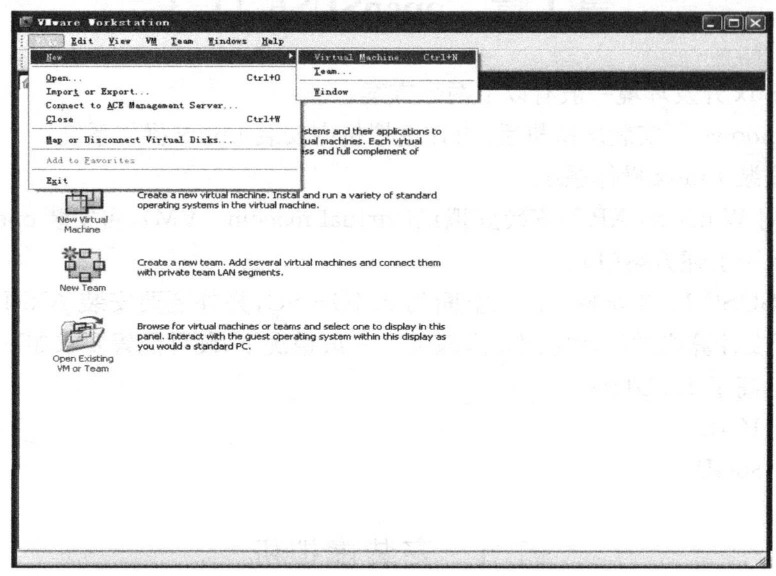


图 1.1　VM 虚拟机

(2) 选项典型安装>Next，如图 1.2 所示。

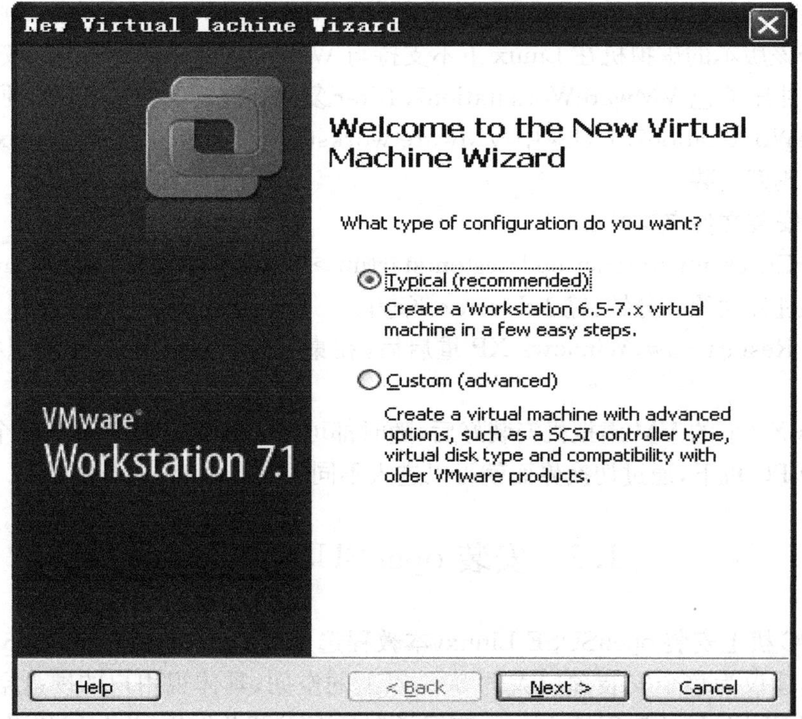


图 1.2　典型安装

(3) 选择 I will install the operating system later＞Next。

(4) 选择 Linux,再在 Version 下选择 openSUSE＞Next,如图 1.3 所示。

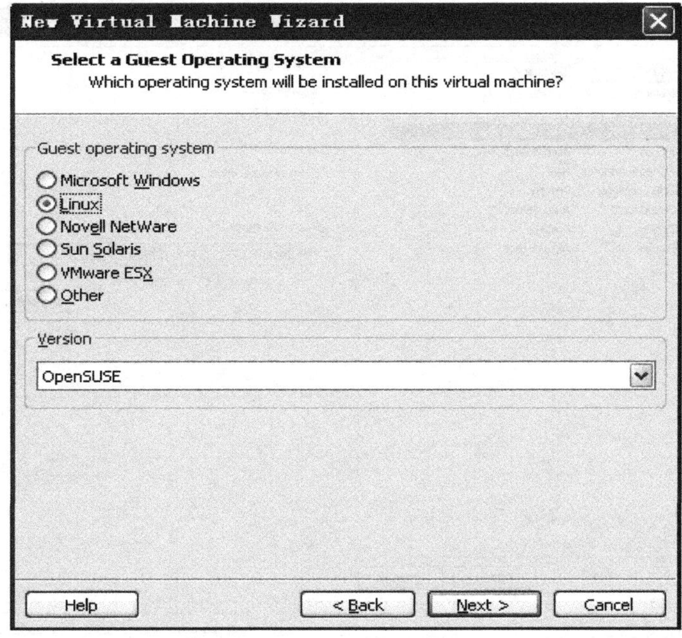


图 1.3　Linux 安装

(5) 在 location 处设置安装文件夹＞Next。

(6) 然后设置磁盘大小＞Next。

(7) 单击 Customize Hardwave 设置虚拟机配置,如图 1.4 所示。

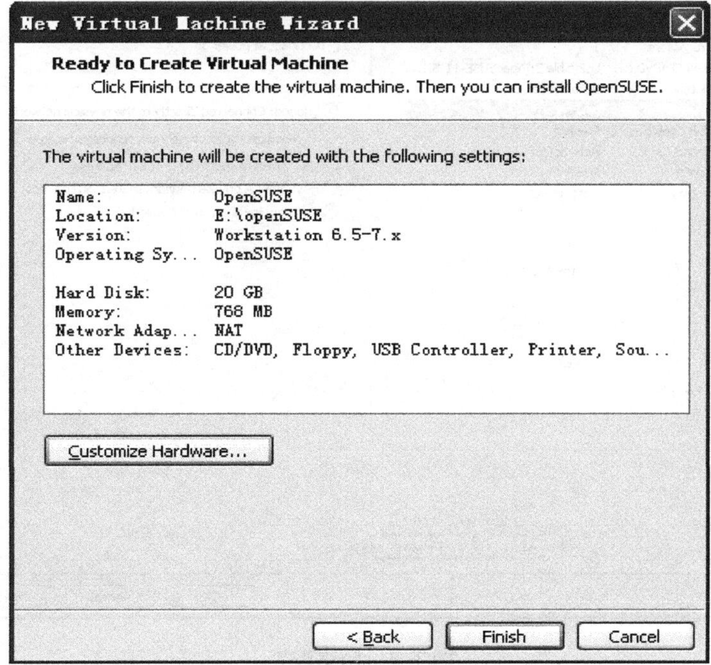


图 1.4　配置

选择 New CD/DVD，在右侧选择 Use ISO image file:，然后单击 Browse，找到 openSUSE-11.3-DVD-i586.iso 文件并选择，如图 1.5 所示。

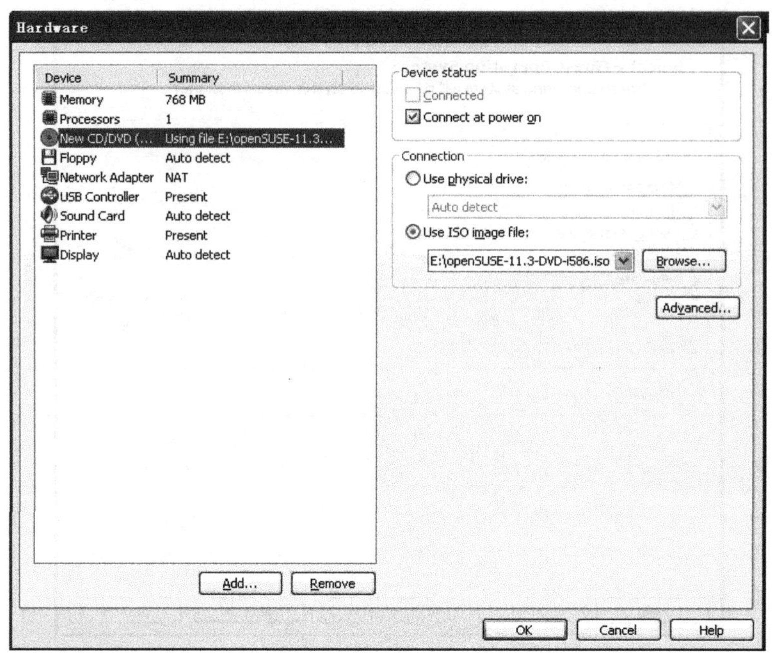


图 1.5　安装路径

设置网络，选择左侧 Network Adapter，然后在右侧选择 Bridged，如图 1.6 所示。

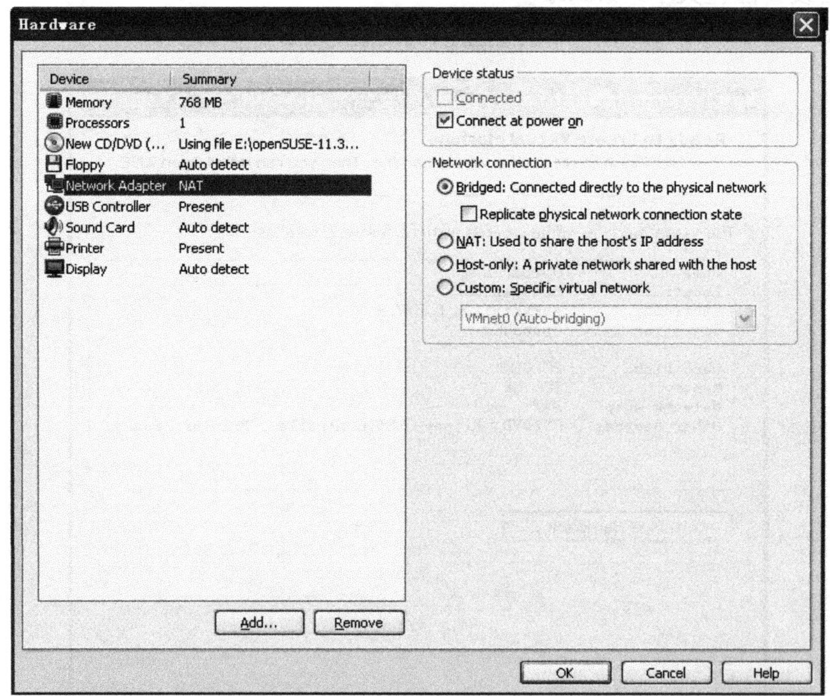


图 1.6　网络配置

修改处理器内核数，左侧单击 Processors，右侧根据自身电脑的具体配置设置，这里将 Number of cores per processor 设置为 2，如图 1.7 所示。

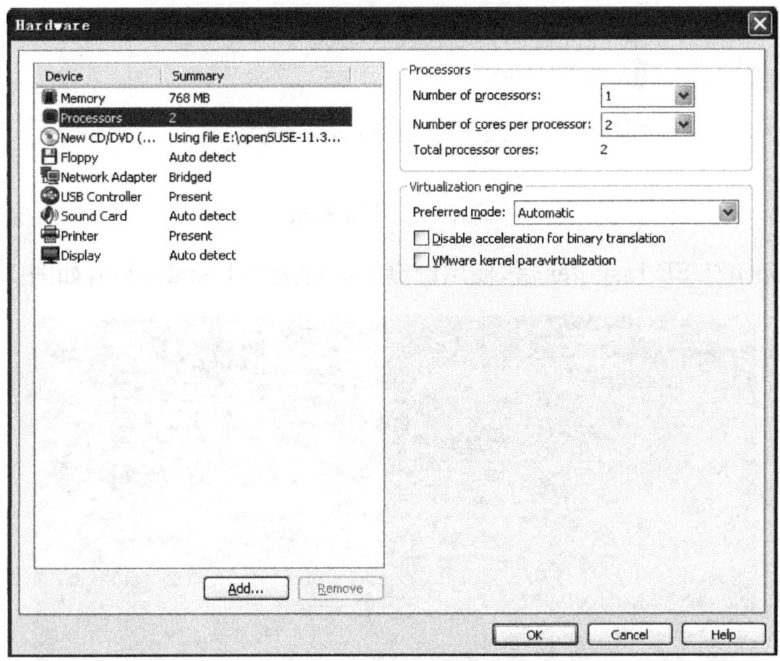


图 1.7 处理器设置

虚拟机设置基本完毕，单击 OK>Finish，如图 1.8 所示。

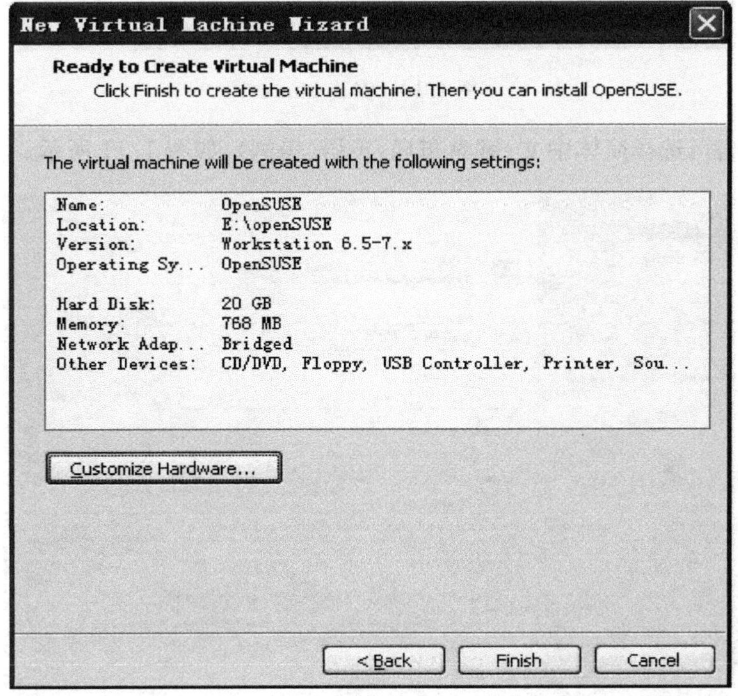


图 1.8 配置结束

(8) 单击 Power on this virtual machine,如图 1.9 所示。

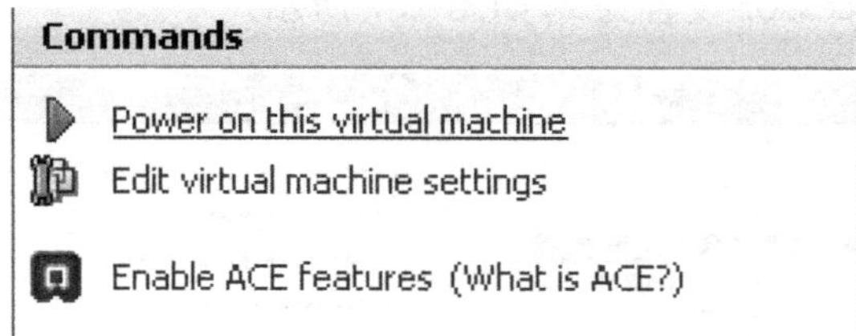


图 1.9　运行虚拟机

(9) 启动 openSUSE Installer 后,使用键盘方向键选择 Installation,如图 1.10 所示。

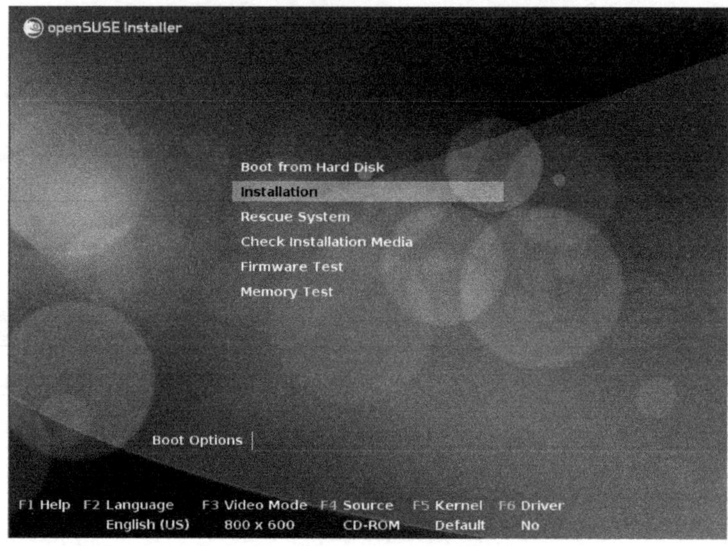


图 1.10　安装 Linux

(10) 设置语言:选择简体中文;键盘布局:英语(美国),如图 1.11 所示。

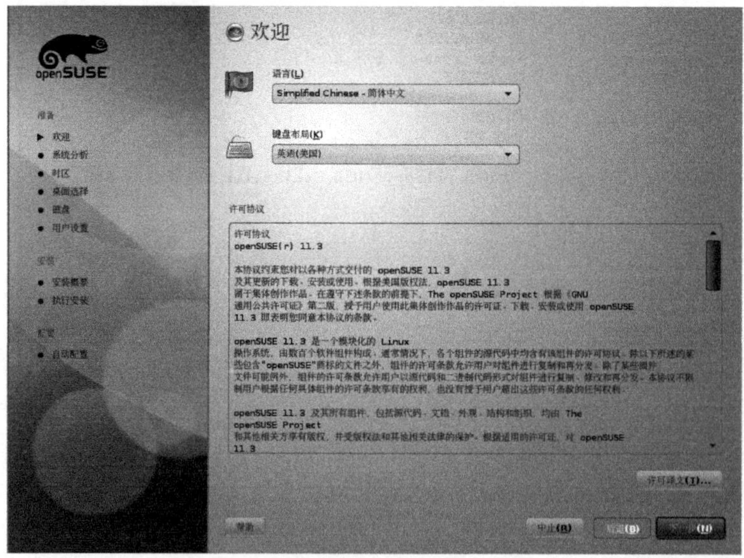


图 1.11　设置语言

(11) 选择方式:全新安装。

(12) 设置时钟和时区。

(13) 桌面选择:GNOME 桌面。

(14) 建议的分区:基于分区(P)。并单击编辑分区设置,设置分区大小,如图 1.12 所示。

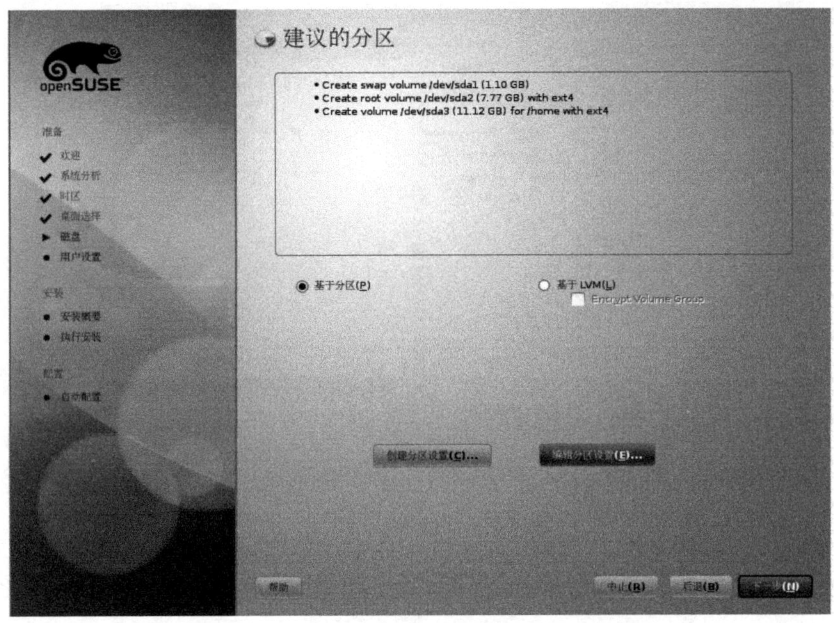


图 1.12　设置分区

选择最后一个分区 sda3,右键单击,选择删除,单击确定。将最后一个分区 sda3 删除,这里注意,不可修改第一个分区,否则将无法安装 openSUSE,如图 1.13 所示。

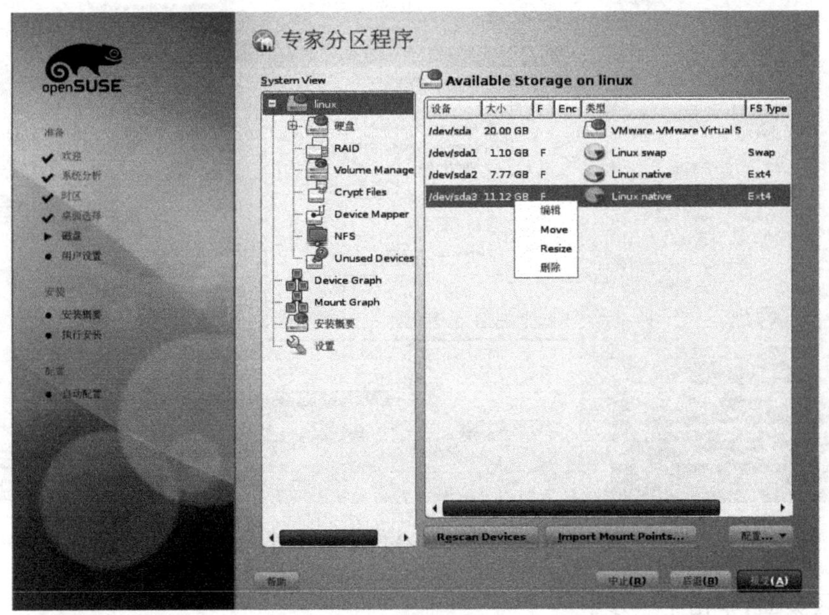


图 1.13　删除分区

重新设置第二分区 sda2 的大小，选中分区 sda2，右键单击，选择 Resize，如图 1.14 所示。

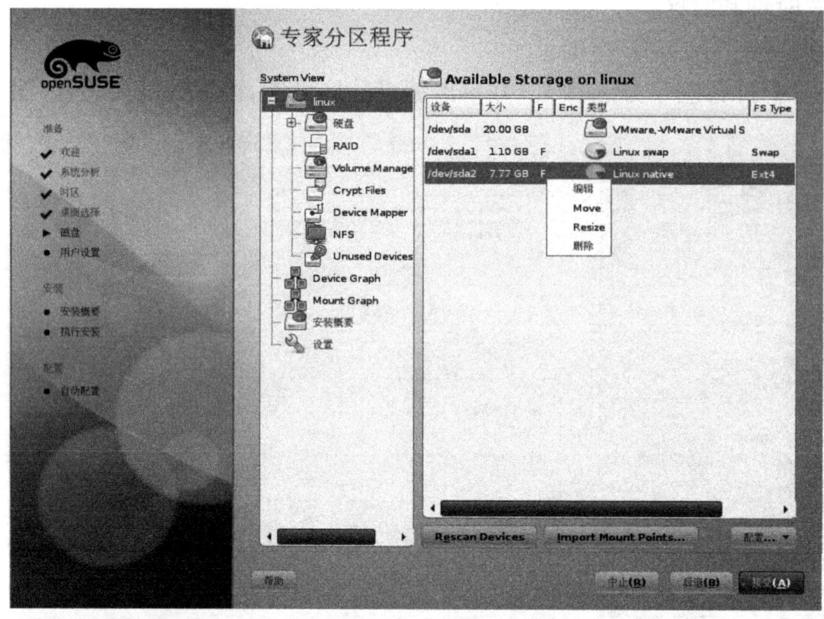

图 1.14　设置分区大小

设置大小为可设置的最大值，即选择 Maximum Size，单击确定。选择接受，如图 1.15 所示。

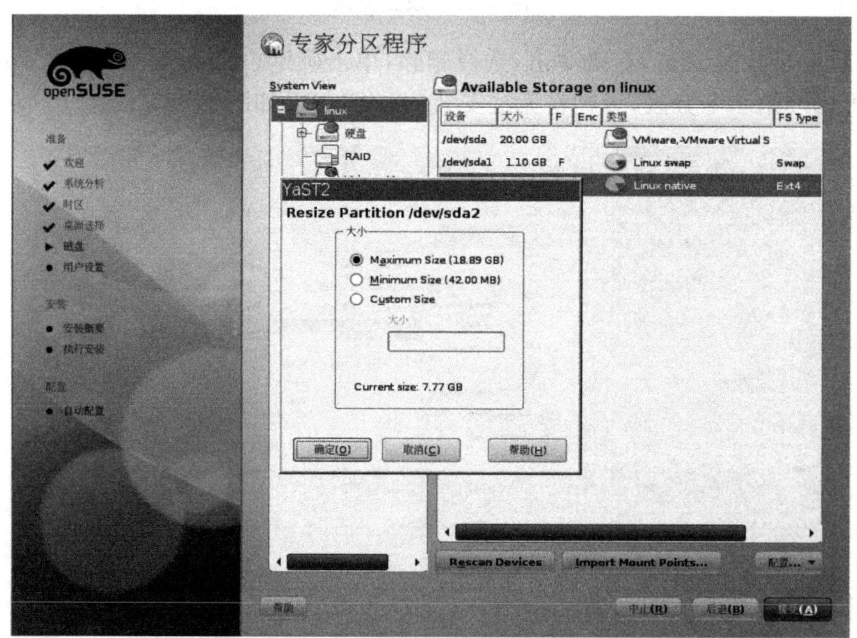

图 1.15　设置分区为最大值

返回分区页面，单击下一步。

(15) 创建新用户：

用户的完整名称：openSUSE；

用户名:open;

密码:12345678。

(16) 选择安装。整个安装大约需要 30 分钟。

## 1.3　openSUSE 11.3 系统配置

openSUSE Linux 里,有一个很强悍的工具称为 YaST(yet another setup tool),系统的安装过程及进入系统后的设定,几乎都能够靠它来完成,不论是在文字界面或者图形界面下,皆能使用这个工具来操作。

系统的配置及软件的安装要以 root 的身份登陆。其操作方法为:计算机>注销>切换用户>其他…>用户名(填入 root)>登录>密码(与 1.2 节中安装时使用的用户名的密码相同,这里为 12345678)>登录。这个过程完成了从普通用户切换到系统管理员的身份下。只有在系统管理员的身份下,才有权限安装系统使用的软件。

进入 Linux 桌面系统后,点击桌面左下角工具条上的图标:计算机>YaST,就可弹出图 1.16 的界面。

图 1.16　openSUSE Linux 主界面

选择软件>软件安装源,弹出图 1.17 界面(若提示系统管理被某程序锁定,请关闭这个程序再试,因为 openSUSE 的自动升级程序在运行,稍等片刻或重新启动 openSUSE 即可,亦可在终端下执行命令 sudo kill“PID 码”命令来解决)。

图 1.17　openSUSE Linux 软件安装源

单击已启用(E)和自动刷新(R)前的方框，去掉对号。关闭已启用的网络安装源，只需启用光驱安装源，如图 1.18 所示，单击确定(O)。

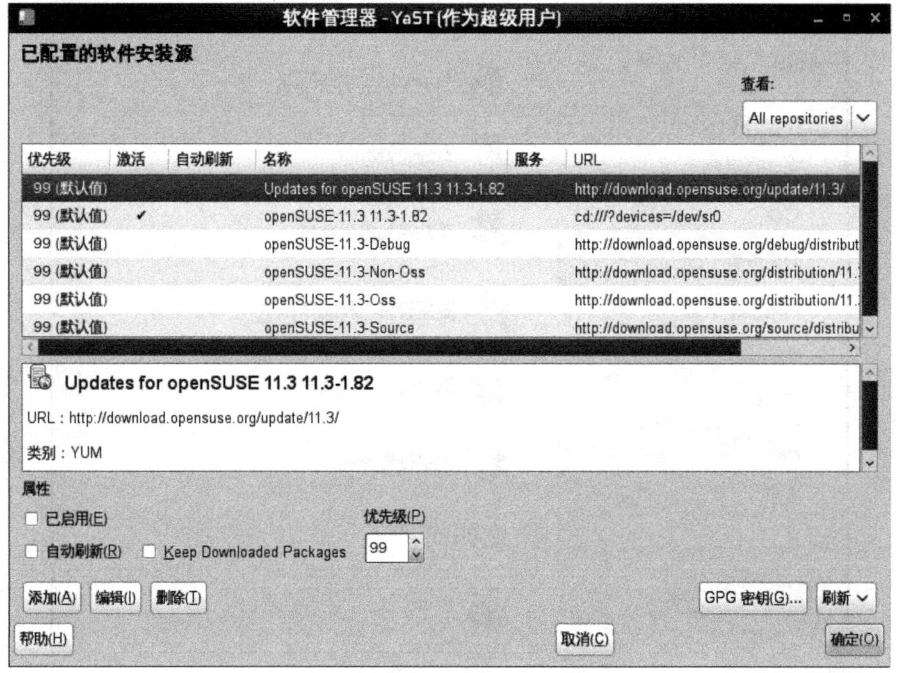


图 1.18　openSUSE Linux 光驱安装源

### 1.3.1　IP 地址配置

进行 IP 地址配置先要安装好以太网卡。对于一般常见的 RTL8139 网卡，open-

SUSE11.3 可以自动识别并自动安装好,完全不需要用户参与,因此建议使用该网卡。配置 IP 地址为 192.168.1.10。如果是在有多台计算机使用的局域网环境,IP 地址可以根据具体情况设置。步骤如下:

(1) 计算机>网络(或:计算机>YaST>网络设备>网络设置),如图 1.19 所示。

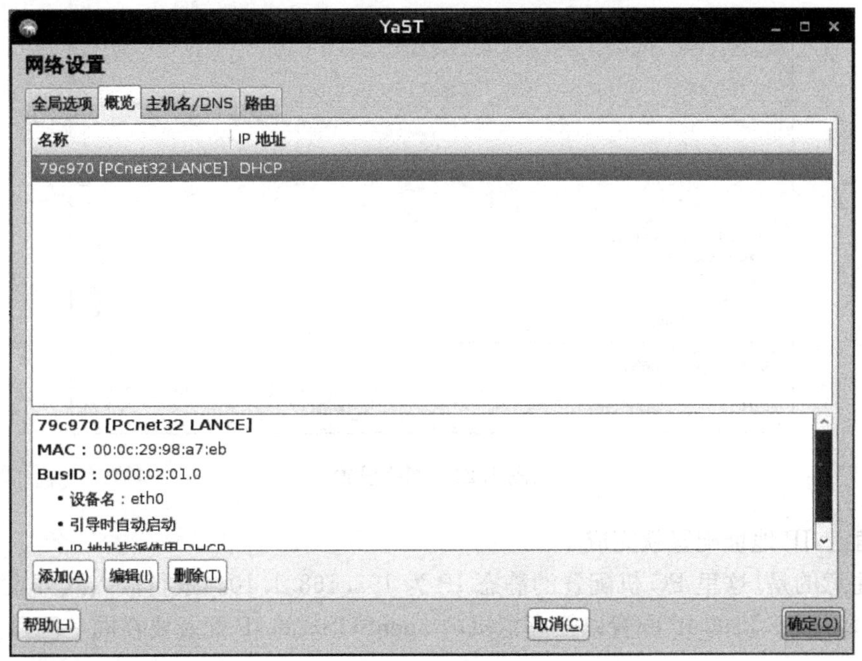


图 1.19　网络设置

(2) 编辑,如图 1.20 所示,填入相应的信息。

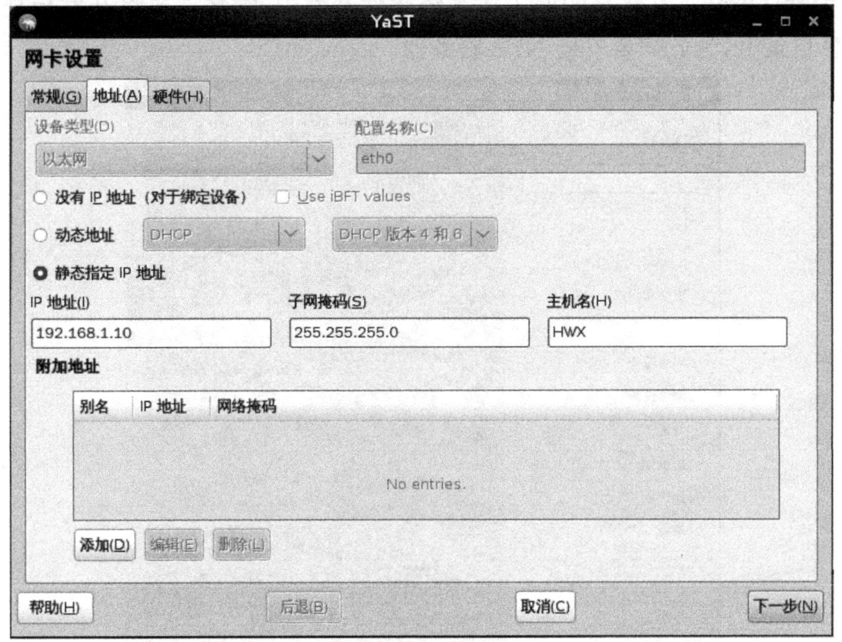


图 1.20　网卡设置

(3) 下一步,如图 1.21 所示。

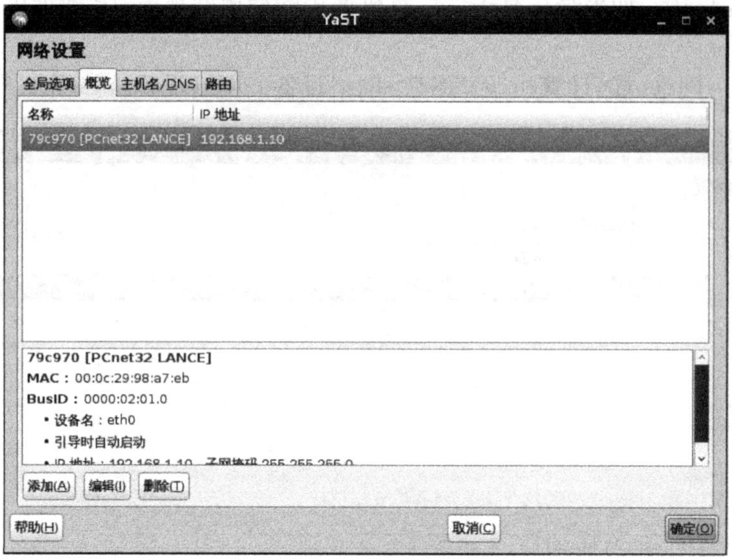

图 1.21 网络设置

(4) 确定,IP 地址配置就完成了。

值得注意的是,这里 PC 机配置的静态 IP 为 192.168.1.10。进行嵌入式开发时,开发板的 IP 配置要与 PC 机的 IP 配置以及虚拟机内 openSUSE 的 IP 配置要在同一网段上。

### 1.3.2 NFS 服务器安装

NFS 客户端的安装已在操作系统的安装中作为默认安装了,如图 1.22 所示,但 NFS 服务器没有作为默认安装。在将来的嵌入式系统软件开发中,常常需要将开发板挂载到 PC 机 Linux 的共享目录上,为此需要安装 NFS 服务器。

图 1.22 openSUSE Linux 主界面

点击:计算机＞YaST＞软件管理,弹出如图 1.23 所示的界面。按需求安装 nfs-kernel-server 和 yast2-nfs-server。

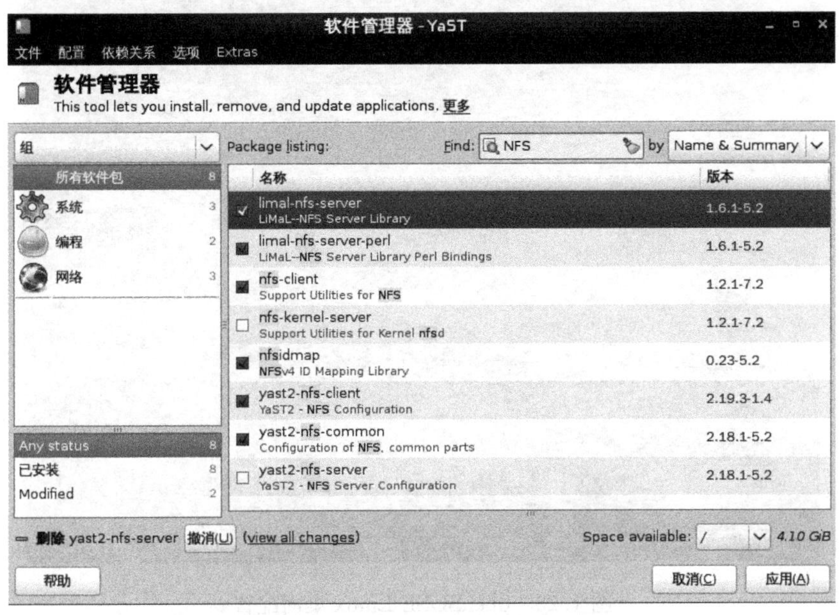


图 1.23　openSUSE Linux 软件安装

### 1.3.3　Linux 软件开发环境配置

在 openSUSE Linux 安装完毕后,要进行应用程序开发,还需根据实际情况安装 make、gcc、Qt 和 X11 库等软件。安装方法同 1.3.2 小节,这里不再赘述。

### 1.3.4　桌面配置

点击:计算机＞更多应用程序…,弹出如图 1.24 所示的界面。

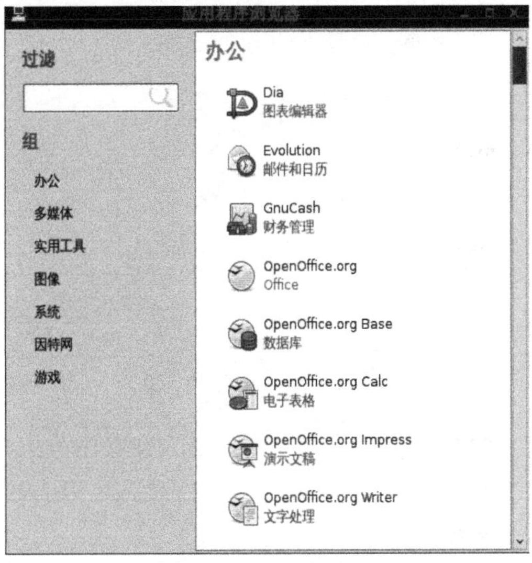


图 1.24　应用软件

根据需求将常用的软件拖放到桌面上来，如图 1.25 所示。

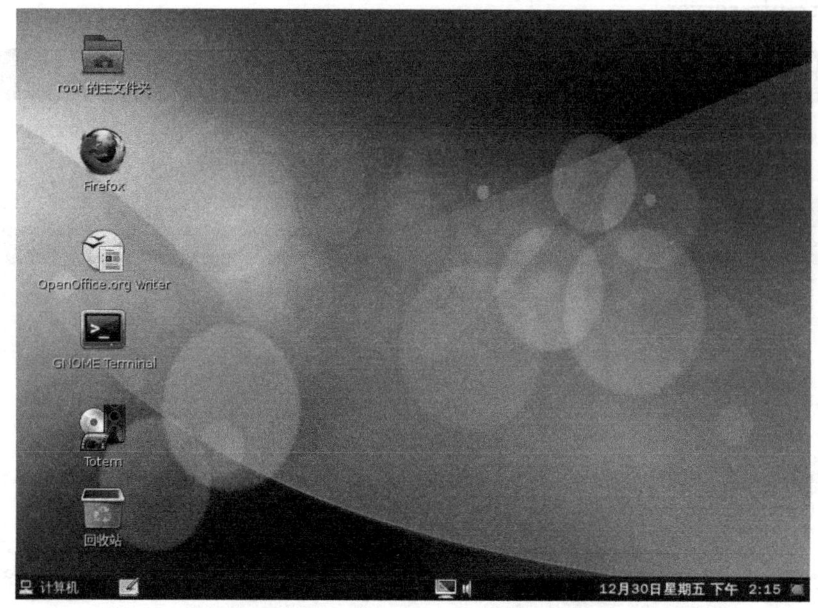


图 1.25　openSUSE Linux 桌面配置

如果需要在虚拟机下运行 Internet 浏览器，需要在 Linux 下将网络的 IP 地址设置为的动态地址。这样就可通过 Windows XP 拨号上网。

# 第 2 章　Linux 操作系统结构

## 2.1　文件系统层次结构

Linux 使用标准的目录结构，在安装的时候，安装程序就已经为用户创建了文件系统和完整而固定的目录组成形式，并指定了每个目录的作用和其中的文件类型。openSUSE Linux11.3 的根目录(/)下共有 19 个子目录，如图 2.1 所示。

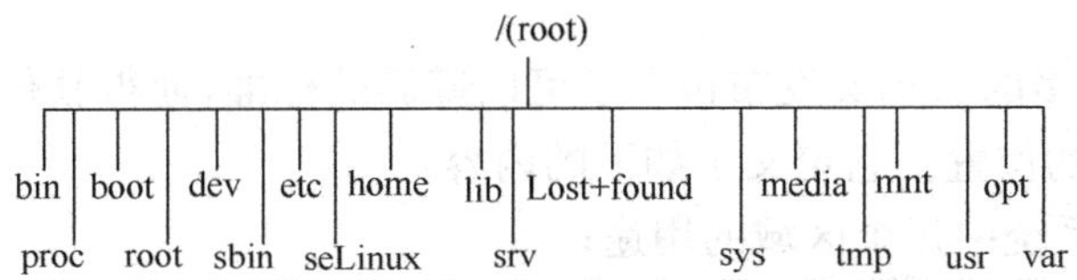


图 2.1　openSUSE Linux 目录树

Linux 的目录结构是一个阶层式的树状结构，最上层为根目录(root directory)，用“/”来表示。

文件系统(file system)是操作系统用来存储和管理文件的方法。从系统的角度来看，文件系统对文件存储空间进行组织和分配，并对文件的存储进行保护和检查。从用户的角度来看，文件系统可以帮助用户建立和管理文件，并对文件的读、写和删除操作提供保护和控制。Linux 文件系统的组织方式称作 FHS(filesystem hierarchy standard)文件系统分层标准。

在 Linux 文件系统里的目录配置是符合 FHS 的标准规范的。FHS 主要是针对两层目录来定义，第一层是定义根目录的下一层目录要存放些什么资料，如/lib 是安置函数库的地方，/bin及/sbin 是放置可执行程序，/etc 是存放设置文档等；第二层则是定义/usr 及/var 的下一层目录又要存放些什么资料，如/usr/src 存放原始代码，/var/log 存放日志文档。

只要所使用的 Linux 发行版是符合 FHS 标准的话，那相关文件所存放的位置应该不难找到，如图 2.2 所示。

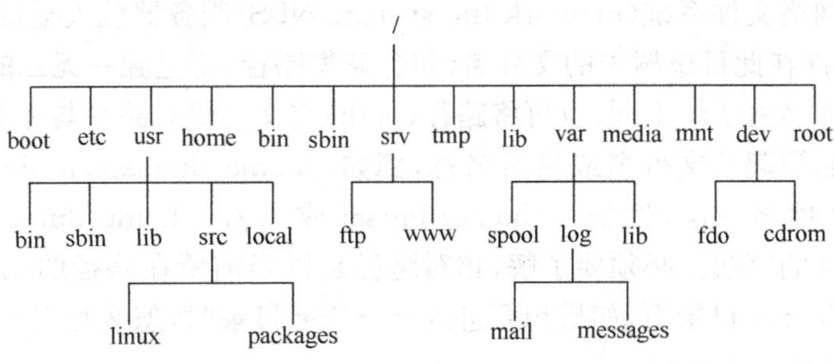


图 2.2　FHS 标准 Linux 目录树

## 2.2 文件系统层次标准 FHS

Linux 和 UNIX 的文件系统是一个以/为根的阶层式的树状文件结构，“/”因此被称为根目录。所有的文件和目录都置于根目录(/)之下。根目录(/)下面有/bin、/home、/usr 等子目录。在早期的 UNIX 系统中，各个厂家各自定义了自己的 UNIX 系统的文件系统构成，比较混乱。为了避免在 Linux 也出现同样的问题，在 Linux 面世不久，就开始了对 Linux 文件系统进行标准化活动，于 1994 年推出了名为 FSSTND(filesystem standard)的 Linux 文件系统层次结构标准。之后，FSSTND 标准吸引了 UNIX 社团的开发人员，他们把 FSSTND 扩大到 UNIX 系统，FSSTND 就变为 FHS。2001 年 3 月，FHS 2.2 版本发布，2004 年 1 月 29 日发行了最新版本 2.3。

FHS 标准使得众多的 Linux 发布包有了可以遵循的标准，使得软件和用户可以预测已经安装了的文件和目录的位置。它定义了如下的内容：

(1) 定义了文件系统中每个区域的用途；

(2) 定义了所需要的最小构成的文件和目录；

(3) 给出了例外处理和矛盾的特殊例子。

FHS 实际上仅是规范在根目录(/)下面各个主要目录应该放什么样的文件。FHS 定义了两层规范，第一层是，/下面的各个目录应该要放什么文件数据。例如，/etc 应该要放置设置文件，/bin 与/sbin 则应该要放置可执行文件等。第二层则是针对/usr 及/var 这两个目录的子目录来定义。例如，/var/log 放置系统登录文件、/usr/share 放置共享数据等。

由于 FHS 仅是定义出最上层(/)及子层(/usr，/var)的目录内容应该要放置的文件数据，因此，在其他子目录层级内，就可以随开发人员自行配置了。举例来说，FC4 的网络设置数据放在/etc/sysconfig/network-script/目录下，但 SUSE Server 9 则是将网络放在/etc/sysconfig/network/目录下，目录名称是不同的。

另外，在 Linux 中，所有的文件与目录都由根目录(/)开始。那是所有目录与文件的源头。然后再一个一个分支下来，有点像树状。因此，我们也称这种目录配置方式为目录树(directory tree)。这个目录树主要特性有：

(1) 目录树的起始点为根目录(/，root)。

(2) 每一个目录不仅能使用本地端分区的文件系统，也可以使用网络上的文件系统。举例来说，可以利用网络文件系统(network file system，NFS)服务器载入某特定目录等。

(3) 每一个文件在此目录树中的文件名(包含完整路径)都是独一无二的。

此外，根据文件名写法的不同，也可将路径(path)定义为绝对路径与相对路径。绝对路径为由根目录(/)开始写起的文件名或目录名称，例如，/home/dmtsai/. bashrc。相对路径为相对于当前路径的文件名写法，例如，./home/dmtsai 或 ../../home/dmtsai/等，只要开头不是/就属于相对路径的写法。必须要了解，相对路径是以当前所在路径的相对位置来表示的。举例来说，当前在/home 目录下，如果想要进入/var/log 目录时，怎么写呢？

```
cd/var/log(absolute)
cd../var/log(relative)
```

因为在/home 中，所以要回到上一层(../)之后，才能继续向/var 移动。

特别注意这两个特殊的目录：

.:表示当前目录,也可以使用./来表示。

..:表示上一层目录,也可以../来表示。

.. 的目录概念很重要,常常会看到 cd.. 或./command 之类的命令方式,就是表示上一层与当前所在目录的工作状态。此外,针对“文件名”与“完整文件名(由/开始写起的文件名)”的字符限制大小为单一文件或目录的最大容许文件名为 255 个字符;包含完整路径名称及目录(/)的完整文件名为 4096 个字符。

我们知道,/var/log/下面有个文件名为 message,这个 message 文件的最大文件名可达 255 个字符。var 与 log 这两个上层目录最长也分别可达 255 个字符。但总的来说,/var/log/messages 这样完整的文件名最长则可达 4096 个字符。

root 在 Linux 里面的意义很多。如果从“账号”的角度来看,root 指“系统管理员”身份;如果以“目录”的角度来看,root 指的是根目录,就是/,要特别注意。

设计这个标准的目的是给 Unix 发行版开发者,应用程序开发者和系统实现者使用的,它的初终是作为一个参考,并不是来教用户怎么管理 Unix 文件系统或目录结构的。

当前 Linux 用户也面临一些问题,由于 FHS 仅定义了最上层(/)及子层(/usr,/var)的目录内容应该要放置的文件数据,所有现有 Linux 不同发行版中,其他二层下面的内容各不相同,有时会给用户迁移到不同 Linux 发行版上带来麻烦,如/etc 下面的对统一功能的不同配置文件放置的位置不同,导致用户花费大量时间去熟悉新的系统。其实有些比较稳定的共同的功能应用程序的配置文件也应该在 FHS 中给出定义,来指导发行版供应商和程序开发者进行开发。因此 FHS 也许应该更进一步的定义某些目录文件,进一层地细化文件层次结构,促进 Linux 发展。

综上所述,FHS 文件系统层次标准定义可简述为:

(1) 定义了/目录下应该有哪些目录(/boot,/dev,/proc,…),它们应该包含什么内容。

(2) 定义了 2 层结构:

① 针对/下面第一层目录:如/bin 下面要放用户可执行的程序,/etc 下面放配置文件等;

② 针对/var 和/usr 下面的目录:如/usr/share 放共享的资料,/var/log 下面放系统的日志等。

按照 FHS 标准,图 2.1 中各目录的内容定义如下。

根目录(/) 文件系统树的最顶层,系统启动的时候第一个被 mount(安装)的目录,所有开机时要设计的程序必须位于该分区中。/etc、/bin、/dev、/lib、/sbin 这 5 个目录必须和根目录(/)在同一个分区,不能单独设置分区。

/bin 一般使用者常使用的指令会放在这里。如 ls、mv、rm、mkdir、rmdir、gzip、tar、cat、cp、mount 等。所有用户(包括管理员和普通用户)都可以执行这些重要的命令程序。

/boot 放置内核及 LILO、GRUB 等引导程序(bootloader),是系统启动非常重要的一个目录,是 Linux 系统必需的部分,因此必须放在系统的根目录下才能保证 Linux 系统内核的成功装载。

/dev 在 Linux 系统中,会把周边设备及装置当成文件来看待,而这些设备文件可以在/dev目录里找到。例如,硬盘、分区、键盘、鼠标、USB、tty 等所有的设备文件都放在这个目录,相应的文件名为/dev/fd0(the first floppy disk)、/dev/lp0(LPT1:the first parallel port)、/dev/ttyS0(com1:the first serial port)、/dev/tty1(the first virtual console)、/dev/tty2、/dev/hda、/dev/hdb3、/dev/sda 等。

/etc　系统的所有配置文件都存放在此目录中，也就是所有应用程序的配置文件都在里面有相应的文件。如/etc/apache2、/etc/samba 等。

/home　非 root 用户默认的主目录，默认新创建的用户都在该目录下有一个以自己用户名命名的目录，里面有该用户的一些初始配置文件。也就是说，所有的非 root 用户都是用此目录。比如以使用者 barry 来说，其个人目录就在/home/barry。

/lib　包含应用程序运行时需要调用的库文件和内核相关的模块/lib/modules。也就是存放函数库的地方，如共享连接库，如 C 库和 C 编译器等。当程序在执行时，会调用此处的相关函数来协助执行。

/lost+found　通常为空目录。在 ext2 或 ext3 文件系统中，当系统意外崩溃或机器意外关机，而产生一些文件碎片放在这里。当系统启动的过程中 fsck 工具会检查这里，并修复已经损坏的文件系统。有时系统发生问题，有很多的文件被移到这个目录中，可能要用手工的方式来修复，或移动文件到原来的位置上。

/media　设备的 mount(挂接)点，像 cdroom、usb、floppy 等默认 mount 到该目录。与/mnt的性质差不多。

/mnt　移动设备文件系统的 mount 点，像 cdroom，usb，floppy 等默认 mount 到该目录。这是提供给 cdrom 或 floppy 所使用的挂载点(mount point)。

/opt　存放后来追加的用户应用程序，是用户自己的应用程序目录。

/proc　该目录保存提供给用户的进程信息，不包含任何实际文件。也就是说，proc 是一个虚拟文件系统，而其所存放的资料就在/proc 目录中，且这个目录本身不占硬盘空间，至于目录中所显示的资讯是由内核来提供。内核平常会把系统及程序执行的现况，经由 proc 这个虚拟文件系统来做出相关的回应，而这些回应的讯息就放在/proc 里。

/root　管理员 root 的主目录，也就是管理员之家。

/sbin　管理者 root 常使用的指令会放在这里，包含系统管理的重要程序(ifconfig)，一般是让管理员用的。

/srv　服务的数据目录，像/srv/www 是 apache 的默认数据存放目录。也就是存放某些服务需要使用到的资料，例如：

/srv/www　存放网页资料的目录。

/srv/ftp　匿名使用者登入 ftp 站台时，其预设的根目录位置。

/selinux　通常为空目录。只有在使用 SELinux 才有关系，一般不会用到它。

/sys　系统信息目录，以树形结构提供有关的硬件的总线、设备等信息。

/tmp　提供给一般使用者暂时存放文档资料的地方。另外程序执行时的暂时资料也会放在这里。临时区域，用来放临时文件，任何人可以读写该目录。

/usr　存放应用程序、图形界面文件、其他库、本地安装程序、文档等。它们是只能读的命令和其他文件。

当 Linux 刚安装完成后，会发现占最多空间的就是/usr 目录，所包含的资讯也最为丰富。以下就列举几个其下的子目录来做参考：

/usr/X11R6　X Window 系统。

/usr/bin　与/bin 的意思差不多，用户和管理员的标准命令。

/usr/include　C/C++等各种开发语言环境的标准 include 文件。

/usr/sbin　与/sbin 差不多意思，用户和管理员的标准命令。

/usr/src 存放原代码的地方，如内核原代码就放在这里边。

/usr/lib 应用程序及程序包的连接库。

/usr/local 系统管理员安装的应用程序目录。

/usr/local/share 系统管理员安装的共享文件。

/usr/share 存放使用手册等共享文件的目录。例如，/usr/share/doc，存放很多的套件相关说明文件。

/usr/share/man man 系统使用手册。

/usr/share/misc 一般数据。

/usr/share/dict 存放词表的目录（选项）。

/usr/share/sgml SGML 数据（选项）。

/usr/share/xml XML 数据（选项）。

这里说明一下/bin、/sbin 及/usr/bin、/usr/sbin 的差别。/sbin 目录主要是存放一些开机过程、系统复原或系统紧急修复时，需使用到的程序。而/bin 则是包含一些当没有其他文件系统被挂载时（如单人模式），可以被执行的程序。至于除了这两个目录外的其他一般程序，就放在/usr/bin 与/usr/sbin 上了。

/var 此目录存放的大都是一些经常变动的文件资料，即存放应用程序数据和日志记录的目录。例如，Apache Web 服务器的文档一般就放在/var/www/html 下。又如：

/var/cache 应用程序缓存目录。

/var/account 处理账号日志（选项）。

/var/crash 系统错误信息（选项）。

/var/games 游戏数据。

/var/lib 各种状态数据。

/var/lock 文件锁定纪录。

/var/log 日志记录。

/var/mail 电子邮件。

/var/opt /opt 目录的变量数据。

/var/run 进程的标示数据。

/var/spool 存放电子邮件、打印任务等的队列目录。

/var/tmp 临时文件目录。

/var/yp NIS 等黄页数据（选项）。

## 2.3 文件类型

谈到文件类型，大家就能想到 Windows 的文件类型，如 file.txt、file.doc、file.sys、file.mp3、file.exe 等，根据文件的后缀就能判断文件的类型。但在 Linux 一个文件是否能被执行，和后缀名没有太大的关系，主要与文件的属性有关。

在 Linux 系统下，文件属性分为 4 段，10 个位置，例如，d rwx r-x r-x，详见表 2.1。

表 2.1 Linux 文件属性

| 权限项 | | 读 | 写 | 执行 | 读 | 写 | 执行 | 读 | 写 | 执行 |
|---|---|---|---|---|---|---|---|---|---|---|
| 字符表示 | (d)(—) | (r) | (w) | (x) | (r) | (w) | (x) | (r) | (w) | (x) |
| 数字表示 | | 4 | 2 | 1 | 4 | 2 | 1 | 4 | 2 | 1 |
| 权限分配 | (目录)(文件) | 文件所有者 | | | 文件所属组用户 | | | 其他用户 | | |

第一个字符指定了文件类型。在通常意义上，一个目录也是一个文件。如果第一个字符是横线，表示是一个非目录的文件。如果是 d，表示是一个目录。第二段是文件拥有者的属性，第三段是文件所属群组的属性，第四段是对于其他用户的属性。

Linux 下的文件权限：

r(read)：可以读取文件的内容。

w(write)：可以编辑、修改文件的内容。

x(execute)：该文件可以被执行。

Linux 下的文件夹权限：

r(read)：可以读取文件夹内容列表，但如果没有 x 权限，就只能看到文件名而无法查看其他内容(大小、权限等)。

w(write)：由于文件夹记录的是其中内容的列表，因此具有 w 权限即可修改这个列表，前提是拥有 x 权限可以进入这个目录内。w 具体拥有以下几项权限：

建立新的文件或文件夹；

删除已存在的文件或文件夹(无视该文件或文件夹的权限)；

对已存在的文件或文件夹改名；

更改目录内文件或文件夹的位置。

x(execute)：可以进入该文件夹，没有 x 权限便无法执行该目录下的任何命令。

每个文件和文件夹都是有权限的，它们分为可读、可写和可执行。归纳起来，Linux 文件类型常见的有普通文件、目录、字符设备文件、块设备文件、符号链接文件等，下面进行简要说明。

(1) 普通文件。

```
[root@ localhost ~]#  ls -lh install.log
-rw-r--r-- 1 root root 53K 03-16 08:54 install.log
```

我们用 ls-lh 来查看某个文件的属性，可以看到有类似-rw-r--r--，值得注意的是第一个符号是-，这样的文件在 Linux 中就是普通文件。这些文件一般是用一些相关的应用程序创建，如图像工具、文档工具、归档工具或 cp 工具等。这类文件的删除方式是用 rm 命令。

(2) 目录。

```
[root@ localhost ~]#  ls -lh
总计 14M。
-rw-r--r--1 root root    2 03-27 02:00 fonts.scale
-rw-r--r--1 root root  53K 03-16 08:54 install.log
-rw-r--r--1 root root  14M 03-16 07:53 kernel-2.6.15-1.2025_FC5.i686.rpm
drwxr-xr-x 2 1000 users 4.0K 04-04 23:30 mkuml-2004.07.17
```

```
drwxr-xr-x 2 root root   4.0K 04-19 10:53 mydir
drwxr-xr-x 2 root root   4.0K 03-17 04:25 Public
```

当我们在某个目录下看到有类似 drwxr-xr-x 的格式，这样的文件就是目录。目录在 Linux 是一个比较特殊的文件。注意它的第一个字符是 d。创建目录的命令可以用 mkdir 命令或 cp 命令。cp 可以把一个目录复制为另一个目录。删除用 rm 或 rmdir 命令。

(3) 字符设备或块设备文件。

如时进入/dev 目录，列一下文件，会看到如下情况：

```
[root@ localhost ~]#  ls -la /dev/tty
crw-rw-rw-1 root tty 5,0 04-19 08:29/dev/tty
[root@ localhost ~]#  ls -la/dev/hda1
brw-r---- 1 root disk 3,12006-04-19/dev/hda1
```

我们看到/dev/tty 的属性是 crw-rw-rw-，注意前面第一个字符是 c，这表示字符设备文件。例如，调制解调器等串口设备。

我们看到/dev/hda1 的属性是 brw-r---，注意前面的第一个字符是 b，这表示块设备，如硬盘、光驱等设备。

这个种类的文件，是用 mknode 来创建，用 rm 来删除。目前在最新的 Linux 发行版本中，我们一般不用自己来创建设备文件。因为这些文件是和内核相关联的。

(4) 套接口文件。

当我们启动 MySQL 服务器时，会产生一个 mysql. sock 的文件。

```
[root@ localhost ~]#  ls -lh /var/lib/mysql/mysql.sock
srwxrwxrwx 1 mysql mysql 0 04-19 11:12 /var/lib/mysql/mysql.sock
```

注意这个文件的属性的第一个字符是 s，我们了解一下就行了。

(5) 符号链接文件。

```
[root@ localhost ~]#  ls -lh setup.log
lrwxrwxrwx 1 root root 11 04-19 11:18 setup.log -> install.log
```

当我们查看文件属性时，会看到有类似 lrwxrwxrwx，注意第一个字符是 l，这类文件是链接文件，是通过(ln-s 源文件名新文件名)创建的。上面是一个例子，表示 setup. log 是 install. log 的软链接文件。怎么理解呢？这和 Windows 操作系统中的快捷方式有点相似。

符号链接文件创建方法举例：

```
[root@ localhost ~]#  ls -lh kernel-2.6.15-1.2025_FC5.i686.rpm
-rw-r--r-- 1 root root14M 03-16 07:53 kernel-2.6.15-1.2025_FC5.i686.rpm
[root @ localhost ~]#  ln -s kernel-2.6.15-1.2025 _FC5.i686.rpm   ker-
nel.rpm
[root@ localhost ~]#  ls -lh kernel*
-rw-r--r-- 1 root root14M 03-16 07:53 kernel-2.6.15-1.2025_FC5.i686.rpm
lrwxrwxrwx 1 root root 33 04-19 11:27 kernel.rpm -> kernel-2.6.15-1.2025_
FC5.i
686.rpm
```

## 2.4　终端启动

在 openSUSE Linux 系统桌面上，点击鼠标右键，选择终端打开，则 Linux 在文字模式下启动，启动后进入字符操作环境，显示提示符如图 2.3 所示。

## 2.5　Shell

Shell(最早来自于 Unix)就是一个使用者的操作界面，它可让你透过屏幕和键盘来跟操作系统的内核做沟通。由于电脑和我们人类所使用的语言不同，因此需要透过 Shell 来让内核了解使用者到底想做什么事。图 2.4 是内核、Shell 及使用者之间的关联图。

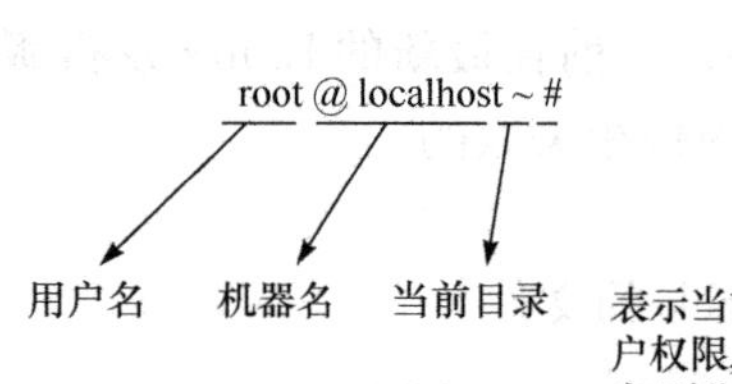


表示当前用户具有根用户权限,如果是一般用户,则此处显示为$。

图 2.3　命令行终端提示符

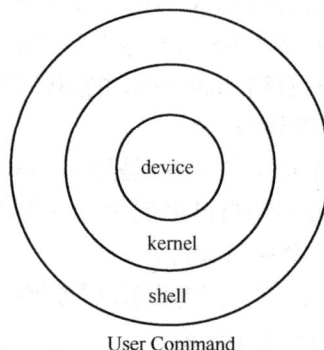

device
kernel
shell
User Command

图 2.4　Linux 系统分层结构

例如，当使用者在 Shell 下输入 date 指令时，由于内核识别的是二进制的程序码，它并不认识 date 是什么东西，因此需要透过 Shell 来解析成内核所认识的二进制程序码，如此工作才有办法顺利进行，而在内核做出回应时，就依反方向进行，当然此时还是会经过 Shell 来把系统所提供的信息再解析成我们人类所看得懂的语言，最后才能在屏幕上看到执行的结果。从以上说明可以清楚知道，其实 Shell 就是一个命令解析器(command interpreter)。

第一个 Unix 系统所使用的 Shell 为 Steve Bourne 所写，称之为 sh，在 sh 出现后，一些人相继发展出各种不同的 Shell，而大部分的发布预设所使用的 Shell 为 Bourne Again Shell，就是所谓的 bash，是依 sh 发展而来的，像我们目前所要学习的 openSUSE Linux 也是使用这个 bash。而在 Linux 文字模式下，除了 bash 以外，还有多种的 Shell 可供选择，如 sh、ash、ksh、zsh、csh、tcsh 等，参考一下/etc/shells 文档就知道了。

用户通过 Shell 与系统进行交互，在一个终端中可以使用多种 Shell。

1. 系统中的 Shell。

在 Linux 和 Unix 系统里有多种不同的 Shell 可以使用。最常用的是 BourneShell(sh)，C Shell(csh)和 Korn Shell(ksh)。

Bourne Again Shell(bash)，是 Bourne Shell 的扩展，是大多数 Linux 默认的 Shell。Bash 与 Bourne Shell 完全向后兼容，并且在 Bourne Shell 的基础上增加了很多特性。

2. 启动 Shell。

Linux 支持多种 Shell，都集中在/etc/shells 文件中，可以使用 cat(显示文件内容)命令查看它们。输入命令：# cat/etc/shells 会显示出 Linux 支持的各种 Shell。

查看当前使用的 shell 的命令：

echo $SHELL

如果输出/bin/bash，说明使用的是 bash。

如果在运行时要变换成 csh 的话，需要输入命令：csh。

3. Shell 环境变量。

环境变量是 Shell 本身的一组用来存储系统信息的变量。用户可以通过 Shell 的环境变量了解 Shell 的一些特性。以 Linux 的 bash 为例介绍 Shell 环境变量及其设置。

(1) 显示环境变量。

在 Shell 提示下输入命令：set。

显示某一环境变量的值，使用命令 echo，并在环境变量前加 $ 。如查看系统主机名可输入命令：echo $HOSTNAME

(2) 修改环境变量。

以直接用"变量名=变量值"的方式给变量赋值。除了可以修改已经存在的环境变量，用户还可以自行创建新的环境变量。新变量名只能用数字、英文字母和下划线，而且变量名不能以下划线开头。

4. 通配符。

*：匹配零或多个字符。

?：匹配任意一个字符。

[ ]：该通配符把所有想匹配的字符放在[]内，结果表达式将与[]中任一字符相匹配。也可以使用-指定范围。

[!]：[!]与[]构造类似，只要不是列在[! 和]之间的字符，它将与任何字符匹配。

例如，

myfile[12]将与 myfiel1 和 myfile2 匹配。

[Cc]hange[Ll]og 将与 Changelog、ChangeLog、changelog、changeLog 匹配。

ls /etc/[0-9] * 将列出/etc 中以数字开头的所有文件。

myfile[! 9]匹配除 myfile9 之外的名为 myfile 加一个字符的所有文件。

5. 命令历史和 Tab 自动补全。

(1) 查看命令历史。

使用上、下箭头可以上下翻阅已输入过的命令，方便我们输入重复的或类似于以前输入过的命令。

bash 命令行历史文件中默认可以储存 500 条命令。命令行历史保存在一个隐藏文件中，在登录目录中的 .bash_history 文件，可以使用 more 命令来分屏读取该文件，在主目录下输入：

$more .bash_history

(2) 自动补全命令。

如果输入了文件名、命令或路径名的一部分，然后按 Tab 键，bash 要么把文件的剩余部分补全，要么给你一个响铃，此时只需再按一次 Tab 键来获取与你已输入部分匹配的文件名或路径名的列表。

(3) 使用多重命令。

Linux 允许一次输入多重命令,但要使用分号来分隔命令。多重命令是顺序执行多个命令,第 1 个命令执行结束后才执行第 2 个命令。

(4) 常用的 Shell 操作。

(a) 使用 pwd(print working directory)来判定当前目录:

在 Shell 提示下输入命令:pwd,可判定当前目录在文件系统内的确切位置。如果用户用 root 登录,输出信息为:/root。

(b) 使用 cd 命令改变所在目录:

命令格式:cd[路径]

绝对路径:以(/)开头。它告诉 Linux 从根目录(/)开始向下寻找。

例如,

/dev

/usr

/usr/local/bin

相对路径:从当前目录开始向下级目录浏览。

例如,

从当前目录转到/usr 目录中,应使用命令:cd/usr;然后可以使用。

相对路径转到/usr/local/bin 目录,命令为 cd local/bin。

一些常用的简单命令按键及其说明如表 2.2 所示。

**表 2.2　命令行常用按键**

| 按键 | 说明 |
| --- | --- |
| Enter | 当在命令行上输入完指令并按下 Enter 键后,就会把你所输入的指令叙述交给 Shell 去做解析的动作 |
| ↑　↓ | 假使之前曾经输入了一个很长的指令,现在想要再执行一次,则可重复按下 ↑ 键去恢复出之前所执行过的指令叙述,不过万一按太快而过头了,那么利用 ↓ 键即可反方向搜寻 |
| Tab | 当所输入的指令或文件名称很长时,可善加利用 Tab 键去补字,这就是 BASH Shell 中很好用的指令补全或文档补全功能 |
| Ctrl+C | 使用这个组合键,可以中断目前正在前台(占用终端机画面)执行的程序 |
| Ctrl+D | 使用这个组合键,可以中断与 Shell 的交谈(interact)。往往有些时候 Shell 会等待你从键盘做输入,而当输入完毕想要结束或根本不想做输入时,即可按下 Ctrl+D 来退出与 Shell 的互动模式,所以 Ctrl+D 可以把它想象成中断输入的意思 |

## 2.6　常用文件系统

在 Linux 的目录结构中,在根目录底下的一些主要目录,可以个别独立成一个分割区,如/var、/usr、/tmp、/home、/boot 等,当然每个分割区都需要给它一个文件系统。如果有安装过 Windows 的经验,应该很清楚地知道在安装之前,需要先将所指定的分割区做格式化动作,这个行为就是在制造一个文件系统给该分割区的意思。

每个分割区会有属于自己的分割区类型(partition type),以 Windows 的 partition 来说,如 FAT32、NTFS 等;以 Linux 来说,如 Linux native 及 swap 等。Linux swap 是用来做虚拟

存储器的分割区，其 system id 为 82；至于 system id 为 83 者，则是 Linux native 的分割区，而在 Linux native 分割区上常见到的文件系统如 ext2、ext3、reiserfs、JFS 等。

Linux 的 VFS(virtual file system，虚拟文件系统)技术使它支持多种文件系统，JFS、ReiserFS、ext、ext2、ext3、ISO9660、XFS、Minx、MSDOS、UMSDOS、VFAT、NTFS、HPFS、NFS、SMB、SysV、PROC 等。

通常安装 Linux 时能够选择 ext2、ext3、ReiserFS，那么它们各有什么优缺点呢？选择一个优秀的文件系统会让 Linux 运行得更快、更稳定、数据更安全。

在 Linux 系统中，每个分区都是个文件系统，都有自己的目录层次结构。Linux 的最重要特征之一就是支持多种文件系统，这样它更加灵活，并能够和许多其他种操作系统共存。

VFS 虚拟文件系统使得 Linux 能够支持多个不同的文件系统。由于系统已将 Linux 文件系统的任何细节进行了转换，所以 Linux 内核的其他部分及系统中运行的程序将看到统一的文件系统。Linux 的虚拟文件系统允许用户同时能透明地安装许多不同的文件系统。虚拟文件系统是为 Linux 用户提供快速且高效的文档访问服务而设计的。

随着 Linux 的不断发展，它所支持的文档格式系统也在迅速扩充。特别是 Linux 2.4 内核正式推出后，出现了大量新的文件系统，其中包括日志文件系统 ext3、ReiserFS、XFS、JFS 和其他文件系统。Linux 系统内核能够支持十多种文件系统类型：JFS、ReiserFS、ext、ext2、ext3、ISO9660、XFS、Minx、MSDOS、UMSDOS、VFAT、NTFS、HPFS、NFS、SMB、SysV 和 PROC 等。

下面介绍 Linux 下几种最常用的文件系统，其中包括 ext、ext2、ext3、ext4、JFS、XFS、ReiserFS 等。

1. ext。

ext 是第一个专门为 Linux 研发的文件系统类型，称为扩展文件系统。它是 1992 年 4 月完成的，对 Linux 早期的发展产生了重要作用。但是，由于其在稳定性、速度和兼容性上存在许多缺陷，现在已很少使用了。

2. ext2。

ext2 是为解决 ext 文件系统的缺陷而设计的可扩展的、高性能的文件系统，它又被称为二级扩展文件系统。ext2 是 1993 年发布的，设计者是 Rey Card。它是 Linux 文件系统类型中使用最多的格式，并且在速度和 CPU 利用率上较为突出，是 GNU/Linux 系统中标准的文件系统。它存取文档的性能极好，对于中、小型的文档更显示出优势，这主要得益于其簇快取层的优良设计。ext2 能够支持 256 字节的长文档名，其单一文档大小和文件系统本身的容量上限和文件系统本身的簇大小有关。在常见的 Intel x86 兼容处理器的系统中，簇最大为 4KB，单一文档大小上限为 2048GB，而文件系统的容量上限为 6384GB。尽管 Linux 能够支持种类繁多的文件系统，但是 2000 年以前几乎任何的 Linux 发行版都使用 ext2 作为默认的文件系统。

ext2 也有一些问题。由于它的设计者主要考虑的是文件系统性能方面的问题，而在写入文档内容的同时，并没有写入文档的 meta-data(与文档有关的信息，如权限、使用者及创建和访问时间)。换句话说，Linux 先写入文档的内容，然后等到有空的时候才写入文档的 meta-data。假如出现写入文档内容之后，但在写入文档的 meta-data 之前系统突然断电，就可能造成文件系统就会处于不一致的状态。在一个有大量文件操作的系统中，出现这种情况会导致很严重的后果。另外，由于现在 Linux 的 2.4 内核所能使用的单一分割区最大只有 2048GB，尽管文件系统的容量上限为6384G，但是实际上能使用的文件系统容量最多也只有2048GB。

3. ext3及ext4。

ext3是一种日志式文件系统。在讲解ext3、JFS、XFS、ReiserFS日志格式文件系统之前，先介绍一下日志式文件系统。

日志式文件系统起源于Oracle、Sybase等大型数据库。由于数据库操作往往是由多个相关的、相互依赖的子操作组成，任何一个子操作的失败都意味着整个操作的无效性，对数据库数据的任何修改都要恢复到操作以前的状态。Linux日志式文件系统就是由此发展而来的。日志文件系统通过增加一个称为日志的、新的数据结构来解决这个"fsck"问题。这个日志是位于磁盘上的结构。在对元数据做任何改变以前，文件系统驱动程序会向日志中写入一个条目，这个条目描述了它将要做些什么，所以日志文档具备可伸缩性和健壮性。在分区中保存日志记录文档好处是:文件系统写操作首先是对记录文档进行操作，若整个写操作由于某种原因(如系统掉电)而中断，则在下次系统启动时就会读日志记录文档的内容，恢复到没有完成的写操作，这个过程一般只需要两三分钟时间。

ext3是由开放资源社区研发的日志文件系统，早期主要研发人员是Stephen Tweedie。ext3被设计成是ext2的升级版本，尽可能方便用户从ext2向ext3迁移。ext3在ext2的基础上加入了记录元数据的日志功能，努力保持向前和向后的兼容性，也就是在保有现在ext2的格式之下再加上日志功能。和ext2相比，ext3提供了更佳的安全性，这就是数据日志和元数据日志之间的不同。ext3是一种日志式文件系统，日志式文件系统的优越性在于由于文件系统都有快取层参和运作，如不使用时必须将文件系统卸下，以便将快取层的资料写回磁盘中。因此，每当系统要关机时，必须将其任何的文件系统全部卸下后才能进行关机。假如在文件系统尚未卸下前就关机(如停电)，那么重开机后就会造成文件系统的资料不一致，故这时必须做文件系统的重整工作，将不一致和错误的地方修复。然而，这个过程是相当耗时的，特别是容量大的文件系统不能百分之百确保任何的资料都不会流失，特别在大型的服务器上可能会出现问题。除了和ext2兼容之外，ext3还通过共享ext2的元数据格式继承了ext2的其他长处。例如，ext3用户能够使用一个稳固的fsck工具。由于ext3基于ext2的代码，所以它的磁盘格式和ext2的相同，这意味着一个干净卸装的ext3文件系统能够作为ext2文件系统毫无问题地重新挂装。假如现在使用的是ext2文件系统，并且对数据安全性需要很高，这里建议考虑升级使用ext3。

ext3最大的缺点是，它没有现代文件系统所具备的、能提高文档数据处理速度和解压的高性能。此外，使用ext3文件系统要注意硬盘限额问题，在这个问题解决之前，不推荐在重要的企业应用上采用ext3＋Disk Quota(磁盘配额)。

ext4是ext3的改进版，修改了ext3中部分重要的数据结构，而不仅仅像ext3对ext2那样，只是增加了一个日志功能而已。ext4可以提供更佳的性能和可靠性，还有更为丰富的功能。

Linux内核(kernel)自2.6.28开始正式支持新的文件系统ext4。较之ext3目前所支持的最大16TB文件系统和最大2TB文件，ext4分别支持1EB(1,048,576TB，1EB＝1024PB，1PB＝1024TB)的文件系统，以及16TB的文件。

4. JFS。

JFS是一种提供日志的字节级文件系统。该文件系统主要是为满足服务器(从单处理器系统到高级多处理器和群集系统)的高吞吐量和可靠性需求而设计、研发的。JFS文件系统是为面向事务的高性能系统而研发的。在 IBM 的 AIX 系统上，JFS 已过较长时间的测试，结果表明它是可靠、快速和容易使用的。2000 年 2 月，IBM 宣布在一个开放资源许可证下移植 Linux 版本的 JFS 文件系统。JFS 也是个有大量用户安装使用的企业级文件系统，具备可伸缩性和健壮性。和非日志文件系统相比，它的突出长处是快速重启能力，JFS 能够在几秒或几分钟内就把文件系统恢复到一致状态。虽然 JFS 主要是为满足服务器(从单处理器系统到高级多处理器和群集系统)的高吞吐量和可靠性需求而设计的，但还能够用于想得到高性能和可靠性的客户机配置，因为在系统崩溃时 JFS 能提供快速文件系统重启时间，所以它是因特网文件服务器的关键技术。使用数据库日志处理技术，JFS 能在几秒或几分钟之内把文件系统恢复到一致状态。而在非日志文件系统中，文档恢复可能花费几小时或几天。

JFS 的缺点是，使用 JFS 日志文件系统性能上会有一定损失，系统资源占用的比率也偏高，因为当它保存一个日志时，系统需要写许多数据。

5. ReiserFS。

ReiserFS 的第一次公开亮相是在 1997 年 7 月 23 日，Hans Reiser 把他的基于平衡树结构的 ReiserFS 文件系统在网上公开。ReiserFS 3.6.x(作为 Linux 2.4 一部分的版本)是由 Hans Reiser 和他的 Namesys 研发组一起研发设计的。SUSE Linux 也对他的发展起了重大的帮助。Hans 和他的组员们相信最好的文件系统是能够有助于创建单独的共享环境或命名空间的文件系统，应用程序能够在其中更直接、有效和有力地相互作用。为了实现这一目标，文件系统就应该满足使用者对性能和功能方面的需要。那样使用者就能够继续直接地使用文件系统，而不必建造运行在文件系统之上(如数据库之类)的特别目的层。ReiserFS 使用了特别的、优化的平衡树(每个文件系统一个)来组织任何的文件系统数据，这为其自身提供了很不错的性能改进，也能够减轻文件系统设计上的人为约束。另一个使用平衡树的好处就是，ReiserFS 能够像其他大多数的下一代文件系统相同，根据需要动态地分配索引节，而不必在文件系统创建时建立固定的索引节。这有助于文件系统更灵活地适应面临的各种存储需要，同时提供附加的空间有效率。

ReiserFS 被看成是个更加激进和现代的文件系统。传统的 Unix 文件系统是按磁盘块来进行空间分配的，对于目录和文件等的查找使用了简单的线性查找。这些设计在当时是合适的，但随着磁盘容量的增大和应用需求的增加，传统文件系统在存储效率、速度和功能上已显得落后。在 ReiserFS 的下一个版本——Reiser 4，将提供了对事务的支持。ReiserFS 突出的地方还在于其设计上着眼于实现一些未来的插件程序，这些插件程序能够提供访问控制列表、终极链接，连同一些其他很不错的功能。在 http://www.namesys.com/v4/v4.html 中，有 Reiser 4 的介绍和性能测试。

ReiserFS 一个最受批评的缺点是每升级一个版本都将要将磁盘重新格式化一次，而且它的安全性能和稳定性和 ext3 相比有一定的差距。因为 ReiserFS 文件系统还不能正确处理超长的文件目录，假如创建一个超过 768 字符的文件目录，并使用 ls 或其他 echo 命令，将有可能导致系统挂起。在 http://www.namesys.com/网站能够了解关于 ReiserFS 的更多信息。

6. XFS。

XFS 是一种很优秀的日志文件系统，它是由 SGI 于 20 世纪 90 年代初研发的。XFS 推出后被业界称为先进的、最具可升级性的文件系统技术。它是个全 64 位、快速、稳固的日志文件系统，多年用于 SGI 的 IRIX 操作系统。当 SGI 决定支持 Linux 社区时，他将关键的基本架构技术授权于 Linux，以开放资源形式发布了他们自己拥有的 XFS 的源代码，并开始进行移植。

此项工作进展得很快，现在已进入 beta 版阶段。作为一个 64 位文件系统，XFS 能够支持超大数量的文件(9000×1GB)，可在大型 2D 和 3D 数据方面提供显著的性能。XFS 有能力预测其他文件系统薄弱环节，同时提供了在不妨碍性能的情况下增强可靠性和快速的事故恢复。

XFS 可为 Linux 和开放资源社区带来如下新特性：

可升级性 XFS 被设计成可升级，以面对大多数的存储容量和 I/O 存储需求；可处理大型文件和包含巨大数量文件的大型目录，以满足 21 世纪快速增长的磁盘需求。XFS 有能力动态地为文件分配索引空间，使系统形成高效支持大数量文件的能力。在它的支持下，用户可使用的文件远远大于现在最大的文件系统。

优秀的 I/O 性能典型的现代服务器使用大型的条带式磁盘阵列，以提供达数 GB/秒的总带宽。XFS 能够很好地满足 I/O 请求的大小和并发 I/O 请求的数量。XFS 可作为 root 文件系统，并被 LILO 支持，也能够在 NFS 服务器上使用，并支持软件磁盘阵列(RAID)和逻辑卷管理器(logical volume manager，LVM)。SGI 最新发布的 XFS 为 1.0.1 版，在 http://oss.sgi.com/projects/XFS/能够下载。

由于 XFS 比较复杂，实施起来有一些难度(包括人员培训等)，所以现在 XFS 主要应用于 Linux 企业应用的高端。

除了上面主要介绍的六类 Linux 文件系统外，Linux 也能够支持基于 Windows 和 Netware 的文件系统，如 UMSDOS、MSDOS、VFAT、HPFS、SMB 和 NCPFS 等。兼容这些文件系统对 Linux 用户也是很重要的，毕竟在桌面环境下 Windows 文件系统还是很流行的，而 Netware 网络也有许多用户，Linux 用户也需要共享这些文件系统的数据。

UMSDOS Linux 下的扩展 MSDOS 文件系统驱动，支持长文件名、任何者、允许权限、连接和设备文件。允许一个普通的 MSDOS 文件系统用于 Linux，而且无需为它建立单独的分区。

MSDOS 是在 DOS、Windows 和某些 OS/2 操作系统上使用的一种文件系统，其名称采用“8.3”的形式，即 8 个字符的文件名加上 3 个字符的扩展名。

VFAT 是 Windows 9x 和 Windows NT/2000 下使用的一种 DOS 文件系统，其在 DOS 文件系统的基础上增加了对长文件名的支持。

HPFT 高性能文件系统(high performance file system，HPFS)是微软的 LAN Manager 中的文件系统，同时也是 IBM 的 LAN Server 和 OS/2 的文件系统。HPFT 能访问较大的硬盘驱动器，提供了更多的组织特性，并改善了文件系统的安全特性。

SMB 是一种支持 Windows for Workgroups、Windows NT 和 Lan Manager 的基于 SMB 协议的网络操作系统。

NCPFS 是一种 Novell NetWare 使用的 NCP 协议的网络操作系统。

NTFS 是 Windows NT/2000 操作系统支持的、一个特别为网络和磁盘配额、文件加密等管理安全特性设计的磁盘格式。

## 2.7 硬盘分区

硬盘分区就是硬盘的“段落”。Windows 分区有自己的盘符(C:，D:等)，这些分区看起来都似乎是个单独的硬盘。最简单的情况下就是将整个硬盘作为一个唯一的分区。

假如你希望在机器上安装更多的操作系统，将需要更多的分区。你更不能在这个单独的分区里面再安装 Linux。假如你要同时安装 Windows ME 和 Windows 2000，那么你将需要两个分区，原因是不同的操作系统原则上采用不同的文件系统。假如几个操作系统都支持相同的文件系统，通常为了避免在一个分区下有相同的系统目录，也将它们安装在不同的磁盘分区上。

在 Linux 下是不同的情况，它本身又有更多的分区。例如，根分区“/”和交换分区“swap”。说得更清楚一点，在安装 Linux 时考虑的并不是 Windows 分区下还有多少空间，因为 Windows 分区下的空间 Linux 不能使用，需要在 Windows 分区外建立新的分区。

1. 分区类型。

硬盘分区一共有三种：主分区、扩展分区和逻辑分区。

在一块硬盘上最多只能有四个主分区。能够另外建立一个扩展分区来代替四个主分区的其中一个，然后在扩展分区下你能够建立更多的逻辑分区。

扩展分区只是逻辑分区的“容器”，实际上只有主分区和逻辑分区进行数据存储。

2. 分区和格式化。

每个操作系统下都有自己的用来改变硬盘分区的工具，Windows 9x 下是很有名的 FDISK，在 Windows NT/2000/XP 中带有一个很方便的图像界面的工具，它的位置在不同的 Windows 版本下也稍微有所不同。在 Linux 下进行分区也能够使用 FDISK。

每个主分区和逻辑分区都会被存储一个识别文件系统的附加信息。操作系统（Windows 或 Linux 等）能通过这些信息很容易地识别和确认，应该使用哪个分区。不能识别的操作系统分区将会被忽略。

通过分区当然不能产生任何文件系统。在分区之后只是对硬盘上的磁盘空间进行了保留，还不能直接使用。在此之后分区必须要进行格式化。在 Windows 下能够通过资源管理器下的文件菜单或 FORMAT 程序来执行，在 Linux 下大多数情况下由 mke2fs 来完成。

注：Linux 支持不同的文件系统。应用最广泛的是 ext2。ext2 就是有我们上面提到的 mke2fs 程序来建立的。Linux 当然也支持 reiserfs 文件系统。进行任何磁盘分区或大小的改变工作，都会丢失以前的数据。在分区之前一定要对数据进行备份。

3. Dos/Windows 下的分区名称。

在 Windows 下操作系统使用的分区将用盘符来表示。A：和 B：为软驱保留，其他硬盘上的主分区和逻辑分区将从 C：开始依次排列。扩展分区没有任何盘符，而且是看不到的。在 Windows 下同样也看不到 Linux 分区。

假如一台机器有很多的硬盘、光驱、软驱等，磁盘分区的命名将产生混乱。在这种情况下，第一块硬盘上的主分区和逻辑分区将首先得到命名盘符，然后是第二块、第三块等。比如，有三块硬盘，每一块硬盘上同时又有一个主分区和两个逻辑分区，那么第一块硬盘的命名将是 C：、F：、G：，第二块为 D：、H：、I：，第三块为 E：、J：、K：。

在 Windows 下能够改变这些系统自动命名的名称。比如，能够将一个光驱命名为 X，这样在添加新的分区的时候它的名称就不会改变了。

陌生文件系统的分区将不会被命名，在大多数程序里面（如资源管理器）是看不到的。这些分区将只能在磁盘分区工具（Windows 9x/ME 下的 FDISK，Win2000 下的电脑管理-命令解释器）下面显示。

4. Linux 下的分区名称。

Linux 下的分区命名比 Windows 下面将更加清楚周详，但是由此而来的名称不容易记住。不同于 Windows 下的盘符，Linux 通常采用设备-名称(device-name)。一般的硬盘(如 IDE 硬盘)将采用/dev/hdxy 来命名。x 表示硬盘(a 是第一块硬盘，b 是第二块硬盘，依次类推)，y 是分区的号码(从 0 开始，1、2、3 等)。SCSI 硬盘将用/dev/sdxy 来命名。光驱(不管是 IDE 类型或 SCSI)将和硬盘相同来命名。

IDE(集成电路设备)和 SCSI(小型电脑系统接口)是两个现在最流行的连接电脑硬盘，光驱或软驱的系统。SCSI 比 IDE 速度要快，但是要贵一些。SCSI 通常能够用于文件服务器和数据库服务器。Linux 支持这两种系统(当然能够同时在一台机器上拥有 IDE 和 SCSI 设备)。

IDE 硬盘和光驱设备将由内部连接来区分区定。/dev/hda 表示第一个 IDE 信道的第一个设备(master)，/dev/hdb 表示第一个 IDE 信道的第二个设备(slave)。按照这个原则，/dev/hdc 和/dev/hdd 为第二个 IDE 信道的 master 和 slave 设备。被命名为/dev/had 和/dev/hdc 的两个设备在理论上是同样可以的，在这里不使用/dev/hdb。这种情况下，设备被作为 master 连接在第一和第二个 IDE 信道上。

SCSI 硬盘或光驱设备依赖于设备的 ID 号码，不考虑遗漏的 ID 号码。比如，三个 SCSI 设备的 ID 号码分别是 0、2、5，设备名称分别是/dev/sda、/dev/sdb、/dev/sdc。假如现在再添加一个 ID 号码为 3 的设备，那么这个设备将被以/dev/sdc 来命名，ID 号码为 5 的设备将被称为/dev/sdd。

分区的号码不依赖于 IDE 或 SCSI 设备的命名，号码 1 到 4 位主分区或扩展分区保留，从 5 开始才用来为逻辑分区命名。由于这个原因，经常会有号码漏洞。比如，1、2、5、6，在这里 3 和 4 就是号码漏洞。又如，第一块硬盘的主分区为 hda1，扩展分区为 hda2，扩展分区下的一个逻辑分区为 hda5。下面的例子可帮助大家加深理解：

/dev/hda　表示整个 IDE 硬盘。

/dev/hda1　表示第一块 IDE 硬盘的第一个主分区。

/dev/hda2　表示第一块 IDE 硬盘的扩展分区。

/dev/hda5　表示第一块 IDE 硬盘的第一个逻辑分区。

/dev/hda8　表示第一块 IDE 硬盘的第四个逻辑分区。

/dev/hdb　表示第二个 IDE 硬盘。

/dev/hdb1　表示第二块 IDE 硬盘的第一个主分区。

/dev/sda　表示第一个 SCSI 硬盘。

/dev/sda1　表示第一个 SCSI 硬盘的第一个主分区。

/dev/sdd3　表示第四个 SCSI 硬盘的第三个主分区。

# 第 3 章　Linux 常用命令

## 3.1　基 本 命 令

1. cd 进入目录命令：

cd/　切换到根目录。

cd〈目录〉　切换到当前目录下的子目录。

cd.. 切换到到上一级目录。

2. ls 列表命令：

ls　以默认方式显示当前目录文件列表。

ls-a　显示所有文件包括隐藏文件。

ls-l　显示文件属性，包括大小、日期、符号连接，是否可读写及是否可执行。

3. mkdir 创建目录命令：

mkdir　dir-name　在当前目录下创建目录 dir-name。

mkdir-p dir-name　在路径 p 下创建目录 dir-name。

4. rm 删除命令：

rm〈file〉　删除某一个文件。

rm -rf dir　删除当前目录下叫 dir 的整个目录（包括下面的文件或子目录）。

rmdir dir-name　删除空目录。

5. pwd 绝对路径命令。

pwd　在终端控制台上显示当前目录的绝对路径。

6. cp 复制命令：

cp〈source〉〈target〉　将文件 source 复制为 target。

cp /root/source　将/root 下的文件 source 复制到当前目录。

7. mv 更名命令：

mv〈source〉〈target〉　将文件 source 更名为 target。

8. cat 显示文件内容命令：

cat〈file〉　显示文件的内容，和 DOS 的 type 相同。

9. find 查找命令：

find/path -name〈file〉　在/path 目录下查找看是否有文件 file。

10. chmod 改变文件或目录访问权限命令：

使用方式：chmod[-cfvR][--help][--version]mode file...。

Linux/Unix 的文件存取权限分为三级：文件拥有者、群组、其他。利用 chmod 可以控制文件被他人存取的权限。

11. chgrp 改变文件或目录所属组的命令：

语法：chgrp[-cfhRv][-help][-version][所属群组][文件或目录]。

12. passwd 改变用户口令命令：

语法：passwd[-dklS][-u< -f> ][用户名称]。

passwd 指令让用户可以更改自己的密码，而系统管理者则能用它管理系统用户的密码。只有管理者可以指定用户名称，一般用户只能变更自己的密码。

参数：

-d　删除密码。本参数仅有系统管理者才能使用。

-f　强制执行。

-k　设置只有在密码过期失效后，方能更新。

-l　锁住密码。

-s　列出密码的相关信息。本参数仅有系统管理者才能使用。

-u　解开已上锁的账号。

13. su 变更用户身份命令：

语法：su[-flmp][--help][--version][-][-c〈指令〉][-s][用户账号]。

su 可让用户暂时变更登入的身份。变更时需输入所要变更的用户账号与密码。

参数：

-c〈指令〉或--command=〈指令〉　执行完指定的指令后，即恢复原来的身份。

-f 或--fast　适用于 csh 与 tsch，使 shell 不用去读取启动文件。

-l 或-login　改变身份时，也同时变更工作目录，以及 HOME、SHELL、USER、LOGNAME。此外，也会变更 PATH 变量。

-m,-p 或--preserve-environment　变更身份时，不要变更环境变量。

-s 或--shell=　指定要执行的 shell。

-help　显示帮助。

-version　显示版本信息。

[用户账号]　指定要变更的用户。若不指定此参数，则预设变更为 root。

14. vi 文件编辑命令：

vi〈file〉编辑文件 file。

如果文件是新的，就会在荧幕底部看到一个信息，告诉用户正在创建新文件。如果文件早已存在，vi 则会显示文件的首 24 行，用户可再用光标(cursor)上下移动。

—指令 i 在光标处插入正文；

—指令 a 在光标后追加正文。

在插入方式下，不能打入指令，必须先按〈Esc〉键，返回命令方式。假若户不知身处何态，也可以按〈Esc〉键，不管处于何态，都会返回命令方式。在 vi 内，退出编辑状态时，要先按冒号(:)，改变为命令方式，用户就可以看见在荧幕左下方，出现冒号(:)，显示 vi 已经改为指令态，可以进行文件保存或退出等工作，命令如下：

:q! 放弃任何改动而退出 vi，也就是强行退出；

:w　存件；

:w! 对于只读文件强行存件；

:wq　存件并退出 vi。

15. man 帮助命令：

man ls　读取关于 ls 命令的帮助。

16. free　当前系统内存使用情况查询命令。

17. df　文件系统磁盘空间占用查询命令。

18. du　磁盘使用情况查询命令。

19. ps　列举当前所有进程；

ps -A　列举所有进程。

20. grep"Modified by zou" * -r　在一个目录树中查找含有某个字符串的所有文件。

21. 取消 root 密码：

运行 vi/etc/shadow，可以看到第一行内容大致如下：

root:$1$dVVd5YVP$OgZG58TL/NRExTfcr6URH.:11829:0:99999:7:-1:-1:134539236，

要取消 root 密码，只需将第一行 root 后第一对:之间的字符全部删除即可，删除后如下：

root::11829:0:99999:7:-1:-1:134539236

然后用:w！强行存盘(因为 shadow 文件是只读的)后用:q 退出 vi 则实现取消了 root 密码。

22. cal　日历查询命令。

23. date　日期查询命令。

24. clear　屏幕清楚命令。

25. shutdown　系统关闭命令：

shutdown -h now　关闭计算机。

26. reboot　系统启动命令：

reboot　重新启动计算机。

## 3.2　扩展命令

1. tar 压缩、解压文件。

(A) 解压文件：

tar 文件：tar xf xxx.tar；

gz 文件：tar xvzf xxx.tar.gz；

bz2 文件：tar xjvf xxx.tar.bz2。

(B) 压缩文件：

tar 文件：tar cf xxx.tar/path；

gz 文件：tar czvf xxx.tar.gz/path；

bz2 文件：tar cjvf xxx.tar.bz2/path。

2. mount 挂载、装载：

mount -t ext2/dev/hda1/mnt　把/dev/hda1 装载到/mnt。

mount -t iso9660 /dev/cdrom /mnt/cdrom　将光驱加载到/mnt/cdrom。

mount -t nfs 192.168.1.1:/sharedir/mnt　将 nfs 服务的共享目录 sharedir 加载到/mnt/nfs。

3. umount 卸载：

umount/dev/hda1　将/dev/hda1 设备卸载，使设备处于空闲状态。

4. ifconfig IP 地址：

ifconfig　回车，查询本机 IP 地址。

ifconfig eth0 192.168.1.1 netmask 255.255.255.0　设置网卡 1 的地址 192.168.1.1，掩码为 255.255.255.0，不写 netmask 参数则默认为 255.255.255.0。

5. ping 连通测试：

ping 163.com　测试与 163.com 的连接。

ping 202.96.128.68　测试与 IP:202.96.128.68 的连接。

6. make clean 目标及运行文件删除命令：

清除上次的 make 命令所产生的 object 文件(后缀为".o"的文件)及可执行文件。

7. make install 编译安装命令：

将编译成功的可执行文件安装到系统目录中，一般为/usr/local/bin 目录。

8. make dep 编译挂载命令：

make dep 的意思就是说：如果你使用程序 A(如支持特殊设备)，而 A 需用到 B(如 B 是 A 的一个模块/子程序)。而你在做 make config 的时候将一个设备的驱动由内核支持改为 module 或取消支持，这将可能影响到 B 的一个参数的设置，需重新编译 B，重新编译或连接 A。如果程序数量非常多，是很难手工完全做好此工作的，所以要 make dep。

## 3.3　软硬盘及光驱的使用

在 Linux 中对其他硬盘逻辑分区、软盘，光盘的使用与我们通常在 DOS 与 Windows 中的使用方法是不一样的，不能直接访问，因为在 Linux 中它们都被视为文件，因此在访问使用前必须使用装载命令 mount 将它们装载到系统的/mnt 目录中来，使用结束，必须进行卸载。命令格式为：

mount －t　文件系统类型　设备名装载目录。

文件类型常用的如表 3.1 所示。

**表 3.1　常用文件类型**

| msdos | dos 分区文件 |
|---|---|
| ext2、ext3、ext4 | Linux 的文件系统 |
| swap | Linux swap 分区或 swap 文件 |
| iso9660 | 安装 CD-ROM 的文件系统 |
| vfat | 支持长文件名的 dos 分区 |
| hpfs | OS/2 分区文件系统 |

设备名是指要装载的设备的名称，如软盘、硬盘、光盘等，软盘一般为/dev/fd0 或 fd1，硬盘一般为/dev/hda 或 hdb，硬盘逻辑分区一般为 hda1、hda2 等，光盘一般为/dev/hdc。在装载前一般要在/dev/mnt 目录下建立一个空的目录，如软盘为 floppy，硬盘分区为其盘

符如 c、d 等，光盘为 cd-rom，使用命令：

① mount -t msdos /dev/fd0 /mnt/floppy

装载一个 msdos 格式的软盘。

② mount -t ext2 /dev/fd0 /mnt/floppy

装载一个 Linux 格式的软盘。

③ mount -t vfat /dev /hda1 /mnt/c

装载 Windows98 格式的硬盘分区。

④ mount -t iso9660 /dev/hdc /mnt/cd-rom

装载一个光盘。

装载完成之后便可对该目录进行操作,在使用新的软盘及光盘前必须退出该目录,使用卸载命令进行卸载,方可使用新的软盘及光盘,否则系统不会承认该软盘及光盘的。光盘在卸载前是不能用光驱面板前的弹出键退出的。

## 3.4 GCC 与 GDB

### 3.4.1 GCC

GCC 是 GNU 的 C 和 C++编译器,它是 Linux 中最重要的软件开发工具。实际上,gcc 能够编译三种语言:C、C++和 ObjectC(C 语言的一种面向对象扩展)。利用 gcc 命令可同时编译并连接 C 和 C++源程序。编译器被成功地移植到不同的处理器平台上。标准 PC Linux 上的 gcc 是用于 INTEL CPU 的,而 ARM 系列开发套件使用的是用于 arm 系列处理器的 gcc 编译器 arm-elf-gcc 和 arm-elf-as 及其相应的 GNU Binutils 工具集(如 ld 链接工具,objcopy、objdump 等工具)。

gcc 命令的常用选项有:

-ansi 只支持 ANSI 标准的 C 语法。这一选项将禁止 GNU C 的某些特色,如 asm 或 typeof 关键词。

-c 只编译并生成目标文件。

-DMACRO 以字符串“1”定义 MACRO 宏。

-DMACRO=DEFN 以字符串“DEFN”定义 MACRO 宏。

-E 只运行 C 预编译器。

-g 生成调试信息,GNU 调试器可利用该信息。

-IDIRECTORY 指定额外的头文件搜索路径 DIRECTORY。

-LDIRECTORY 指定额外的函数库搜索路径 DIRECTORY。

-lLIBRARY 连接时搜索指定的函数库 LIBRARY。

-m486 针对 486 进行代码优化。

-o FILE 生成指定的输出文件。用在生成可执行文件时。

-O0 不进行优化处理。

-O 或-O1 优化生成代码。

-O2 进一步优化。

-O3 比-O2 更进一步优化,包括 inline 函数。

-shared 生成共享目标文件。通常用在建立共享库时。

-static 禁止使用共享连接。

-UMACRO 取消对 MACRO 宏的定义。

-w 不生成任何警告信息。

`-Wall`　生成所有警告信息。

编译完成之后，就要执行 ld 进行链接。ld 工具处理 ld 文件。ld 文件采用 AT&T 链接命令语言写成，用于控制整个链接过程。

### 3.4.2　GDB

Linux 包含了一个叫 gdb 的 GNU 调试程序。Gdb 是一个用来调试 C 和 C++程序的强力调试器．它使你能在程序运行时观察程序的内部结构和内存的使用情况。Gdb 功能非常强大：

① 可监视程序中变量的值；

② 可设置断点以使程序在指定的代码行上停止执行；

③ 支持单步执行等。

在命令行上键入 gdb，并按回车键就可以运行 gdb 了。如果一切正常的话，gdb 将被启动。

## 3.5　VMware-Tools 的安装

配置软件安装环境。

在 openSUSE 下安装 VMware-Tools 需要五个软件提供支持，它们分别是 gcc、make、kernel-devel、kernel-source、kernel-syms。按照本篇 1.3.2 小节软件安装的步骤完成上述软件的安装，然后重新启动 openSUSE Linux 并登入 root 用户。

安装 VMware-Tools。

1. 在 VMware Workstation 的菜单栏中选择 VM 菜单下的 Reinstall VMware Tools 选项，如图 3.1 所示。

图 3.1　Reinstall VMware Tools

2. 此时 openSUSE 就会自动加载 VMware Workstation 安装目录下的 linux.iso 文件，并弹出 VMwareTools 文件夹，如图 3.2 所示。

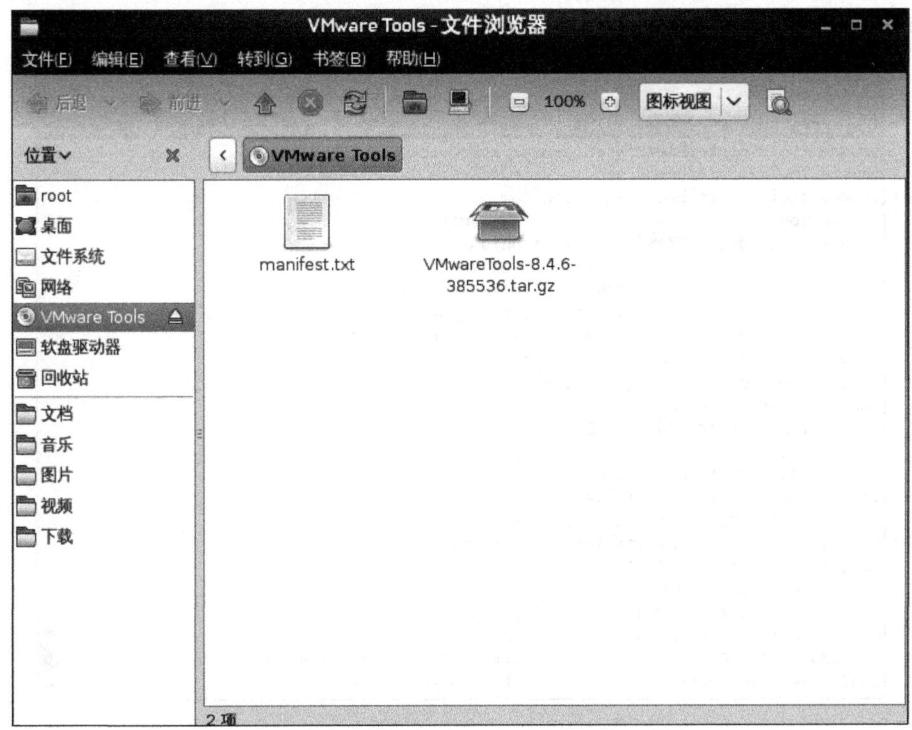


图 3.2　VMware Tools

并将安装包 VMwareTools-8.4.6-385536.tar.gz 复制到/tmp 目录下。

3. 新建一个终端，将目录移至/tmp 目录下，并使用命令 tar xzvf VMwareTools-8.4.6-385536.tar.gz 解压缩安装包。如图 3.3 所示。

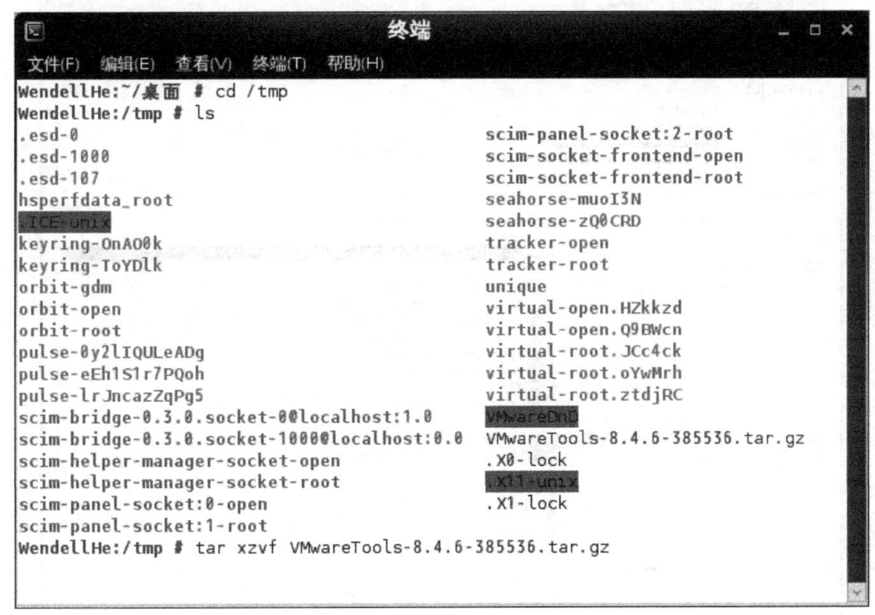


图 3.3　解压缩安装包

4. 解压缩后会在/tmp 目录下生成/vmware-tools-distrib 目录，进入该目录并运行安装文件 vmware-install. pl，相关命令如图 3.4 所示。

图 3.4　运行安装文件 vmware-install. pl

5. 所有设置均选择默认设置，按 Enter 即可。

6. 安装完成后关闭 openSUSE Linux 系统，单击虚拟机 option 选项卡，双击 Shared Folders 设置 windows 主机与 openSUSE 虚拟机的共享文件夹。如图 3.5 所示。

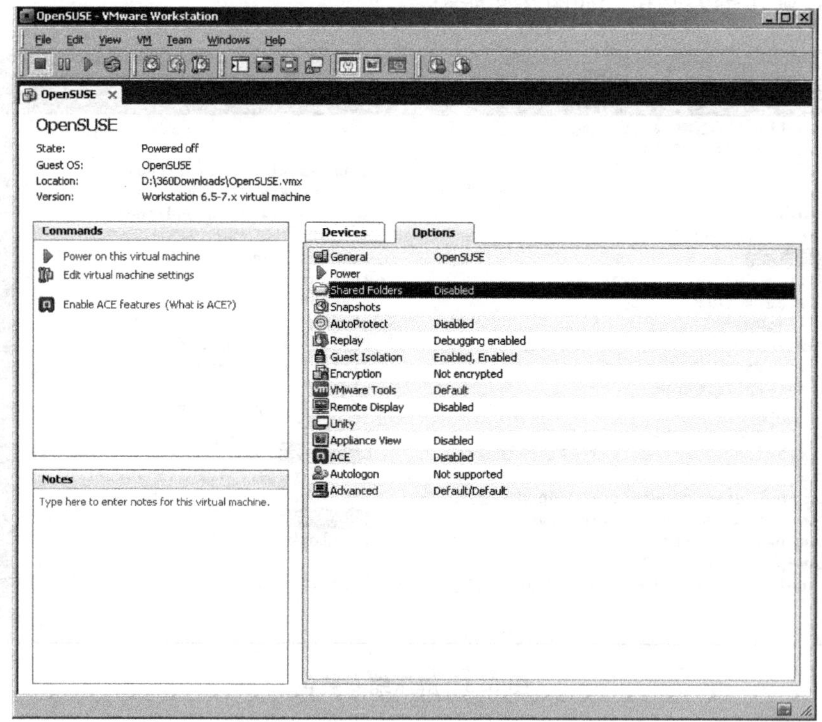


图 3.5　设置共享文件夹

7. 选择 Always enabled 然后单击 Add>next，单击 Host path 下的 Browse 选择你在 Windows 系统下需要与 openSUSE linux 共享的文件夹（这里将 Windows XP 系统 D 盘下名为 shared 的文件夹设置为共享文件夹）。如图 3.6 所示。

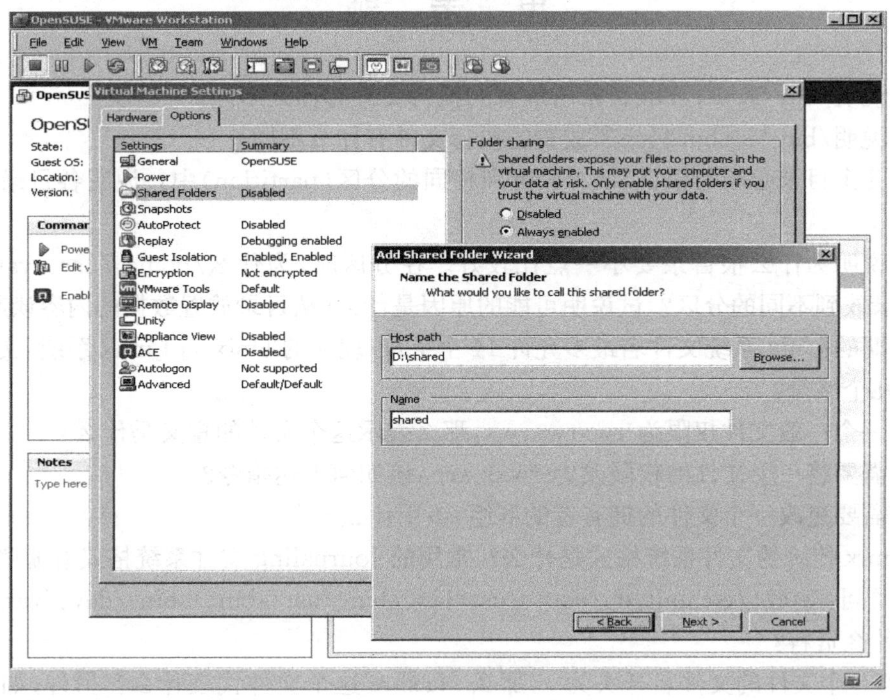


图 3.6　选择共享文件夹

8. 单击 next〉Finish〉ok 即设置成功。然后启动 openSUSE Linux。即可在目录/mnt/hgfs 下看到你所共享的 Windows 文件夹。如图 3.7 所示。

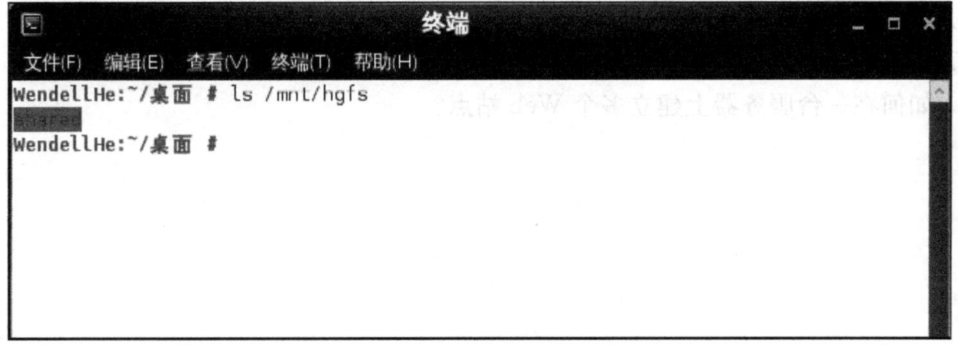


图 3.7　在 openSUSE 中显示共享文件夹

# 思 考 题

1. 试说明/bin与/usr/bin目录所放置的执行文件有什么不同。

2. 试说明/bin与/sbin目录所放置的执行文件有什么不同。

3. 哪几个目录必须与根目录(/)放置到相同的分区(partition)中？说明各目录所放置的资料。

4. 试说明为什么根目录要小一点比较好。在分区时，为什么/home、/usr、/var、/tmp最好与根目录放到不同的分区？试说明可能的原因是什么(从目录放置数据的内容谈起)。

5. 早期的Unix系统文件名最多允许14个字符；现在的Unix与Linux系统，文件名最多可以容许几个字符？

6. 如一个一般文件权限为-rwxrwxrwx，那么表示这个文件的意义是什么？

7. 若需要将一个文件的权限改为-rwxr-xr--，该如何下达指令？

8. 若需要更改一个文件的拥有者的群组，该用什么指令？

9. Linux传统的文件系统格式是什么？常用的Journaling文件系统格式有哪些？

10. 试问：/etc/、/etc/init.d、/boot、/usr/bin、/bin、/usr/sbin、/sbin、/dev、/var/log目录主要放置什么资料？

11. 若一个文件的文件名开头为.，那么.bashrc这个文件代表什么？另外，如何显示出这个文件名及相关属性？

12. 常用的网络操作系统有哪几种？Linux的特点是什么？

13. 简述基本磁盘与动态磁盘的区别。

14. 简述FAT、FAT32和NTFS文件系统的区别。

15. 多重NTFS权限有什么特点？

16. IP地址的获得方式有哪几种？

17. 如何在一台服务器上建立多个Web站点？

# 附录1　Linux简介

## 1. Linux名称的由来

要了解Linux这套操作系统的产生，要从早期的Multics操作系统谈起。最初Multics OS是由贝尔实验室(AT&T公司的一个部门)、麻省理工学院(MIT)及通用电子公司(GE)所共同参与研发的，是一套安装在大型主机上多人多工的操作系统，不过后来因为一些因素，导致Multics计划驻足不前，最后终究遭裁撤的命运。而在Multics计划停止后，由贝尔实验室的两位软件工程师Thompson与Ritchie为主导，然后根据他们当初发展Multics时期的一些心得，并以C语言为基础而发展出UNIX OS；又由于C语言具备高、低阶语言的特性，使得UNIX可以让程序设计师依他们所使用硬件装置的不同而加以修改，以方便移植到其他主机上面来运行，而不会被局限在特定的主机平台上。

1973年，UNIX正式对外发表，不过在此之前也经过了几次的改版。UNIX发展初期，AT&T是采取较为开放的政策，允许让全世界各地的玩家分享他们的成果，并且可以针对原始码(source code)部分进行修正，也正因为如此，才能够便于将UNIX移植到不同平台上。而UNIX其中一个重要的分支-BSD，就是在这种情况下产生，BSD是在1978年由加利福尼亚州克利大学(Berkeley)的Bill Joy为主导，所研发出来的操作系统，而Bill Joy这位大人物正是后来美国升阳公司(Sun Microsystem)的创办者，该公司之后又发展出一套Sun OS(Solaris前身)。

到了1979年，AT&T也自行研发了另一个UNIX的分支-System V(Unix System第五版)，而在当时来说，BSD及System V即是UNIX中最重要的两个分支。

AT&T最初原本对UNIX是采取开放的态度，但到了后来，因为基于商业利益的考量，而开始宣称UNIX的版权为AT&T所有，在当时来说是引起了不小的震撼，毕竟这种做法是与当初自由软件的精神相互违背的。不过话虽如此，还是有许多企业或个人对UNIX强大的功能情有独钟，但却又因为AT&T的态度转变，而不再能够自由取得UNIX的原始码，于是乎一些具有研发能力的公司或个人，干脆就自己发展出一套与UNIX功能差不多，但并未抄袭UNIX原始码的操作系统，并且可以运作在x86电脑上，这就是一般我们常听到的UNIX-Like，而早期最出名的一套UNIX-Like，就是在1984年诞生的Minix。

在Minix诞生的那一年，另外一件重大的事情就是Richard Stallman(自由软件之父)所发起的GNU计划，此计划的最终目标是在发展一个Unix-Like且为自由软件的完整操作系统，但毕竟此项工程过于浩大，所以在草创初期，Stallman就自己设计一些模拟在UNIX上面执行的程序，而为了加速GNU计划的推动，Stallman就与其他爱好自由软件的伙伴建立起FSF(Free Software Foundation：自由软件基金会)。

GNU设计了很多的自由软件来提供大家使用，并且以GPL(GNU general public license)的方式来对外发行。GPL是一种软件的授权模式，只要软件是以GPL来对外发行，这就代表任何人可以自由免费的取得该软件与原始码，你可以复制这个软件，也可以修改其中的原始码，修改过后还可以用GPL的方式再对外发表，让别人分享你修改的成果。不过这里可要注意一个问题,原始码修改过后,你不能任意改变 GPL 的授权模式,因为版权本来就不是你的。像 Mandrake 及中国的红旗 Linux 就是修改自 RedHat,这也是最典型的 GPL 代表。

1990 年时,GNU 就已经把一套 GNU 操作系统所需的一些软件设计得差不多了,但唯独欠缺内核这部分。就在此时,还在芬兰的赫尔辛基大学信息系就读的一位高材生,名叫 Linus-Torvalds,那时候他选修了一门 Unix 的课程,就这样学着学着而迷上了这套操作系统,但由于在课堂上所能使用的资源有限,所以那时候他就花了一笔钱,买了一台 386 的电脑,并且在此个人 PC 上安装 Minix OS,但因 Minix 无法满足 Linus 使用上的需求,于是便开始自己撰写内核程序,并于 1991 年于网路上释出第一个内核版本 0.0.2 版,并将其命名为 Linux(Linus' Minix)。

不过要构成一套完整的操作系统,光是只有内核与内核工具是不行的,尚需要有操作界面、系统程序的存在才行,这样整个操作系统才能运作。就在 1992 年,Linux 与 GNU 计划中的很多软件程序做结合,而正式成为一套 GNU/Linux 操作系统。

1994 年时,1.0 版的内核被发表出来,到了 2007 年的 2 月,已发展出 2.6.20 版的内核。如你对内核有兴趣的话,可到官方网站 http://www.kernel.org/去看看最新的内核版本为何。

或许各位会说,只靠 Torvalds 一个人怎么有办法维护这么复杂的内核?其实 Linux 的发展模式算是比较特殊的,内核程序是其负责没有错,但这不代表只有他一人在进行内核研发的工作,因为内核原始码每个人都可以在网络上自由地免费下载,所以几乎在全世界各地的玩家都会自动找 Bug(臭虫:意指软件研发之时,可能因一时疏忽或设计的错误,造成此软件的缺失或安全性漏洞),并将修正的结果传给 Torvalds,甚至于有些新硬件设备所需的驱动(driver),也都是透过这种方式而来的。

## 2. Linux 发行版本

前面已提到过完整操作系统的构成要件,只要你能组成一套完整的操作系统,就算是 Linux 发行版(distribution)。目前一些发行 Linux Distribution 的厂商或机构,其内核都是使用 Linux 内核,而其软件程序大都是从 GNU 而来,另外发行公司也会自行研发一些能够表现这套发行版特色的工具来搭配使用。

目前存在的 Linux Distributions 有数十种版本,最常见者有 RedHat、Mandriva(原 Mandrake)、Debian(GNU)、Slackware、SUSE、Turbo Linux、Fedora、CentOS 等,看得真是有点眼花缭乱。或许你心中开始会有疑问,这么多的发行版要学哪一套好呢?如果已经学会了一套,想学另外一套时会很吃力吗?其实这个倒不用太担心,因为刚说过,各家公司所推出的发行版都是使用 Linux 的内核,且软件程序大部分是从 GNU 取得,所以基本架构都是差不多的,只要你好好学会其中一套,之后再学习其他的发行版本时,相信一定能够驾轻就熟的。

## 3. Linux 的特色及优点

以下就列举几个 Linux 的特色供参考。

(1) 稳定性。

较 Windows 稳定,不易当机。如使用 Linux 架设服务器的话,有可能主机连续运行一整年都不会出问题。

(2) 多人多工。

可让多个使用者于同一时间来操作系统，且可以执行相同的或不同的多个应用程序。

(3) 支持多平台。

在 Linux 正式发布之后，其发展速度可说是非常迅速的。在 1995 年前后，Linux 已可在非 intel 处理器上执行。

(4) 开放原代码(open surce)。

在 Linux 下，大部分程序原始码公开，并允许程序设计师依需要而修改，可说是非常具有弹性。

(5) 卓越的网路能力。

Linux 是以 TCP/IP 为主要的通信协定，由于其所表现的高稳定性，使得一些企业纷纷以 Linux 来架设各式各样的服务器。

(6) 提供完整的程序开发工具。

可让程序设计师以 Linux 为平台而去发展各式软件，其所支持的程序语言众多，如 C、C++、Perl、Python 等。

# 第二篇　嵌入式应用与开发

嵌入式系统是当前最热门、最有发展前途的 IT 应用领域之一。常见的手机、iPad、机顶盒、高清电视(HDTV)、路由器、汽车电子、智能家电、医疗仪器、航天航空设备等都是典型的嵌入式系统。

嵌入式硬件方面,各大电子厂商相继推出了自己的专用嵌入式芯片,无处不在的是 MP4、PDA、无线上网装置、智能手机、平板电脑等,让人们充分感受到了其强劲之势;软件方面,在 Vxworks、Neculeus 和 Windows CE 等嵌入式操作系统引领下,也出现了空前繁荣的局面,但这些专用操作系统都是商业化产品,其高价格使许多面向低端产品的小公司望而却步,并且其源代码的封闭性也大大限制了开发者的积极性。Linux 正在嵌入式开发领域稳步发展,使用 GPL 协议,所有对特定开发板、iPad、掌上机、可携带设备等使用嵌入式 Linux 感兴趣的人都可以从因特网上免费下载其内核和应用程序,并可进行移植和开发。许多 Linux 改良品种迎合了嵌入式市场,它们包括 RTLinux(实时 Linux)、μclinux(用于非 MMU 设备的 Linux)、Montavista Linux(用于 ARM、MIPS、PowerPC 的 Linux 分发版)、ARM-Linux(ARM 上的 Linux)和其他 Linux 系统。

多年来,"Linux 标准库"组织一直在从事对在服务器上运行的 Linux 进行标准化的工作,现在嵌入式计算领域也开始了这一工作。嵌入式 Linux 标准吸收了"Linux 标准库"以及 Unix 组织中有益的元素。

本篇使用广州友善之臂公司(http://www.arm9.net/)的 Mini2440 开发板(其 CPU 是内核为 ARM9 的三星 S3C2440A 芯片)为样板阐述嵌入式应用研发的过程。由于 ARM9 内核具有内存管理模块(MMU),所以可以运行标准的 ARM-LINUX 内核 Linux 2.6.x。

# 第 4 章　ARM 9 开发板

## 4.1　开发板简介

Mini2440 是一款真正低价实用的 ARM9 开发板，是目前国内性价比高的一款学习板；它采用 Samsung S3C2440A 为微处理器，并采用专业稳定的 CPU 内核电源芯片和复位芯片来保证系统运行时的稳定性。Mini2440 的 PCB 采用沉金工艺的四层板设计，专业等长布线，保证关键信号线的信号完整性，生产采用机器贴片，批量生产；出厂时都经过严格的质量控制，配合本书的学习，只要有 C 语言基础，就能迅速掌握嵌入式 Linux 开发的流程。

该嵌入式开发板不仅仅是一片可以看到“点亮 LCD 触摸屏”的电路板，还可以植入嵌入式软件，使之满足各种丰富多彩的应用。目前提供的 Linux 系统，它们各自的 bootloader 以及 BSP 均是 100％开放，任何人均可从网址 http://www.arm9.net 上下载，并可下载更新的最新使用手册。

Mini2440 的先进特性可以概括为：

(1) 被 Linux 社区广泛支持的国产 2440 开发板；

(2) 在 Linux 下，支持万能 USB 摄像头；

(3) 统一采用支持 EABI 标准交叉编译器；

(4) 提供齐全的 BSP，内核为 Linux-2.6.29，并全面配有图形界面实用应用程序；

(5) 支持 USB 烧写更新 Linux(support yaffs2)，并且支持整片 Nand Flash 备份到 PC，真正适合批量生产；

(6) 实现 Linux 图形界面，可使用 CMOS 摄像头预览并拍照；

(7) 公开所有 BSP 源代码；

(8) 内核同时支持大页和小页 Nand Flash，新老用户均可使用最新的软件；

(9) 在 Linux 下，通过简单直观的图形界面就可设置各种程序开机自动运行。

## 4.2　开发板硬件资源

在图 4.1 中，主要支持的硬件如下：

CPU 处理器：

-Samsung S3C2440A，主频 400MHz，最高 533MHz；

-SDRAM 内存；

-在板 64M SDRAM；

-32bit 数据总线；

-SDRAM 时钟频率高达 100MHz。

FLASH 存储：

-在板 256M/1GB Nand Flash，掉电非易失(用户可定制 64M/128M/256M/512M/1G)；

-在板 2M Nor Flash，掉电非易失，已经安装 BIOS。

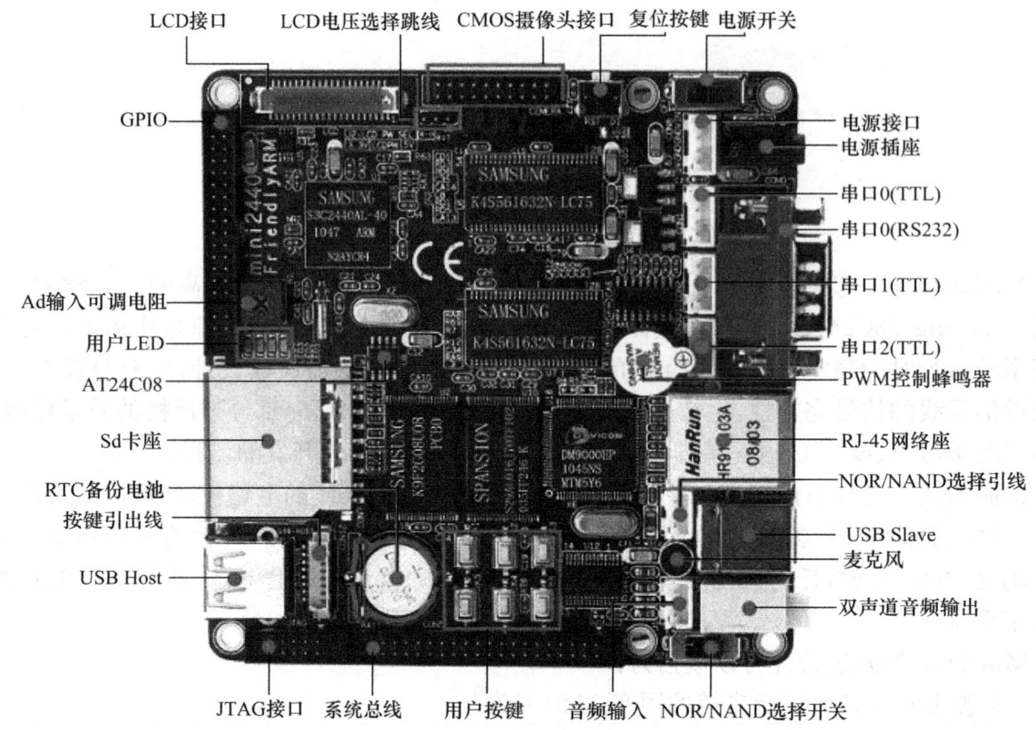


图 4.1 Mini2440 开发板硬件

LCD 显示：

-板上集成 4 线电阻式触摸屏接口，可以直接连接四线电阻触摸屏；

-支持黑白、4 级灰度、16 级灰度、256 色、4096 色 STN 液晶屏，尺寸从 3.5 英寸到 12.1 英寸，屏幕分辨率可以达到 1024×768 像素；

-支持黑白、4 级灰度、16 级灰度、256 色、64K 色、真彩色 TFT 液晶屏，尺寸从 3.5 英寸到 12.1 英寸，屏幕分辨率可以达到 1024×768 像素；

-标准配置为统宝 3.5"真彩 LCD，分辨率 240×320，带触摸屏。

接口和资源：

-1 个 100M 以太网 RJ-45 接口(采用 DM9000 网络芯片)；

-3 个串行口；

-1 个 USB Host；

-1 个 USB Slave B 型接口；

-1 个 SD 卡存储接口；

-1 路立体声音频输出接口，一路麦克风接口；

-1 个 2.0mm 间距 10 针 JTAG 接口；

-4 个 USER LED；

-6 个 USER buttons(带引出座)；

-1 个 PWM 控制蜂鸣器；

-1 个可调电阻，用于 AD 模数转换测试；

-1 个 I2C 总线 AT24C08 芯片，用于 I2C 总线测试；
-1 个 2.0 mm 间距 20pin 摄像头接口；
-板载实时时钟电池；
-电源接口(5V)，带电源开关和指示灯。
系统时钟源：
-12M 无源晶振。
实时时钟：
-内部实时时钟(带后备锂电池)。
扩展接口：
-1 个 34pin 2.0mm GPIO 接口；
-1 个 40 pin 2.0mm 系统总线接口。
规格尺寸：
-100mm×100mm
操作系统支持：
-Linux2.6.32.2+Qtopia-2.2.0+QtE-4.6.1(双图形系统共存，无缝切换)。

## 4.3　Linux 系统特性

版本：
-Linux2.6.32.2(BSP 可自适应 64M/128M/256M/512M/1GB Nand Flash)。
支持的文件系统：
-yaffs2(可读写的文件系统，推荐使用)；
-cramfs(压缩的只读文件系统，不在线更新数据时推荐使用)；
-Ext2；
-Fat32；
-NFS(网络文件系统，开发驱动程序及应用程序时方便使用)。
基本驱动程序(以下驱动均以源代码方式提供)：
-3 串口标准驱动；
-DM9000 驱动程序；
-音频驱动(UDA1341)(可录音)；
-RTC 驱动(可掉电保存时间)；
-用户 LED 灯驱动；
-USB Host 驱动；
-真彩 LCD 驱动(含 1024×768VGA 驱动)；
-触摸屏驱动；
-免驱的万能 USB 摄像头驱动；
-USB 鼠标、USB 键盘、优盘、移动硬盘驱动；
-SD 卡驱动，可支持高速 SD 卡，最大容量可达 32G；

-I2C-EEPROM；
-PWM 控制蜂鸣器；
-LCD 背光驱动；
-A/D 转换驱动；
-看门狗驱动(看门狗复位相当于冷复位)。
Linux 应用及服务程序：
-busybox1.13(Linux 工具集，包含常用 Linux 命令等)；
-Telnet、Ftp、inetd(网络远程登录工具及服务)；
-boa(web server)；
-madplay(基于控制台的 MP3 播放器)；
-snapshot(基于控制台的抓图软件)；
-ifconfig、ping、route 等(常用网络工具命令)。
嵌入式图形系统平台(以源代码方式提供)：
-Qt/Embedded 2.2：分为 x86 和 arm 两个版本；
-QtE-4.6.3：为 ARM 版本，内含简单易用的编译脚本。
实用的 Qtopia 测试程序：
以下程序均为友善之臂公司独立自主开发，不提供源代码。
-A/D 转换测试；
-LED 控制；
-Buttons 按键测试；
-I2C-EEPROM 读写测试；
-LCD 测试；
-Ping 测试；
-万能免驱 USB 摄像头动态预览并拍照；
-录音机；
-Web 浏览器；
-看门狗测试
-网络设置(可保存参数)；
-背光控制；
-语言设置：可设置中英文；
-随手写：主要用于测试触摸笔的准确性；
-MMC/SD 卡和优盘自动挂载和卸载。

## 4.4　开发板的微处理器及接口资源

本节详细介绍了开发板上的微处理器、主要接口或模块的引脚定义和占用的 CPU 资源，本书软件包中还有本开发板的完整原理图和封装库(分为 pdf 格式、Protel99SE 格式和 Altium Designer 10 格式)，以供开发者参考使用。

### 4.4.1　微处理器

本开发板采用 Samsung S3C2440A 为微处理器，此芯片共有 289 只管脚，可以组合成 Address、ADC(analog-to-digital)、Data、chip Select、Clock、Timer、SPI(serial peripheral interface)、UART(universal asynchronous receiver/transmitter)、TSP(touch screen panel)、USS(universal serial interface)、IIS(inter—iC sound)、IIC(inter-integrated circuit)、SDRAM(synchronous dynamic random access memory)、NAND CTRL、SDIO(secure digital input and output)、JTAG(jkoint test action group)、LCD CTRL、CAMERA IF、EXT INT 等模块。以下是 S3C2440A 的原理图、管脚排列及管脚功能，如图 4.2(A)～(C)、图 4.3、表 4.1 所示。

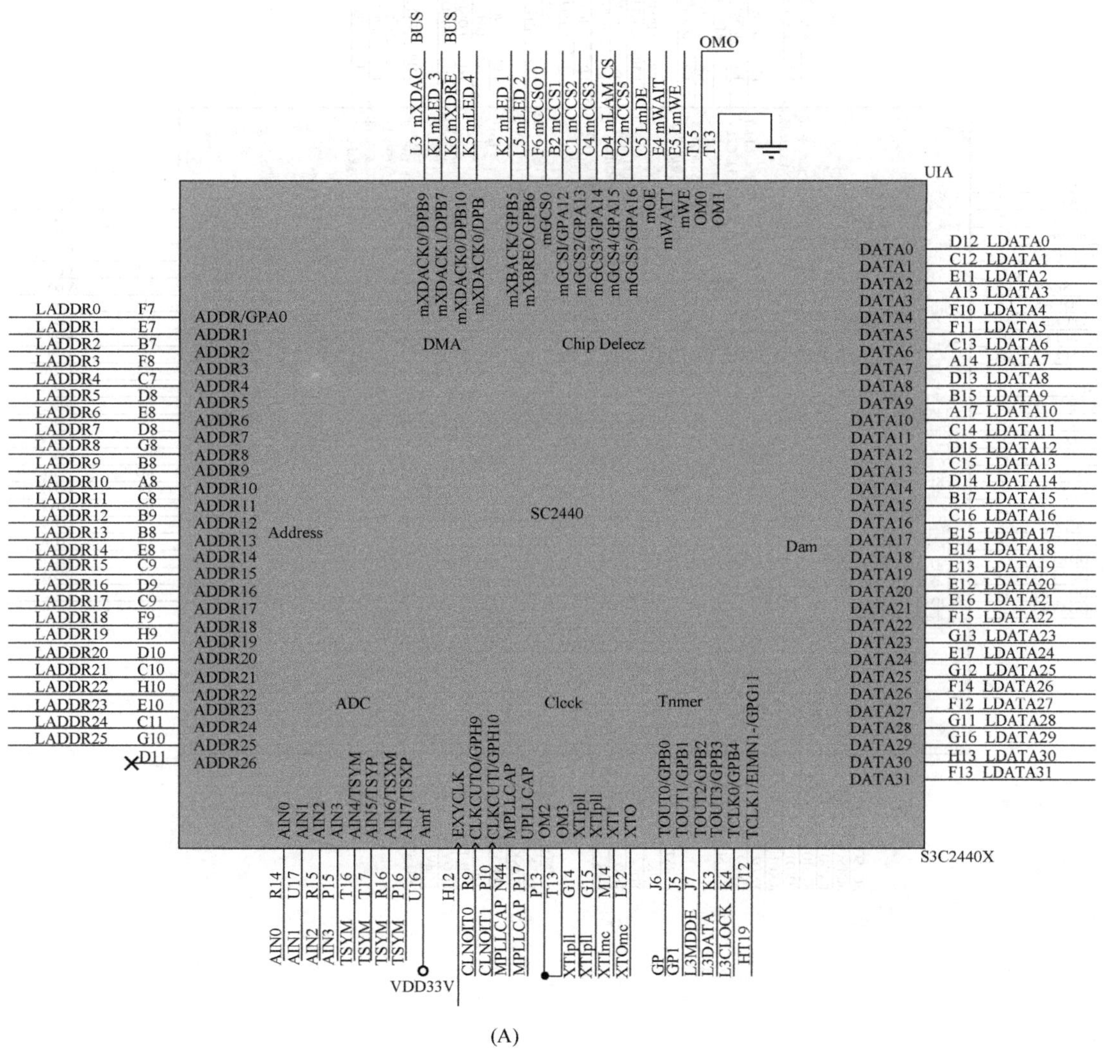


(A)

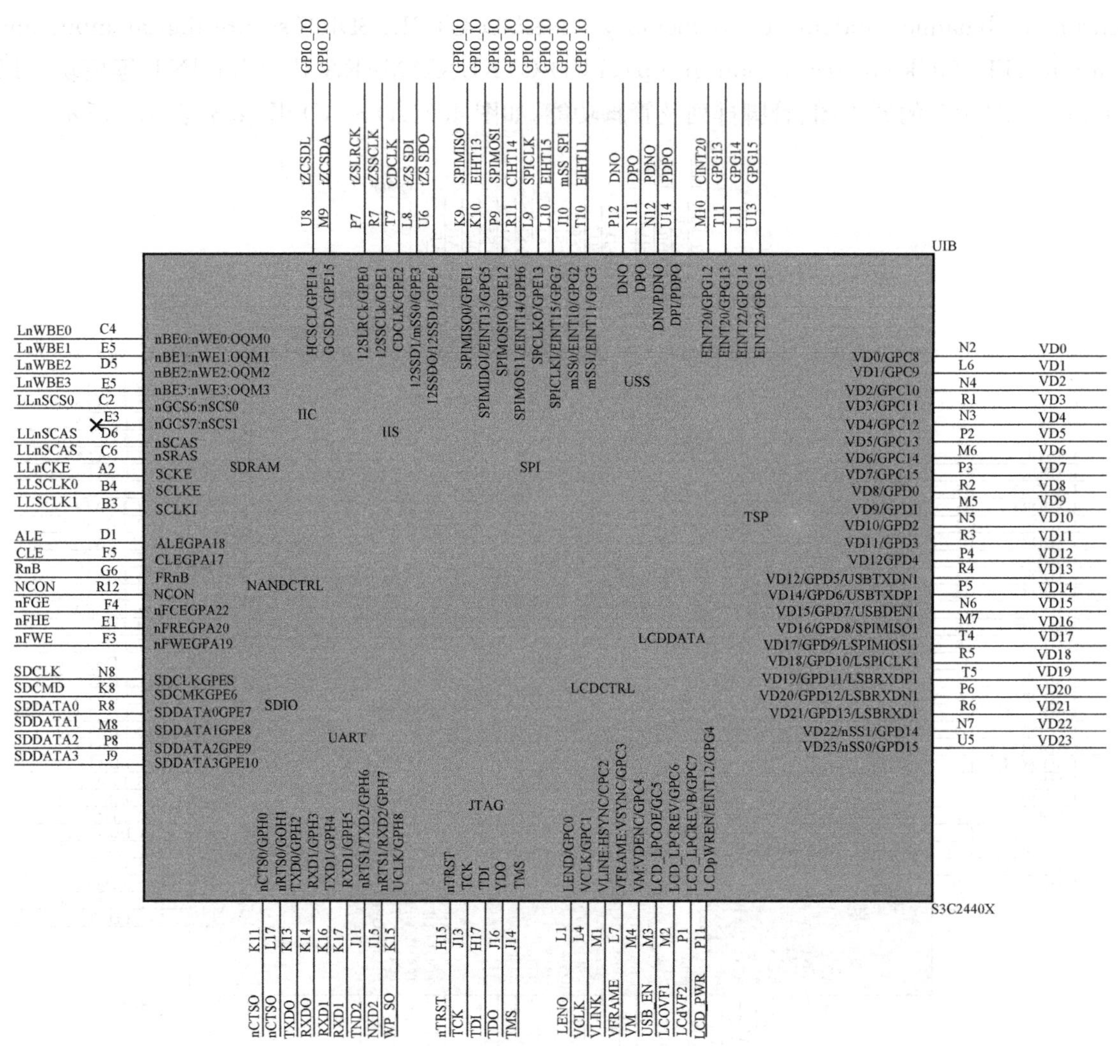

UIB
S3C2440X
SDRAM
NANDCTRL
SDIO
UART
JTAG
IIC
IIS
SPI
USS
TSP
LCDDATA
LCDCTRL


(B)

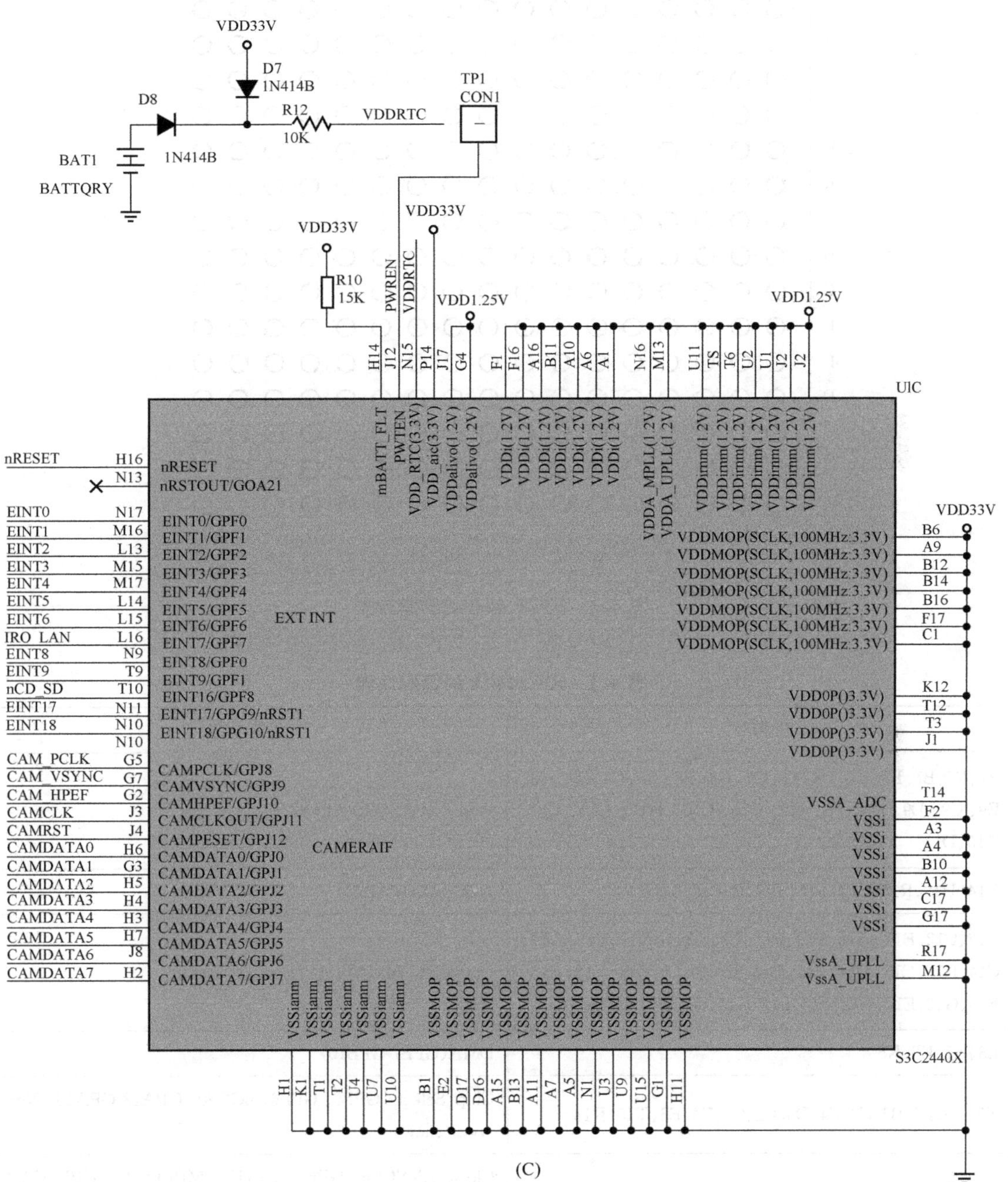

(C)

图 4.2　S3C2440A 原理图

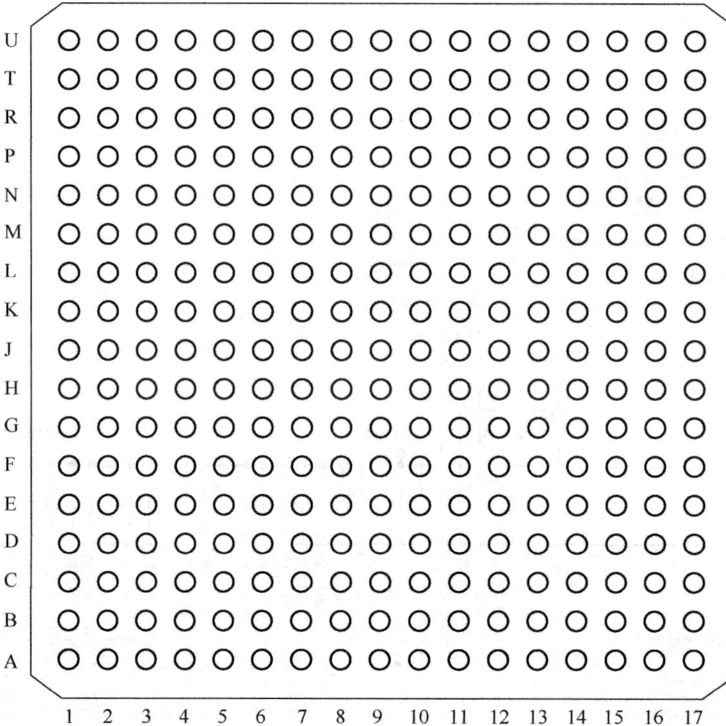


图 4.3　S3C2440A 的管脚排列

**表 4.1　S3C2440A 的管脚功能**

| 管脚号 | 管脚功能 |
| --- | --- |
| F7、E7、B7、F8、C7、D8、E8、D7、G8、B8、A8、C8、B9、H8、E9、C9、D9、G9、F9、H9、D10、C10、H10、E10、C11、G10、D11 | Address(ADDR0-ADDR26) |
| R14、U17、R15、P15、T16、T17、R16、P16、U16 | ADC(AIN0-AIN7) |
| D12、C12、E11、A13、F10、F11、C13、A14、D13、B15、A17、C14、D15、C15、D14、B17、C16、E15、E14、E13、E12、E16、F15、G13、E17、G12、F14、F12、G11、G16、H13、F13 | Data(DATA0-DATA31) |
| L3、K7、K6、K5 | DMA(GPB7-GPB10) |
| K2、L5、F6、B2、C3、C4、D3、C2、C5、E4、E6、T15、R13 | Chip Select (GPB5、GPB6、nGCS0、GPA12-GPA16、Noe、Nwait、new) |
| H12、R9、P10、N14、P17、G14、G15、M14、L12 | Clock(EXYCLK、GPH9、GPH10、MPLLCAP、UPLLCAP、XTIpllXTOpll、XTIrtc、XTOrtc) |
| J6、J5、J7、K3、K4、U12 | Timer(TOUT0-TOUT3、TCLK0、TCLK1) |
| K9、K10、P9、R11、L9、L10、J10、R10 | SPI (Serial Peripheral Interface) (SPIMISO0、SPIMISO1、SPIMOSI0、SPIMOSI1、SPICLK0、SPICLK1、nSS0、nSS1) |
| K11、L17、K13、K14、K16、K17、J11、J15、K15 | UART(GPH0-GPH8) |

续表

| 管脚号 | 管脚功能 |
|---|---|
| N2、L6、N4、R1、N3、P2、M6、P3、R2、M5、N5、R3、P4、R4、P5、N6、M7、T4、R5、T5、P6、R6、N7、U5 | TSP(Touth Screen)(GPC8-GPC15、GPD0-GPD15) |
| P12、N11、N12、U14 | USS Serial(DN0、DP0、DN1、PN1) |
| P7、R7、T7、L8、U6 | IIS(Inter—IC Sound)(GPE0-GPE4) |
| U8、M9 | IIC(Inter-Integrated Circuit)(GPE14、GPE15) |
| D4、B5、D5、E5、D2、C6、A2、B4、B3 | SDRAM(nBE0：nWBE0：DQM0、nBE1：nWBE1：DQM1、nBE2：nWBE2：DQM2、nBE3：nWBE3：DQM3、nGCS6：nSCS0、nSCAS、nSRAS、SCKE、SCLK0、SCLK1) |
| D1、F5、G6、R12、F4、E1、F3 | NAND CTRL(GPA17-GPA20、GPA22、FRnB、NCON) |
| N8、K8、R8、M8、P8、J9 | SDIO(GPE5-GPE10) |
| H15、J13、H17、J16、J14 | JTAG(nTRST、TCK、TDI、TDO、TMS) |
| L1、L4、M1、L7、M4、M3、M2、P1、P11 | LCD CTRL(GPC0-GPC7、GPG4) |
| N17、M16、L13、M15、M17、L14、L15、L16、N9、T9、T10、M11、N10 | EXT INT(GPF0-GPF7、GPG0、GPG1、GPG8-GPG10) |
| G5、G7、G2、J3、J4、H6、G3、H5、H4、H3、H7、J8、H2 | CAMERA IF(GPJ0-GPJ12) |

下面对它的各个主要模块的功能进行介绍。

#### 4.4.1.1　UART

UART，即通用串行数据总线。S3C2440A 的通用异步接收器和发送器(UART)提供了 3 个独立的异步串行 I/O 端口，每个端口都可以在中断模式或 DMA 模式下操作。UART 使用系统时钟可以支持最高 115.2Kbps 的波特率。如果一个外部设备提供 UEXTCLK 给 UART，UART 还可以在更高的速度下工作。

#### 4.4.1.2　USS

USS，即通用串行接口。S3C2440A 的通用串行接口(USS)通过简单的电路变换，可提供 2 个 USB 接口。

#### 4.4.1.3　SPI

SPI，即串行外围设备接口。S3C2440A 的 SPI 接口可以接串行数据传输。S3C2440A 包括两个 SPI 接口，每个接口分别有两个 8 位的数据移位器用于发送和接收。在 SPI 发送期间，数据同时发送和接收。SPI 的特点是支持两个通道的 SPI、兼容 SPI 协议(2.11 版本)、8 位发送移位寄存器、8 位接收移位寄存器、8 位预定标器、查询，中断和 DMA 传输模式、容忍 5V 输入，除 nSS。

#### 4.4.1.4 DMA

DMA,即直接内存存取。S3C2440A 支持位于系统总线和外设总线之间的 4 个通道的控制器。每个 DMA 控制器通道无限制的执行系统总线上的设备或外设总线上的设备之间数据搬移。DMA 的主要特点就是其传输数据不需要 CPU 的干涉 . DMA 操作可由软件或来自内设或外部请求管脚来初始化。

#### 4.4.1.5 ADC

ADC,即模/数转换器。S3C2440A 有 l0 位 ADC(模数转换器),它是有 8 通道模拟输入的循环类型设备。其转换模拟输入信号到 10 位的数字编码。最大的转化率是在 2.5MHz 转换时钟下达到 500KSPS。AD 转换器支持片上采样和保持功能及掉电模式。

#### 4.4.1.6 IIC

IIC,即 Inter－Integrated Circuit 总线。S3C2440A 微处理器可以支持多主设备 IIC 总线串行接口,专用串行数据线(SDA)和串行时钟线(SCL)承载主设备和连接 IIC 总线的外围设备之间的信息。SDA 和 SCL 线都是双向的。在多组设备 IIC 总线模式下,多个 S3C2440A 微处理器可以从从属设备中接收或发送串行数据。主设备 S3C2440A 可以初始化和终止一个基于 IIC 总线的数据传输。在 S3C2440A 中的 IIC 总线使用标准总线仲裁步骤。

#### 4.4.1.7 IIS

IIS,即 Inter－IC Sound。S3C2440A 的 Inter－IC Sound(IIS)总线接口作为一个编解码接口连接外部 8/16 位立体声音频解码 IC,IS 总线接口支持 IS 总线数据格式和 MSB-justified 数据格式。该接口对 FIFO 的访问采用了 DMA 模式取代中断。它可以在同一时间接收和发送数据。

#### 4.4.1.8 TSP

TSP,即 Touch Screen Panel。触摸屏接口可以控制或选择触摸屏触点用于 xy 的坐标转换。触摸屏接口包括触摸触点控制逻辑和有中断产生逻辑的 ADC 接口逻辑。

### 4.4.2 串口

ARM9 内核芯片 S3C2440A 本身总共有 3 个串口 UART0、1、2,其中 UART0,1 可组合为一个全功能的串口,在大部分的应用中,只用到 3 个简单的串口功能,即通常所说的发送(TXD)和接收(RXD),它们分别对应板上的 CON1、CON2、CON3,这 3 个接口都是从 CPU 直接引出的,是 TTL 电平。为了方便使用,其中 UART0 通过 MAX3232 芯片做了 RS232 电平转换,变成标准 9 针 RS232 串口 COM0,可以通过附带的直连线与 PC 机互相通信。

CON1、CON2、CON3 在开发板上的位置和原理图中的连接定义对应关系如图 4.4 所示。

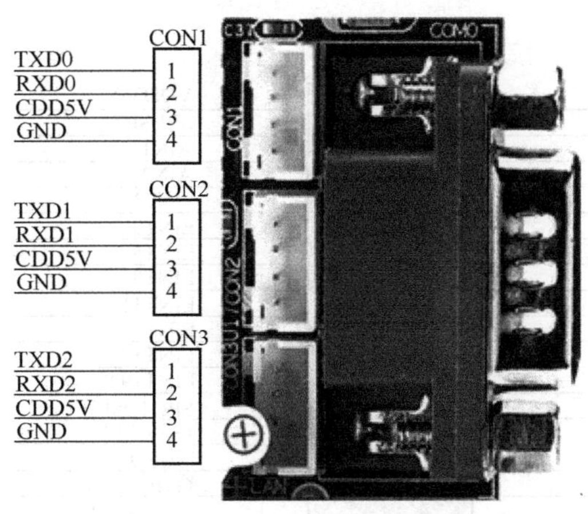


图 4.4 串口接口

### 4.4.3 USB 接口

本开发板具有两种 USB 接口，一个是 USB Host，它和普通 PC 的 USB 接口是一样的，可以接 USB 摄像头、USB 键盘、USB 鼠标、优盘等常见的 USB 外设，另外一种是 USB Slave，一般使用它来下载程序到目标板，当开发板装载了 Linux 系统时，目前尚无相应的驱动和应用。为了方便通过程序控制 USB Slave 和 PC 的通断，设置了 USB_EN 信号，如图 4.5 所示，它使用的 CPU 资源为 GPC5。

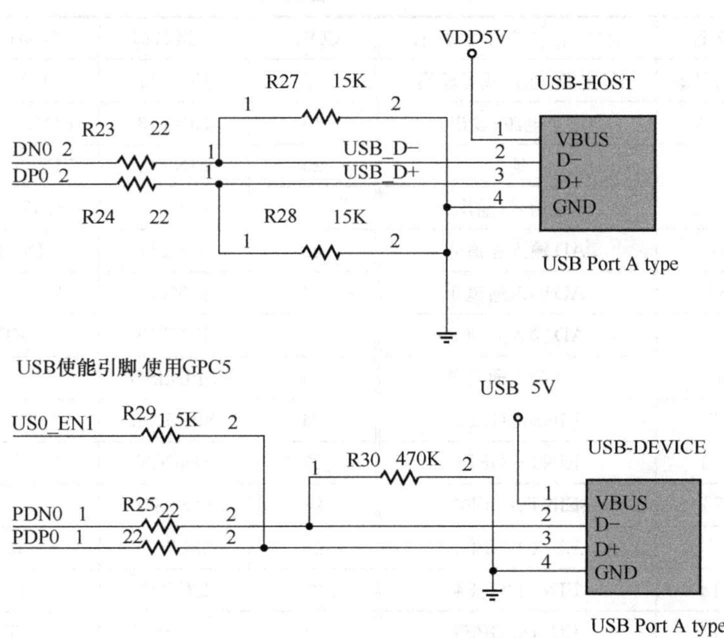


图 4.5 USB 接口

### 4.4.4 GPIO

GPIO 是通用输入输出口的简称，本开发板带有一个 34 Pin2.0mm 间距的 GPIO 接口，标称为 CON4，如图 4.6 所示。

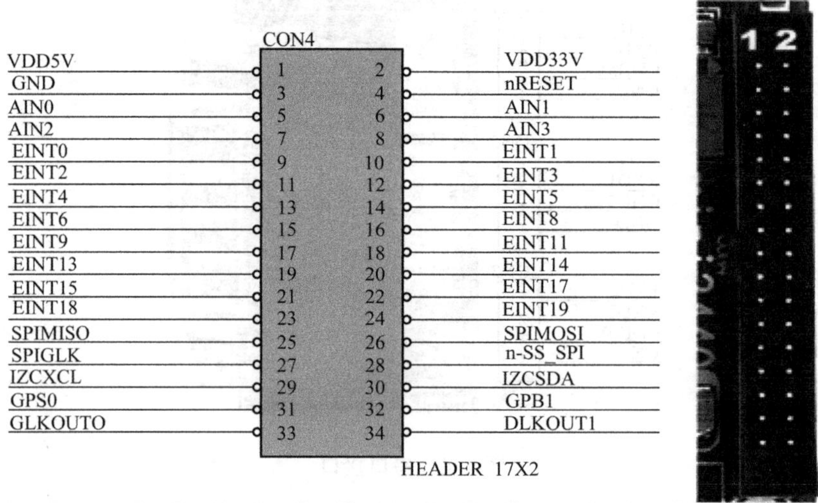


图 4.6　GPIO 接口

实际上，CON4 不仅包含了很多富余的 GPIO 引脚，还包含了一些其他 CPU 引脚，如 AD0-AIN3、CLKOUT 等。所看到的图中的 SPI 接口、I2C 接口、GPB0 和 GPB1 等，它们其实也是 GPIO，不过是以特殊功能接口来标称定义的，这些都可以通过相应的 CPU 寄存器来设置更改它们的用途，详细的接口资源见表 4.2。

**表 4.2　GPIO 的管脚说明**

| CON4 | 网络名称 | 说明(有些端口可复用) | CON4 | 网络名称 | 说明(有些端口可复用) |
|---|---|---|---|---|---|
| 1 | VDD5V | 5V 电源(输入或者输出) | 18 | EINT11 | EINT11/GPG3/nSS1 |
| 2 | VDD33V | 3.3V 电源(输出) | 19 | EINT13 | EINT13/GPG5/SPIMISO1 |
| 3 | GND | 地 | 20 | EINT14 | EINT14/GPG6/SPIMOSI1 |
| 4 | nRESET | 复位信号(输出) | 21 | EINT15 | EINT15/GPG7/SPICLK1 |
| 5 | AIN0 | AD 输入通道 0 | 22 | EINT17 | EINT17/GPG9/nRST1 |
| 6 | AIN1 | AD 输入通道 1 | 23 | EINT18 | EINT18/GPG10/nCTS1 |
| 7 | AIN2 | AD 输入通道 2 | 24 | EINT19 | EINT19/GPG11 |
| 8 | AIN3 | AD 输入通道 3 | 25 | SPIMISO | SPIMISO |
| 9 | EINT0 | EINT0/GPF0 | 26 | SPIMOSI | SPIMOSI |
| 10 | EINT1 | EINT1/GPF1 | 27 | SPICLK | SPICLK |
| 11 | EINT2 | EINT2/GPF2 | 28 | nSS_SPI | nSS_SPI |
| 12 | EINT3 | EINT3/GPF3 | 29 | I2CSCL | I2CSCL/GPE14 |
| 13 | EINT4 | EINT4/GPF4 | 30 | I2CSDA | I2CSDA/GPE15 |
| 14 | EINT5 | EINT5/GPF5 | 31 | GPB0 | TOUT0/GPB0 |
| 15 | EINT6 | EINT6/GPF6 | 32 | GPB1 | TOUT1/GPB1 |
| 16 | EINT8 | EINT8/GPG0 | 33 | CLKOUT0 | CLKOUT0/GPH9 |
| 17 | EINT9 | EINT9/GPG1 | 34 | CLKOUT1 | CLKOUT1/GPH10 |

### 4.4.5　系统总线接口

本开发板上的系统总线接口为 CON5，它总共包含 16 条数据线(D0-D15)、8 条地址线(A0-A6,A24)、还有一些控制信号线(片选、读写、复位等)，CON5 可以向外提供 5V 电压输出；实际上，很少有用户通过总线扩展外设。图 4.7 是 CON5 的详细引脚定义说明。表 4.3 是 CON5 的详细接口资源说明。

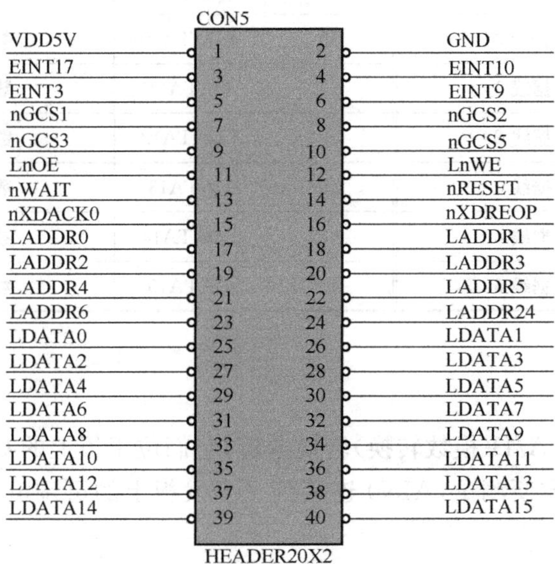

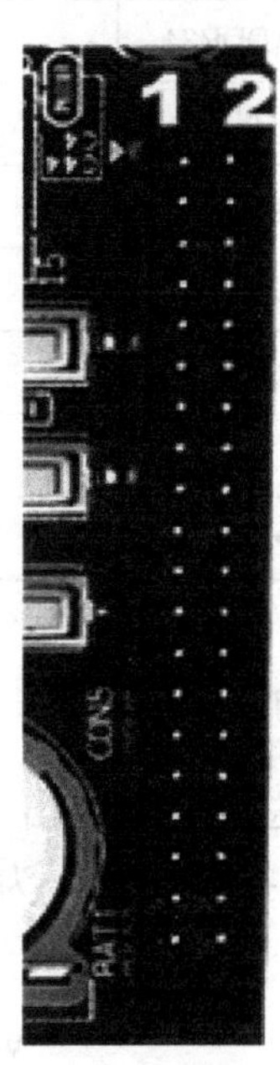


图 4.7　系统总线接口

**表 4.3　系统总线接口的管脚说明**

| CON5 | 网络名称 | 说明(有些端口可复用) | CON5 | 网络名称 | 说明(有些端口可复用) |
|---|---|---|---|---|---|
| 1 | VDD5V | 5V 电源(输入或者输出) | 11 | LnOE | 读使能信号 |
| 2 | GND | 地 | 12 | LnWE | 写使能 |
| 3 | EINT17 | 中断 17(输入) | 13 | nWAIT | 等待信号 |
| 4 | EINT18 | 中断 18(输入) | 14 | nRESET | 复位 |
| 5 | EINT3 | 中断 3(输入) | 15 | nXDACK0 | nXDACK0 |
| 6 | EINT9 | 中断 9(输入) | 16 | nXDREQ0 | nXDREQ0 |
| 7 | nGCS1 | 片选 1<br>对应物理地址：0x08000000 | 17 | LADDR0 | 地址 0 |
| 8 | nGCS2 | 片选 2<br>对应物理地址：0x10000000 | 18 | LADDR1 | 地址 1 |
| 9 | nGCS3 | 片选 1<br>对应物理地址：0x08000000 | 19 | LADDR2 | 地址 2 |
| 10 | nGCS5 | 片选 2<br>对应物理地址：0x10000000 | 20 | LADDR3 | 地址 3 |

续表

| CON5 | 网络名称 | 说明(有些端口可复用) | CON5 | 网络名称 | 说明(有些端口可复用) |
|---|---|---|---|---|---|
| 21 | LADDR4 | 地址 4 | 31 | LDATA6 | 数据线 6 |
| 22 | LADDR5 | 地址 5 | 32 | DATA7 | 数据线 7 |
| 23 | LADDR6 | 地址 6 | 33 | LDATA8 | 数据线 8 |
| 24 | LADDR24 | 地址 24 | 34 | DATA9 | 数据线 9 |
| 25 | LDATA0 | 数据线 0 | 35 | LDATA10 | 数据线 10 |
| 26 | DATA1 | 数据线 1 | 36 | DATA11 | 数据线 11 |
| 27 | LDATA2 | 数据线 2 | 37 | LDATA12 | 数据线 12 |
| 28 | DATA3 | 数据线 3 | 38 | DATA13 | 数据线 13 |
| 29 | LDATA4 | 数据线 4 | 39 | LDATA14 | 数据线 14 |
| 30 | DATA5 | 数据线 5 | 40 | DATA15 | 数据线 15 |

### 4.4.6　A/D 输入测试

本开发板总共可以引出 4 路 A/D(模数转换)转换通道,它们位于板上的 CON4-GPIO 接口(详见 GPIO 接口介绍),为了方便测试,AIN0 连接到了开发板上的可调电阻 W1,原理如图 4.8 所示。

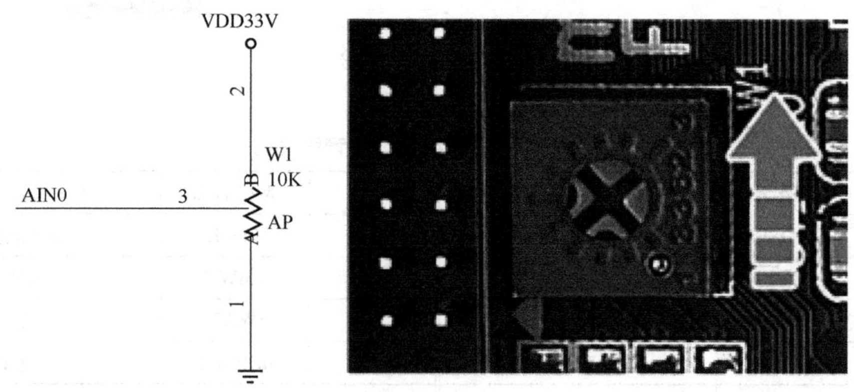


图 4.8　A/D 接口

### 4.4.7　以太网口

本开发板采用了 DM9000 网卡芯片,它可以自适应 10/100M 网络,RJ45 连接头内部已经包含了耦合线圈,因此不必另接网络变压器,使用普通的网线即可连接本开发板至路由器或者交换机。

Mini2440 每块开发板的网络 MAC 地址都是相同的,它可以通过软件设定(图 4.9)。

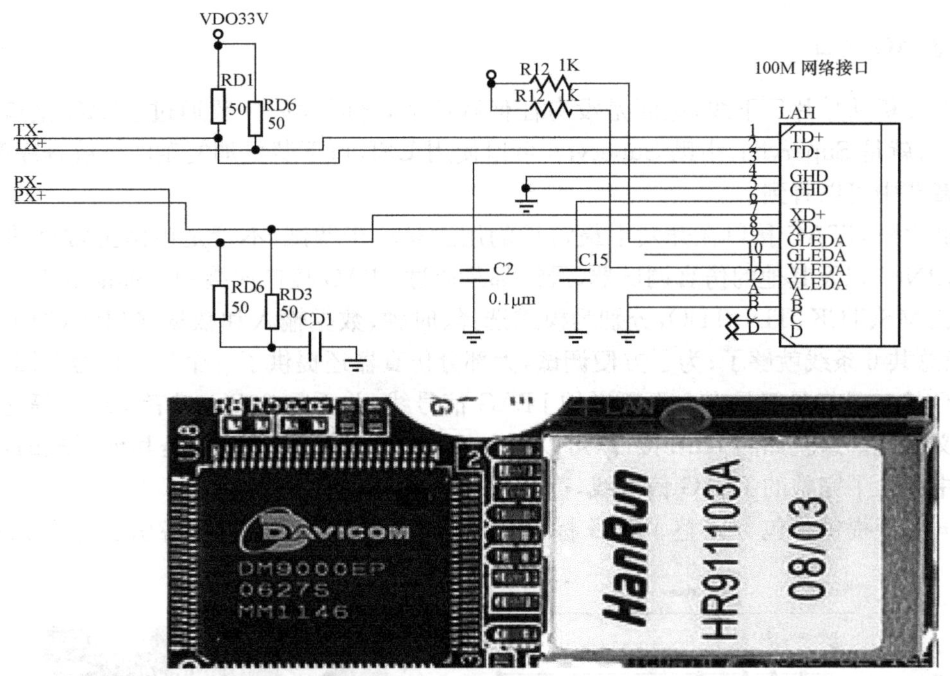


图 4.9 以太网接口

### 4.4.8 LCD 接口

本开发板的 LCD 接口是一个 41Pin 0.5mm 间距的白色座,其中包含了常见 LCD 所用的大部分控制信号(行场扫描、时钟和使能等),和完整的 RGB 数据信号(RGB 输出为 8:8:8,即最高可支持 1600 万色的 LCD);为了用户方便试验,还引出了 PWM 输出(GPB1 可通过寄存器配置为 PWM),和复位信号(nRESET),其中 LCD_PWR 是背光控制信号。另外,37、38、39、40 为四线触摸屏接口,它们可以直接连接触摸屏使用。图 4.10 中的 J2 为 LCD 驱动板供电选择信号,这里的驱动板都使用 5V 供电。

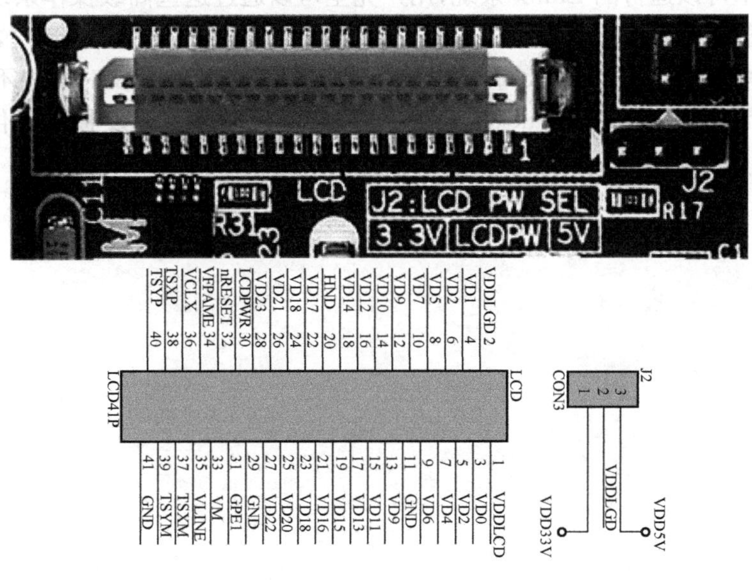


图 4.10 LCD 接口

### 4.4.9　JTAG 接口

当开发板从贴片厂下线，里面是没有任何程序的，这时我们一般通过 JTAG 接口烧写第一个程序，就是 Supervivi，借助 Supervivi 可以使用 USB 口下载更加复杂的系统程序等，这在后面的章节中可以看到。

除此之外，JTAG 接口在开发中最常见的用途是单步调试，不管是市面上常见的 JLINK 还是 ULINK，以及其他的仿真调试器，最终都是通过 JTAG 接口连接的。标准的 JTAG 接口是 4 线：TMS、TCK、TDI、TDO，分别为模式选择、时钟、数据输入和数据输出线，加上电源和地，一般总共 6 条线就够了；为了方便调试，大部分仿真器还提供了一个复位信号。因此，标准的 JTAG 接口是指是否具有上面所说的 JTAG 信号线，并不是 20Pin 或者 10Pin 等这些形式上的定义表现。这就如同 USB 接口，可以是方的，也可以扁的，还可以是其他形式的，只要这些接口中包含了完整的 JTAG 信号线，都可以称为标准的 JTAG 接口。

本开发板提供了包含完整 JTAG 标准信号的 10Pin JTAG 接口，各引脚定义如图 4.11 所示。

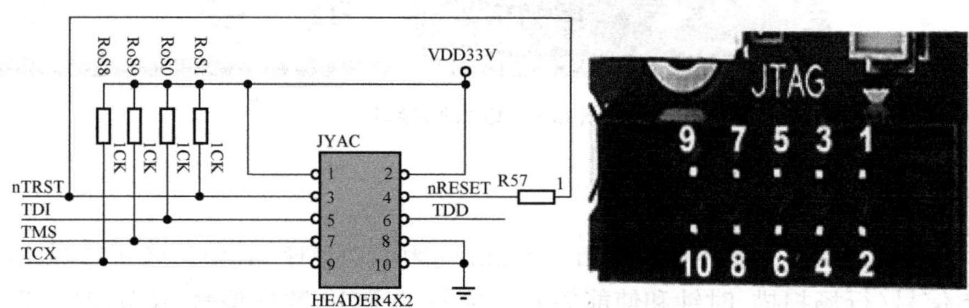


图 4.11　JTAG 接口

说明：对于打算致力 Linux 开发的初学者而言，JTAG 接口基本是没有任何意义和用途的，因为大部分开发板都已经提供了完善的 BSP，这包括最常用的串口和网络以及 USB 通信口，当系统装载了可以运行的 Linux 系统，用户完全可以通过这些高级操作系统本身所具备的功能进行各种调试，这时是不需要 JTAG 接口的；即使可以进行跟踪，但鉴于操作系统本身结构复杂，接口繁多，单步调试犹如大海捞针，毫无意义可言。JTAG 仅对那些不打算采用操作系统，或者采用简易操作系统（如 uCos 等）的用户有用。大部分开发板所提供的 Bootloader 或者 BIOS 已经是一个基本完好的系统了，因此也不需要单步调试。

# 第 5 章　Linux 图形界面 Qtopia 2.2.0

Qtopia 2.2.0 是 Qt 公司基于 Qt/Embedded 2.3 库开发的 PDA 版图形界面系统。自从 Qtopia 2.2.0 之后，Qt 公司就再也没有提供 PDA 版的图形系统了。最新版的 Qtopia 只有手机版本，而且 Qt 公司自从 2009 年 3 月开始已经停止了所有 Qtopia PDA 版和手机版图形系统的授权，但依然继续开发 Qt/Embedded(简称 QtE)库系统。

QtE 的最新版本请到 http://qt.nokia.com/查看。Mini2440 开发板出厂之前一般都预装了 Linux+Qtopia 2.2.0+QtE-4.6.3 图形界面，它包含了很多实用的小程序，拿到开发板后，只要接上电源并开机就可以进行各项功能测试，不需要和电脑进行任何连接。如果使用的是 VGA 输出模块连接了显示器，还需要准备一个 USB 鼠标插到开发板的 USB Host 端口。

本系统支持 USB 鼠标和触摸屏共存，并支持 USB 鼠标和键盘热插拔，可以同时使用它们。如果手边有鼠标，就可通过 USB 大口接入进行图形界面操作。

Mini2440 使用 3.5 寸 LCD 屏幕时，开机后会先后出现如图 5.1 显示界面。

图 5.1　Mini 2440 启动界面

在图 5.1 的右上半部分可以看到 Qtopia 系统界面上方有五个图标标签，它们代表了五类程序/文档，单击任何一个图标都可以进入相应的子类界面。另外，点击系统界面左下角的“开始”图标，也可以出现五个子类选择菜单，它们和系统界面上方的图标是对应的。

## 5.1　播放 MP3

在子类“应用程序”中单击“音乐”图标，出现播放器界面，在“Audio”列表中选择一首 MP3 歌曲文件，再点上方的“播放”按钮，就开始播放 MP3 文件(图 5.2)。

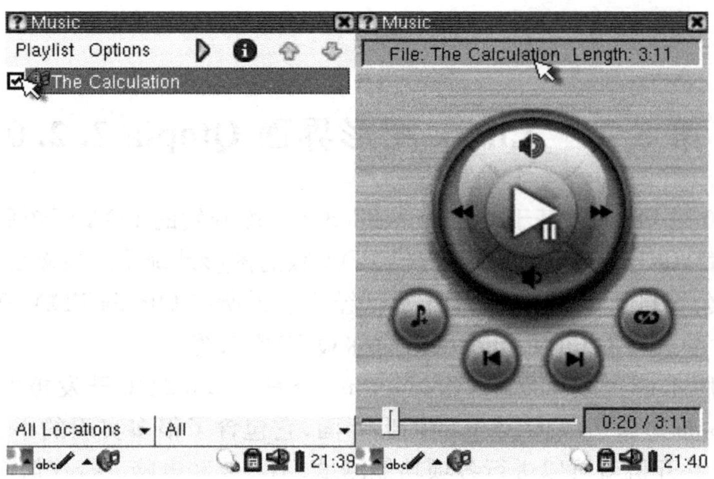


图 5.2 MP3 播放界面

## 5.2 图 片 浏 览

在子类“应用程序”中单击“图片”图标打开图片浏览器，首先映入眼帘的是“文档”组中各个图片的缩略图，如果你插入了含有图片的 SD 卡或者优盘，其中的图片文件也会一并全部显示出来，图 5.3 是系统自带的 3 张图片及插入含有其他图片的 SD 卡之后的截图。

图 5.3 图片浏览

Qtopia 2.2.0 系统的图片浏览器可以对图片进行简单的编辑，使用起来也很方便，下面做一些简单的说明。

选择一张图片，单击打开，再点工具栏的笔形编辑按钮，进入编辑状态。在编辑状态，点工具栏的彩色的圆形按钮，进行颜色调整，如图 5.4 所示。

图 5.4　图片编辑

## 5.3　命令终端

“终端”是 Linux 系统中通常用到的交互操作界面，通过“终端”可以运行很多 Linux 命令，查看系统信息等。

在 Linux 系统启动的时候，可以把终端指向串口输出，这样就形成了串口终端，它的输入和输出都是通过串口进行的，无需图形界面，这是嵌入式 Linux 开发中最常用的方式。在系统启动的时候，也可以把终端输出指向图形显示设备(如 LCD 或者 CRT 等)，而把键盘设定为输入，这样就形成了一套独立的“输入输出系统”，它无需借助另外的 PC 即可操作。

当使用了图形显示设备，并且系统软件中增加了图形用户界面(GUI)时，就可以建立一个基于 GUI 系统的“命令终端窗口”，这时既可以通过标准的实体硬件键盘进行交互，也可以通过虚拟的“软键盘”进行交互。

在子类“应用程序”中单击“终端”图标，出现命令终端窗口界面，此时可以接上 USB 键盘(不要在启动之前接 USB 键盘，否则不能使用)或者使用屏幕下方的软键盘输入 Linux 命令，还可以点 Option 菜单中的某些选项进行设置，改变显示的模式，如图 5.5 所示。

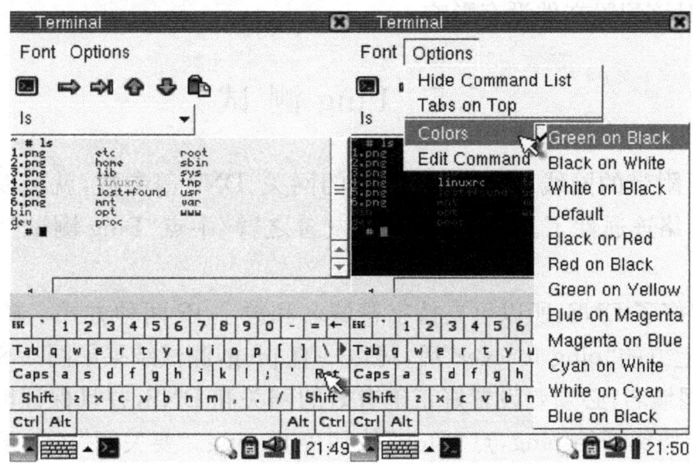


图 5.5　GUI 终端

## 5.4　网 络 设 置

在子类“友善之臂”程序中，点“网络设置”图标打开相应的界面，如图 5.6 所示。

图 5.6　GUI 网络设置

在这里，可以进行常见的网络参数设置：

静态的 IP 地址-出厂缺省为 192.168.1.230；

子网掩码-出厂缺省为 255.255.255.0；

网关-出厂缺省为 192.168.1.1；

DNS 解析服务器 IP-出厂缺省为 192.168.1.1，和网关地址相同；

网卡的 MAC 地址-此地址由驱动程序通过软件设定，是可以修改的，本开发板出厂时所有 MAC 地址都是相同的，为 08:90:90:90:90:90，点“Save”按钮可以保存以上参数，并马上生效，重新启动开发板也可以保留此次的更改设定，与该设置程序相对应的参数文件为/etc/eth0-setting。/etc/eth0-setting 参数文件在系统重装后是不存在的，点“Save”按钮会自动生成。开发板出厂之前需经过测试，因此这个文件是存在的。另外，命令终端的 ifconfig 程序所作的 IP 地址更改对该配置文件没有影响。

## 5.5　Ping 测 试

连接好开发板附带的网线，并设置好有效的网关、DNS 等参数，就可以通过图形界面的 ping 程序来测试网络连通性了。在程序子类“友善之臂”中点“Ping 测试”图标，打开相应界面，如图 5.7 所示。

因为已经设置好了 DNS，所以可支持字符域名和数字 IP 两种方式。默认的 ping 测试次数为 4 次，当勾选上方的“ping forever”后，可以一直 ping，测试结果如图 5.8 所示。

要 ping 互联网域名，必须要设置好正确有效的网关和 DNS，并且保证网络确实可以连通互联网。点“Start”按钮开始 ping，点“Stop”按钮停止 ping。要关闭“ping 测试”界面，必须先停止 ping。

图 5.7 ping GUI

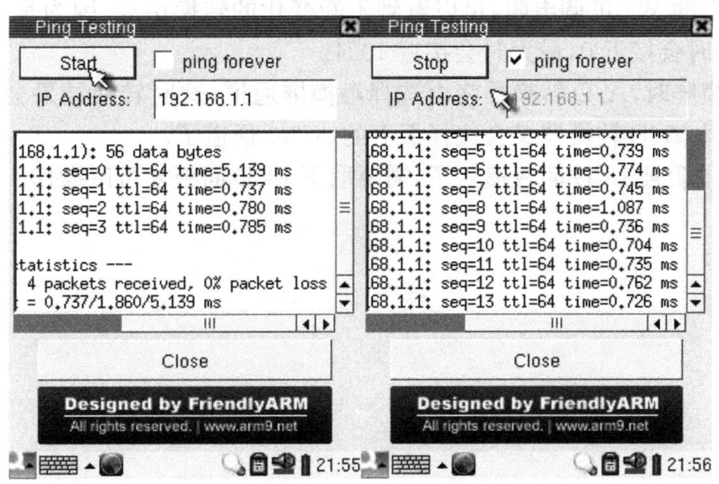


图 5.8 GUI ping 测试

“ping”是计算机系统中最常见的网络测试工具，不管是各个发行版本的 Linux 系统，还是各种 MS Windows 系统，都可以在命令终端输入“ping”命令。以上的“ping 测试”程序实际就是调用命令行的 ping，把结果通过图形界面显示出来。

## 5.6 A/D 转换

Samsung S3C2440 芯片内部总共有 8 路 A/D 转换通道，但其转换器只有一个。在常见的设计中，一般 AIN4、AIN5、AIN6、AIN7 被用作了四线电阻触摸的 YM、YP、XM、XP 通道（可查阅 S3C2440 芯片手册）；本开发板引出了剩余的 AIN0-3，它们位于图 5.9 的 GPIO 接口中，为了方便测试，其中 AIN0 直接和一个可调电阻 W1 连接。它们如何共用一个转换器呢？请看如下操作。

在“友善之臂”程序组中，点击打开“A/D 转换”，如图 5.9 所示。

图 5.9　GUI A/D转换

这时旋转板上的 W1 可调电阻,可以看到不断变化的转换结果,因为是 10 位精度的转换器,故转换值最小时会接近 0,最大时会接近 1024。

当你点击触摸屏时,A/D 转换器将会选择触摸屏通道,这时转换结果会显示为“－1”,当触摸笔离开触摸屏,A/D 转换器又会选择板上的 AIN0 通道了。

注:W1 可调电阻被 LCD 面板覆盖了,需要取下 LCD 面板才可以操作。

# 第6章　建立嵌入式开发环境

绝大多数 Linux 软件开发都是以本地(native)方式进行的，即本机(host)开发、调试，本机运行的方式。这种方式通常不适合于嵌入式系统的软件开发，因为对于嵌入式系统的开发，没有足够的资源在本机(即板子上系统)运行开发工具和调试工具。通常的嵌入式系统的软件开发采用一种交叉编译调试的方式;交叉编译调试环境建立在宿主机(即一台 PC 机)上，对应的开发板称为目标板。

运行 Linux 的 PC 宿主机开发时，使用宿主机上的交叉编译、汇编及连接工具形成可执行的二进制代码(这种可执行代码并不能在宿主机上执行，只能在目标板上执行)，然后把可执行文件下载到目标机上运行。调试时的方法很多，可以使用串口、以太网口等，具体使用哪种调试方法可以根据目标机处理器提供的支持作出选择。宿主机和目标板的处理器一般不相同，宿主机为 Intel 处理器;而目标板，如 Mini2440 开发板为三星 S3C2440A(ARM9 内核)。嵌入式 Linux 开发通常要求宿主机上安装桌面 Linux 操作系统，配置有网络，支持 NFS，然后还要在宿主机上建立交叉编译调试的开发环境;环境的建立需要许多的软件模块协同工作，是一个比较繁杂的工作。

## 6.1　PC 机与开发板硬件连接

如图 6.1 所示，使用提供的直连串口线连接开发板的 9 针串口 0 和 PC 机的 9 针串口;用提供的交叉网线将开发板的网络接口与 PC 相连;用 USB 电缆连接开发板和 PC 机。

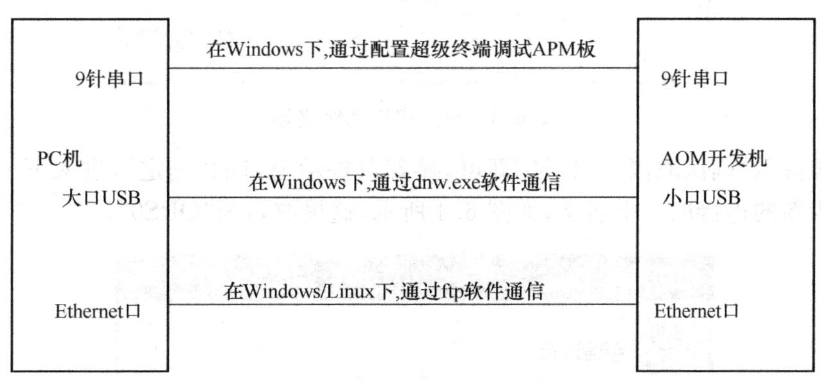


图 6.1　PC 与 ARM 开发板之间的连接

对 PC 机的要求是内存大于 1G 和硬盘大于 40G，普通性能的 CPU 即可。

## 6.2　Windows XP 与开发板之间的通信

### 6.2.1　串口通信

在 PC 机上安装 Windows XP 操作系统，按以下步骤建立 PC 与 Mini2440 开发板之间通信的超级终端。

在 Windows XP 的主界面下，选择“开始－＞所有程序－＞附件－＞通信－＞超级终端”，一般会跳出如图 6.2 所示的窗口，询问你是否要将 HyperTerminal 作为默认的 telnet 程序；此时不需要，因此点“否”按钮。

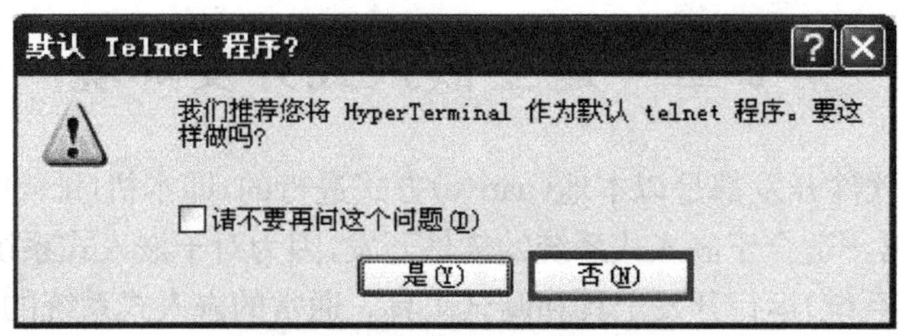


图 6.2　建立串口超级终端

接下来，会跳出如下窗口，点“取消”，如图 6.3 所示。

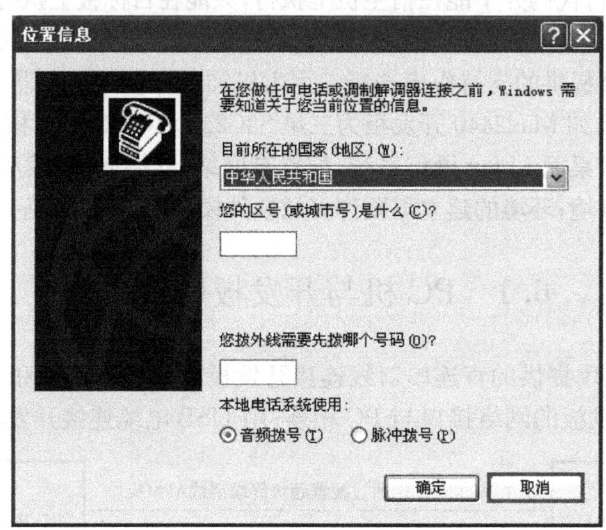


图 6.3　建立串口超级终端

此时系统提示“确认取消”，点“是”即可，接着点提示窗口的“确定”，进入下一步。超级终端会要求你为新的连接取一个名字，如图 6.4 所示，这里取名为“QRS0”。

图 6.4　建立串口超级终端

当命名完以后，又会跳出一个对话框，需要选择连接开发板的串口，这里选择了串口 1，如图 6.5 所示。

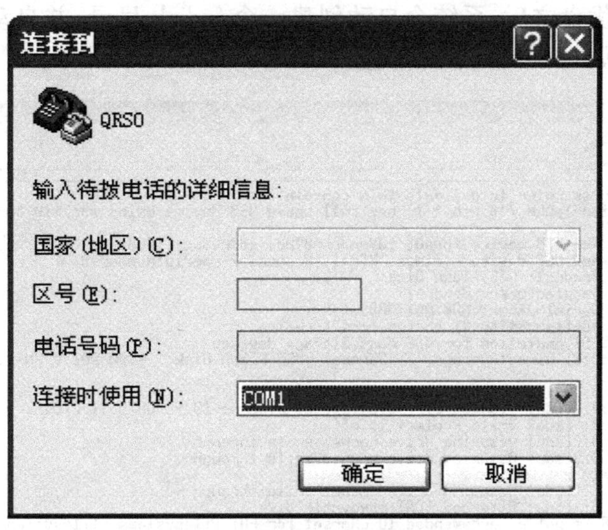


图 6.5　建立串口超级终端

最后，最重要的一步是设置串口，注意必须选择无数据流控制，否则，或许你只能看到输出而不能输入，另外板子工作时的串口波特率是 115200，如图 6.6 所示。

COM1 属性

端口设置

每秒位数(B): 115200

数据位(D): 8

奇偶校验(P): 无

停止位(S): 1

数据流控制(F): 无

还原为默认值(R)

确定　取消　应用(A)

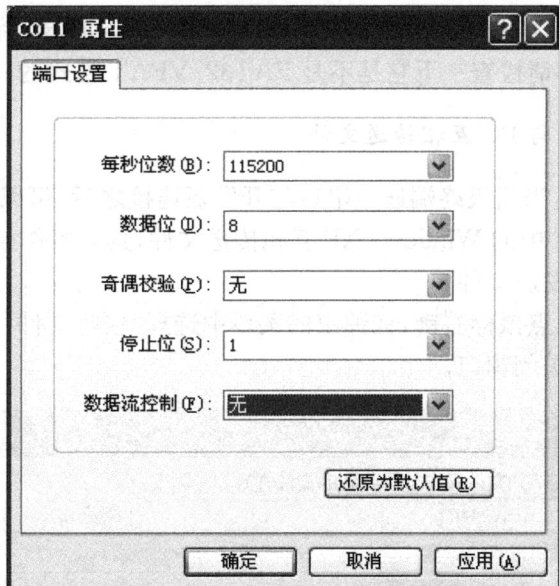

图 6.6　建立串口超级终端

当所有的连接参数都设置好以后，打开电源开关，系统会出现 vivi 启动界面。选择超级终端“文件”菜单下的“另存为…”，保存该连接设置，以便于以后再连接时就不必重新执行以上设置了。

#### 6.2.1.1　使用优盘/移动硬盘

在开发板上插入优盘之后，系统会自动创建一个/udisk 目录，并自动挂载优盘到上面，此时在串口会出现类似如图 6.7 所示的信息。

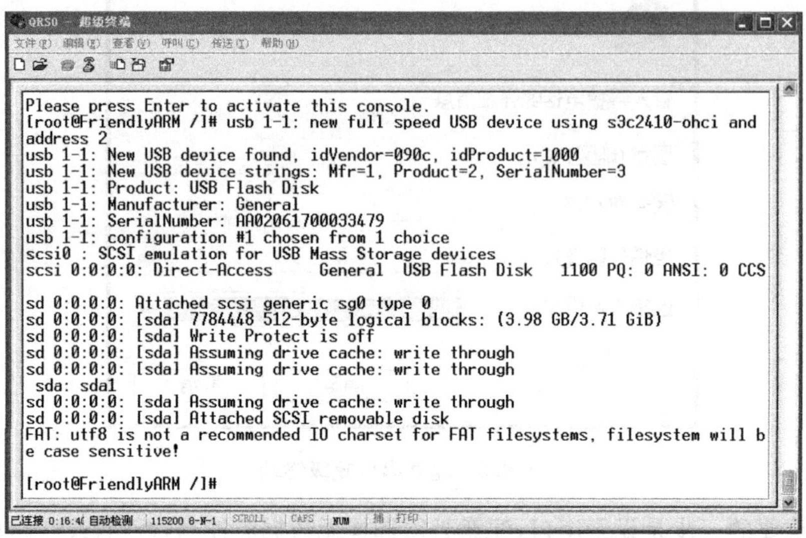


图 6.7　优盘自动挂载

实际上优盘设备对应的设备名为/dev/udisk。进入/udisk 目录，就可以看到里面的文件。如果你的优盘无法识别，请检查一下它是不是 FAT32/VFAT 格式的。

#### 6.2.1.2　通过串口与 PC 互相传送文件

在 Windows XP 中，当超级终端通过串口与开发板连接之后，可以使用 rz 或者 sz 命令通过串口实现开发板与 PC 中的 Windows XP 互相传送文件，具体操作如下。

(1) 使用 sz 向 PC 发送文件。

在超级终端窗口中，点鼠标右键，在弹出的菜单中选择“接收文件”开始设置接收文件目录和协议，如图 6.8 所示，关闭窗口。

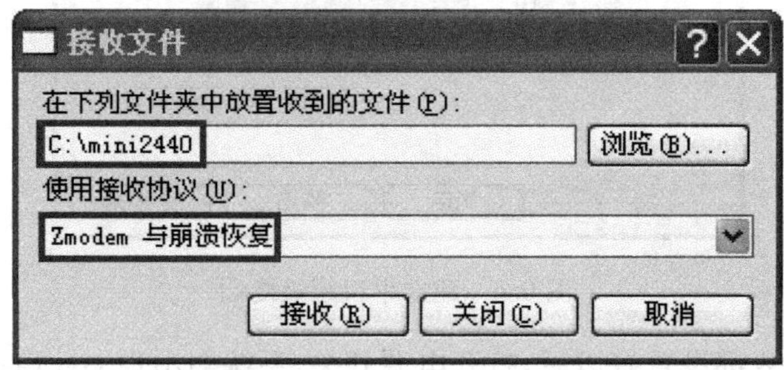


图 6.8　开发板向 PC 传送文件

进入 root/Documents/目录，假如有一幅名为 girl.jpg 的图像，输入：sz girl.jpg 命令，在 Windows XP 的 C:/mini2440 目录下就可看到发送的图像文件。

(2) 使用 rz 命令下载文件到开发板。

在超级终端窗口中,点鼠标右键,在弹出的菜单中选择"发送文件",设置好要发送的文件和使用的协议,如图 6.9 所示,点"发送",开始向开发板当前目录发送文件。

值得注意的是,所传送的文件名及路径,不能包含中文字符。

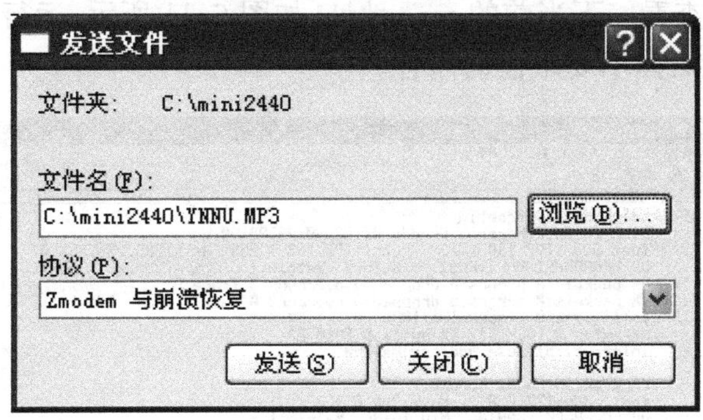


图 6.9　从 PC 机下载文件到开发板

### 6.2.1.3　A/D 转换测试

A/D 转换测试,如表 6.1 所示。

**表 6.1　A/D 转换**

| 测试程序名称:adc-test | |
|---|---|
| 测试程序源代码文件名 | Adc-test. c |
| 测试程序源代码位置 | 解压 linux\examples. tgz 可得 |
| 交叉编译器 | Arm-linux-gcc-4. 4. 3 with EABI |
| 开发板上对应的设备名 | /dev/adc |
| 对应的内核驱动源代码 | Linux-2. 6. 32. 2/drivers/char/mini2440_adc. c |

在命令行输入 adc-test 命令,可以进行 ADC 转换测试,调节开发板板上的可调电阻 W1,可以看到从串口终端输出的转换结果。

停止 A/D 转换测试的方法是按下组合键 Ctrl-C。如图 6.10 所示。

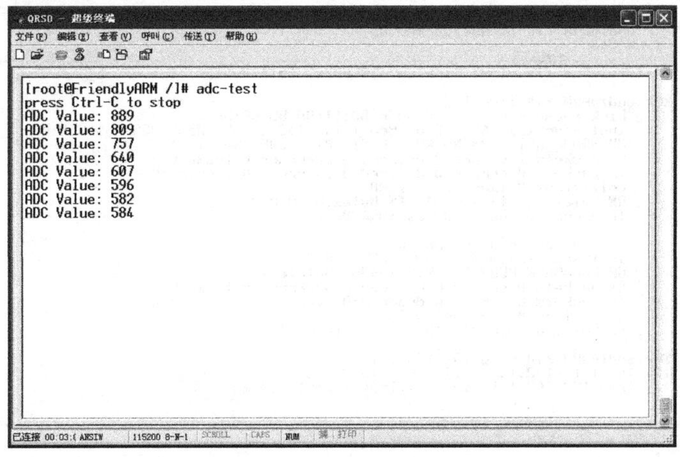


图 6.10　A/D 转换测试

#### 6.2.1.4 设置 MAC 地址

开发板中所使用的 MAC 地址是“软”性的，因此可以通过 ifconfig 命令对它进行重置，以适应于在同一个网络环境中使用多片开发板的情况，具体操作如下。

首先使用 ifconfig 查看一下当前的 mac 地址，如图 6.11 所示，运行：

#ifconfig;注意后面不要跟任何内容。

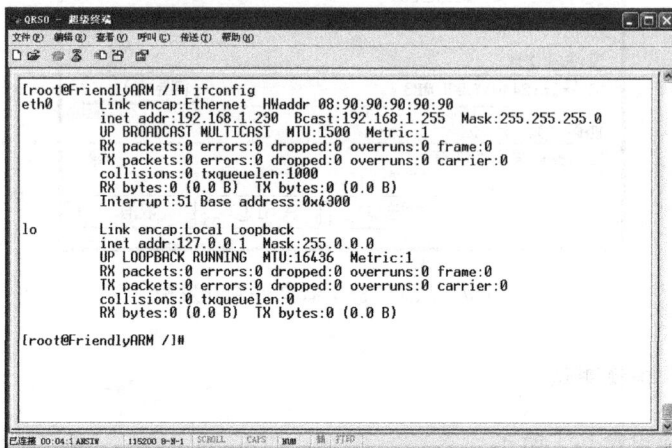

```
[root@FriendlyARM /]# ifconfig
eth0      Link encap:Ethernet  HWaddr 08:90:90:90:90:90
          inet addr:192.168.1.230  Bcast:192.168.1.255  Mask:255.255.255.0
          UP BROADCAST MULTICAST  MTU:1500  Metric:1
          RX packets:0 errors:0 dropped:0 overruns:0 frame:0
          TX packets:0 errors:0 dropped:0 overruns:0 carrier:0
          collisions:0 txqueuelen:1000
          RX bytes:0 (0.0 B)  TX bytes:0 (0.0 B)
          Interrupt:51 Base address:0x4300

lo        Link encap:Local Loopback
          inet addr:127.0.0.1  Mask:255.0.0.0
          UP LOOPBACK RUNNING  MTU:16436  Metric:1
          RX packets:0 errors:0 dropped:0 overruns:0 frame:0
          TX packets:0 errors:0 dropped:0 overruns:0 carrier:0
          collisions:0 txqueuelen:0
          RX bytes:0 (0.0 B)  TX bytes:0 (0.0 B)

[root@FriendlyARM /]#
```

图 6.11　MAC 地址设置

可以看到当前的 mac 地址为“08:90:90:90:90:90”，这是在网卡驱动中默认的 mac 地址，它已经被写死到内核中，除非更改网卡的驱动源代码并重新编译得到新内核。要在运行的系统中动态更改 mac 地址，先关闭当前网络，并使用 ifconfig 重置 mac 地址：

#ifconfig eth0 down

#ifconfig eth0 hw ether 00:11:AA:BB:CC:DD;注：a、b、c、d、e、f 可以为小写。

再开启网络，并使用 ifconfig 查看设置以后的 mac 地址，使用 ping 检验网络是否依然可通，如图 6.12 所示。

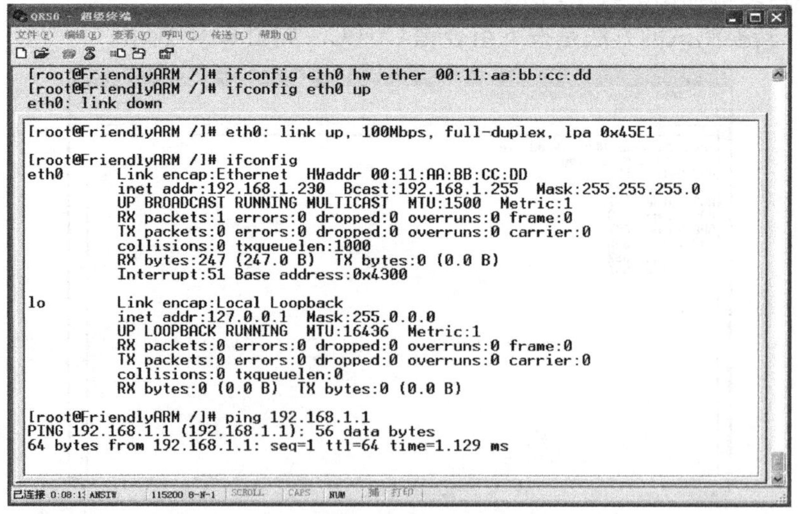

```
[root@FriendlyARM /]# ifconfig eth0 hw ether 00:11:aa:bb:cc:dd
[root@FriendlyARM /]# ifconfig eth0 up
eth0: link down
[root@FriendlyARM /]# eth0: link up, 100Mbps, full-duplex, lpa 0x45E1

[root@FriendlyARM /]# ifconfig
eth0      Link encap:Ethernet  HWaddr 00:11:AA:BB:CC:DD
          inet addr:192.168.1.230  Bcast:192.168.1.255  Mask:255.255.255.0
          UP BROADCAST RUNNING MULTICAST  MTU:1500  Metric:1
          RX packets:1 errors:0 dropped:0 overruns:0 frame:0
          TX packets:0 errors:0 dropped:0 overruns:0 carrier:0
          collisions:0 txqueuelen:1000
          RX bytes:247 (247.0 B)  TX bytes:0 (0.0 B)
          Interrupt:51 Base address:0x4300

lo        Link encap:Local Loopback
          inet addr:127.0.0.1  Mask:255.0.0.0
          UP LOOPBACK RUNNING  MTU:16436  Metric:1
          RX packets:0 errors:0 dropped:0 overruns:0 frame:0
          TX packets:0 errors:0 dropped:0 overruns:0 carrier:0
          collisions:0 txqueuelen:0
          RX bytes:0 (0.0 B)  TX bytes:0 (0.0 B)

[root@FriendlyARM /]# ping 192.168.1.1
PING 192.168.1.1 (192.168.1.1): 56 data bytes
64 bytes from 192.168.1.1: seq=1 ttl=64 time=1.129 ms
```

图 6.12　ping 测试

```
#ifconfig eth0 up
#ifconfig
#ping 192.168.1.1
```

#### 6.2.1.5　使用 ftp 传送文件

在 Windows 系统中，一般安装后都自带一个命令行的 ftp 命令程序，使用 ftp 可以登录远程的主机，并传递文件，这需要主机提供 ftp 服务和相应的权限；本开发板不仅带有 ftp 命令，还在开机时启动了 ftp 服务。为了方便测试，我们可以从 PC 机的命令行窗口登录开发板，并向开发板传递文件。

注意：请确保您执行 ftp 所在的目录有需要上传的文件，这里以 test.mp3 为例(图 6.13)。

说明：登录开发板的 ftp 账号为：plg，密码为：plg。

传送完毕后，可以在串口终端看到目标板的/home/plg 目录下多了一个 test.mp3 文件。

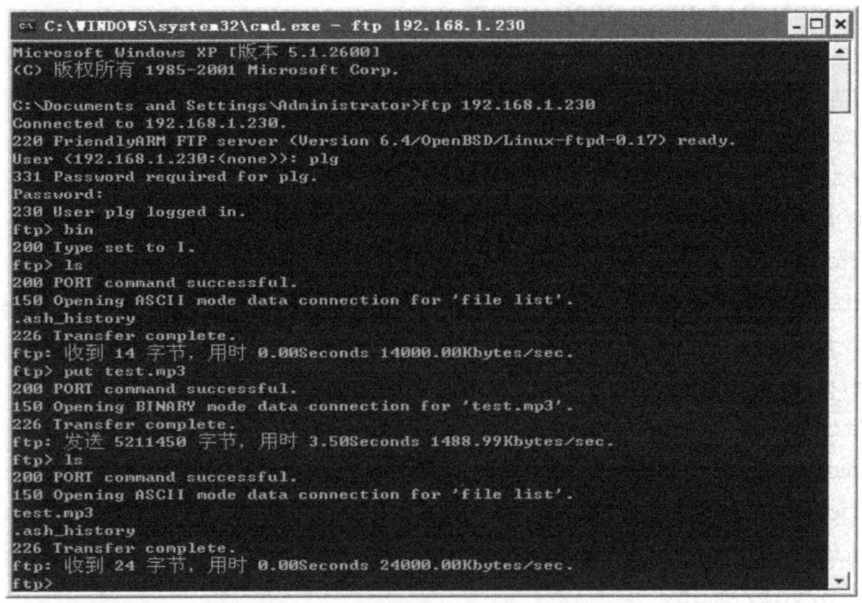


图 6.13　ftp 从 Windows 传输文件到开发板

#### 6.2.1.6　设置保存系统实时时钟

Linux 中更改时间的方法一般使用 date 命令，为了把 S3C2440 内部带的时钟与 linux 系统时钟同步，一般使用 hwclock 命令，下面是它们的使用方法：

(1) date -s 032110552012 ＃设置时间为 2012-03-21 10:55；

(2) hwclock -w ＃把刚刚设置的时间存入 S3C2440 内部的 RTC；

(3) 开机时使用 hwclock -s 命令可以恢复 linux 系统时钟为 RTC，一般把该语句放入/etc/init.d/rcS 文件自动执行。

#### 6.2.1.7　设置开机自动运行程序

借助启动脚本可以设置各种程序开机后自动运行。启动脚本位于开板的/etc/init.d

/rcS,内容如下(实际内容可能与此不完全一致):

```
#! /bin/sh
PATH=/sbin:/bin:/usr/sbin:/usr/bin:/usr/local/bin:
runlevel=S
prevlevel=N
umask 022
export PATH runlevel prevlevel
#
# Trap CTRL-C &c only in this shell so we can interrupt subprocesses.
#
trap":"INT QUIT TSTP
/bin/hostname FriendlyARM
/bin/mount -n -t proc none/proc
/bin/mount -n -t sysfs none/sys
/bin/mount -n -t usbfs none/proc/bus/usb
/bin/mount -t ramfs none/dev
echo /sbin/mdev > /proc/sys/kernel/hotplug
/sbin/mdev-s
/bin/hotplug
#mounting file system specified in/etc/fstab
mkdir -p/dev/pts
mkdir -p/dev/shm
/bin/mount -n -t devpts none /dev/pts -o mode=0622
/bin/mount -n -t tmpfs tmpfs/dev/shm
/bin/mount -n -t ramfs none/tmp
/bin/mount -n -t ramfs none/var
mkdir -p/var/empty
mkdir -p/var/log
mkdir -p/var/lock
mkdir -p/var/run
mkdir -p/var/tmp
/sbin/hwclock -s
syslogd
/etc/rc.d/init.d/netd start
echo"">/dev/tty1
echo"Starting networking..">/dev/tty1
sleep 1
/etc/rc.d/init.d/httpd start
echo"">/dev/tty1
echo"Starting web server...">/dev/tty1
```

```
sleep 1
/etc/rc.d/init.d/leds start
echo"">/dev/tty1
echo"Starting leds service...">/dev/tty1
echo""
sleep1
/sbin/ifconfig lo 127.0.0.1
/etc/init.d/ifconfig-eth0;设置开机静态 IP 地址,这是一个脚本,可以使用 vi 打开并编辑
#/bin/qtopia &
echo"">/dev/tty1
echo "Starting Qtopia,please waiting...">/dev/tty1
```

#### 6.2.1.8　屏幕截图

使 snapshot 命令可以对当前的 LCD 显示进行截图,并保存为 png 格式的图片。

```
#snapshot pic.png
```

执行该命令将把当前 LCD 显示进行抓图,并保存为 pic.png 文件。

### 6.2.2　USB 口通信

在 BIOS 模式(开发板上拨动开关 S2 为 Nor Flash 启动,即为 BIOS 模式)下,通过 USB 的连接,可以将 vBoot、zImage Linux 内核、根文件系统等下载到 Nor Flash 或 Nand Flansh 中。

#### 6.2.2.1　安装 USB 驱动

双击运行本书所配备软件包中的"Part02/windows 平台工具/usb 下载驱动/USB Download Driver Setup_20090421.exe"安装程序,开始安装 USB 下载驱动,如图 6.14 所示。

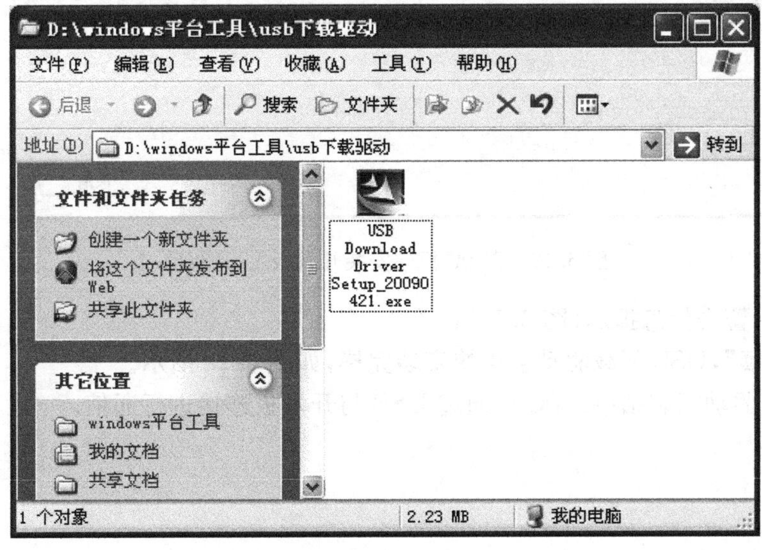


图 6.14　在 PC 机端安装开发板 USB 驱动

出现如图 6.15 所示安装界面。

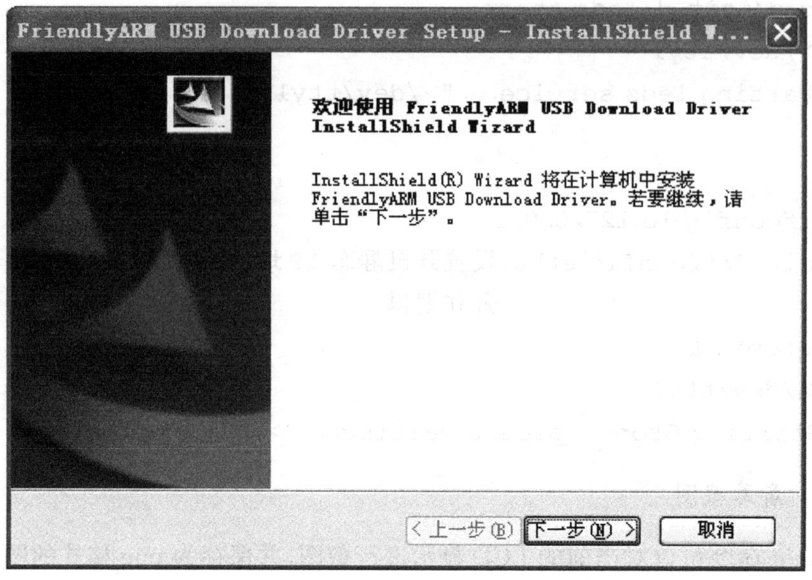


图 6.15　在 PC 机端安装开发板 USB 驱动

点“下一步”继续(图 6.16)：

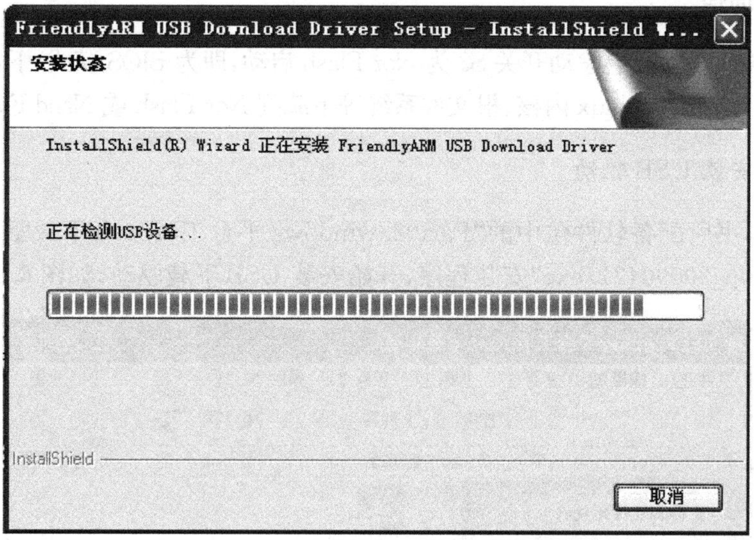

图 6.16　在 PC 机端安装开发板 USB 驱动

此时会跳出警告信息提示(图 6.17)：
点“仍然继续”，USB 下载驱动会很快安装完毕，如图 6.18 所示。
至此，USB 驱动安装结束。PC 可通过 USB 与开发板连接进行通信。

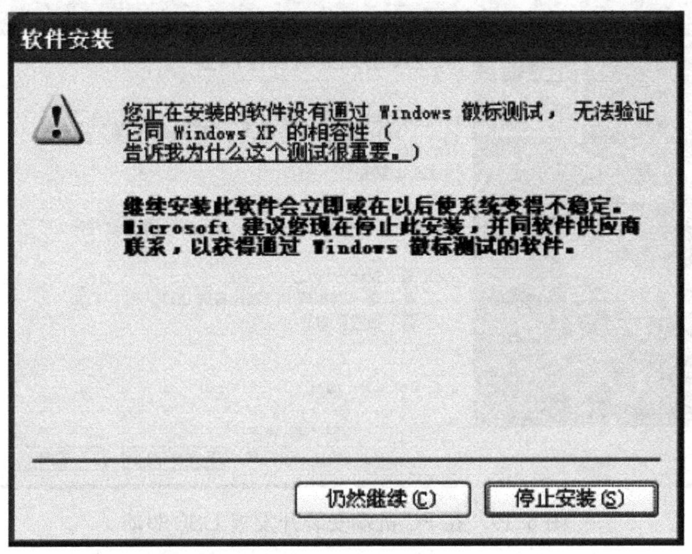


图 6.17　在 PC 机端安装开发板 USB 驱动

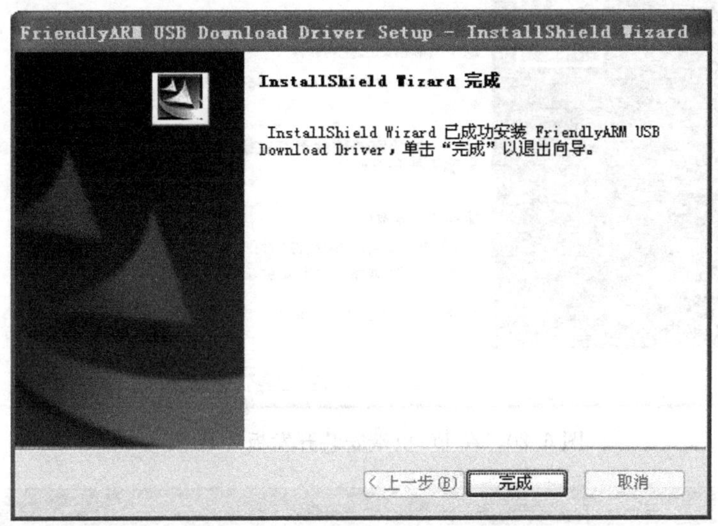


图 6.18　在 PC 机端安装开发板 USB 驱动

#### 6.2.2.2　USB 驱动检测

首先设置开发板的拨动开关 S2 为 Nor Flash 启动，连接好附带的 USB 线和电源(可以不必连接串口线)。打开电源开关 S1，如果是第一次通过 USB 进行连接，Windows XP 系统会提示发现了新的 USB 设备，并出现如图 6.19 界面，在此选择“否，暂时不(T)”，点“下一步”继续。

出现如图 6.20 提示，选择“自动安装软件”，点“下一步”继续。

出现警告界面如图 6.21 所示，点“仍然继续”。

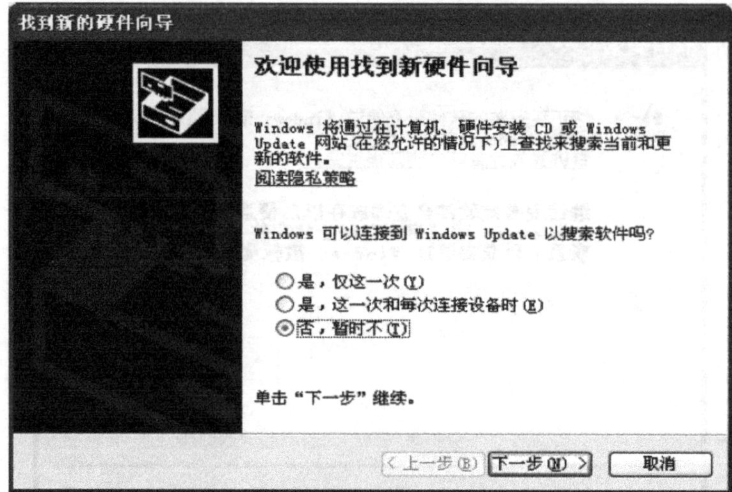


图 6.19　在 PC 机端安装开发板 USB 驱动

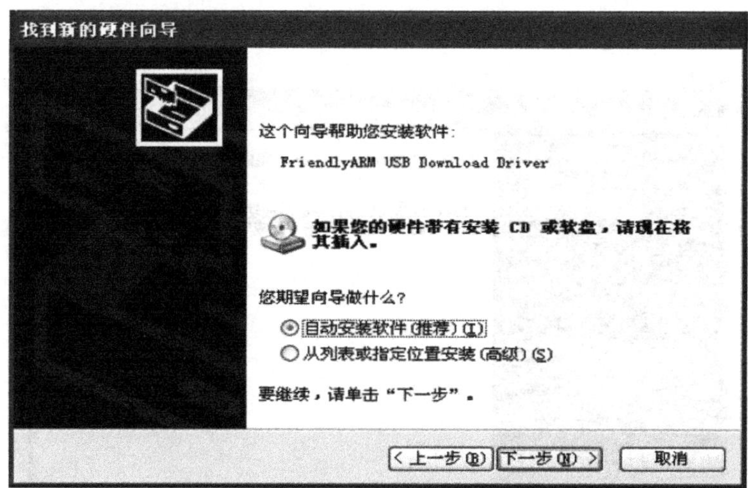


图 6.20　在 PC 机端安装开发板 USB 驱动

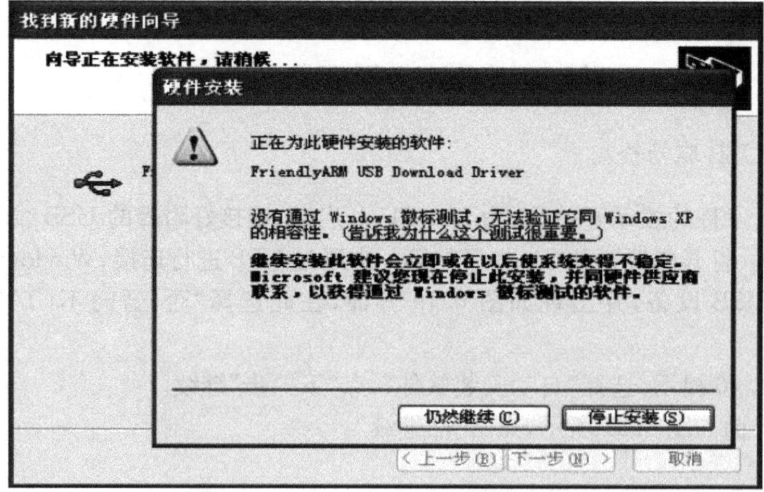


图 6.21　在 PC 机端安装开发板 USB 驱动

至此，第一次使用 USB 下载驱动的步骤就结束了，如图 6.22 所示。

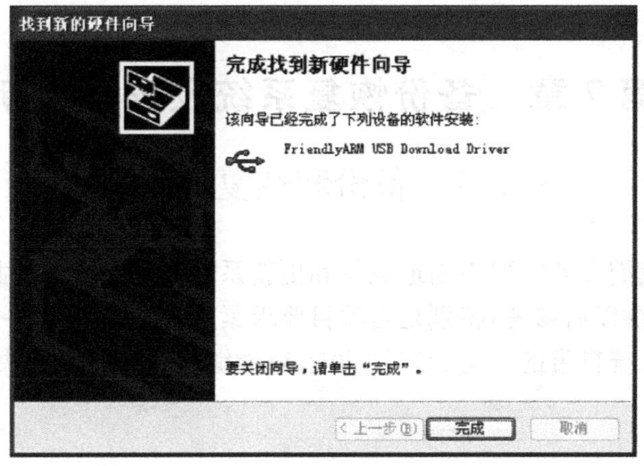


图 6.22　在 PC 机端安装开发板 USB 驱动

6.2.2.3　运行 dnw.exe 软件进行通信

此时打开软件包中的"Part02/windows 平台工具/dnw/dnw.exe"下载软件，可以看到 USB 连接 OK，如图 6.23 所示。

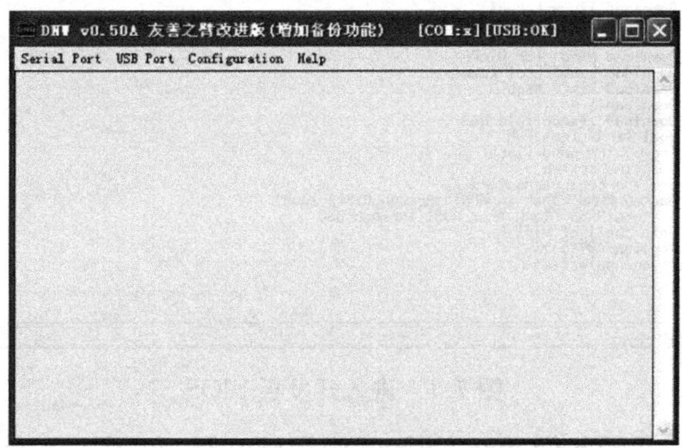


图 6.23　在 PC 机端安装 USB 通信软件

## 6.3　openSUSE Linux 与开发板之间的通信

### 6.3.1　FTP 通信

在 Linux 下，通过网线，使用 ping 命令测试与开发板嵌入式 Linux 之间通信是否正常。如果正常，可使用 put 和 get FTP 命令在 PC 机与开发板之间传输文件。

### 6.3.2　NFS 通信

通过设置 openSUSE Linux NFS Server 网络文件服务器，再通过 Window XP 中的超级终端使用 mount 命令将开发板中的/mnt 目录挂载在 openSUSE Linux 的共享目录下，在开发板上模拟运行在 openSUSE Linux 上开发的应用程序，详见本篇 8.3 节。

# 第 7 章　备份恢复系统及安装更新

## 7.1　备份和恢复系统

在开发过程中，我们经常需要不断地烧写和更新系统进行调试，这时我们都希望能保存当前的目标系统程序以供以后参考，特别是当项目要求紧迫，而重新构建一个同样的系统又很复杂的时候，这时使用系统自带的备份和恢复功能，就能够快速有效地解决问题。

### 7.1.1　备份系统

(1) 连接好串口，将开发板 Mini2440 的 Flash 开关切换到 Nor Flash。打开 PC 机端的超级终端，上电启动开发板 Mini2440，进入 BIOS 功能菜单如图 7.1 所示。

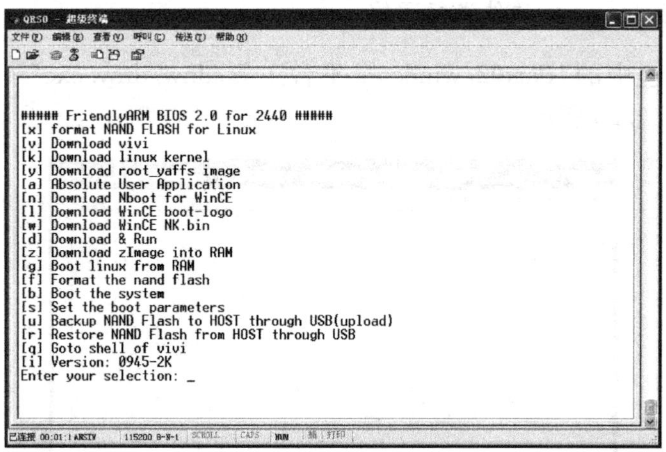


图 7.1　进入开发板 BIOS

(2) 选择功能号[u]开始备份 Nand Flash 内容到文件，如图 7.2 所示。

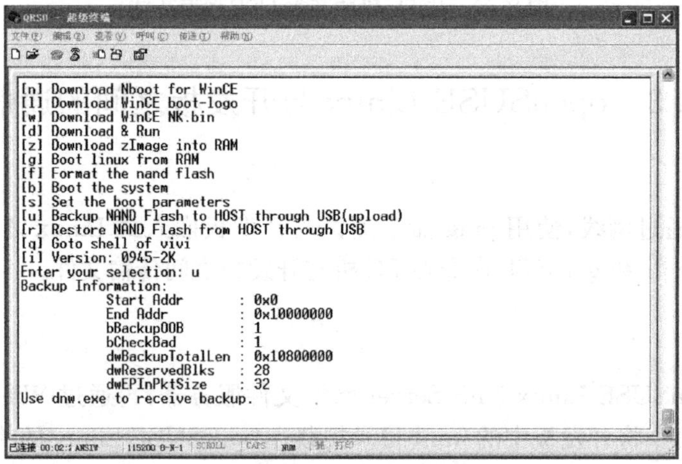


图 7.2　Nand Flash 备份

(3) 打开 DNW 程序，接上 USB 电缆，如果 DNW 标题栏提示[USB:OK]，说明 USB 连接成功，这时选择 DNW 菜单的 Usb Port>Backup NandFlash to File，如图 7.3 所示。

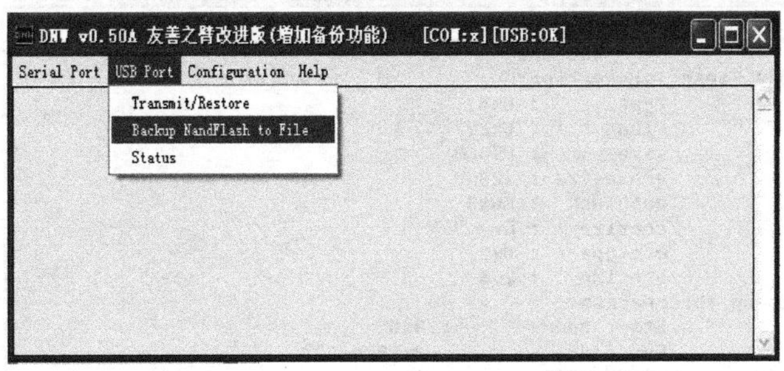


图 7.3　Nand Flash 备份

跳出文件保存窗口，选择所要保存文件的位置，并命名(这里保存文件为 backup.bin)，如图 7.4 所示。

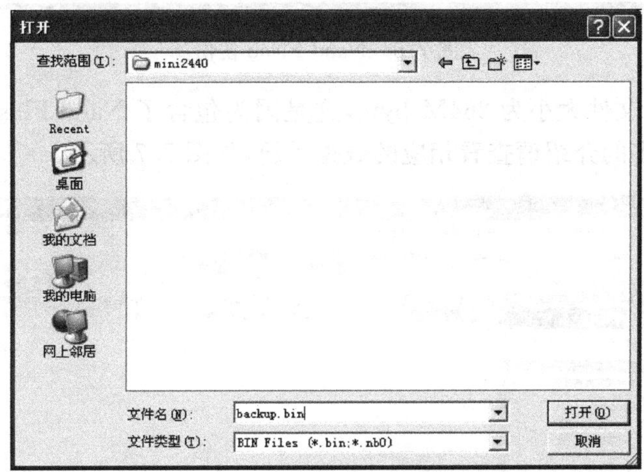


图 7.4　Nand Flash 备份

系统开始备份，备份的进度如图 7.5 所示。

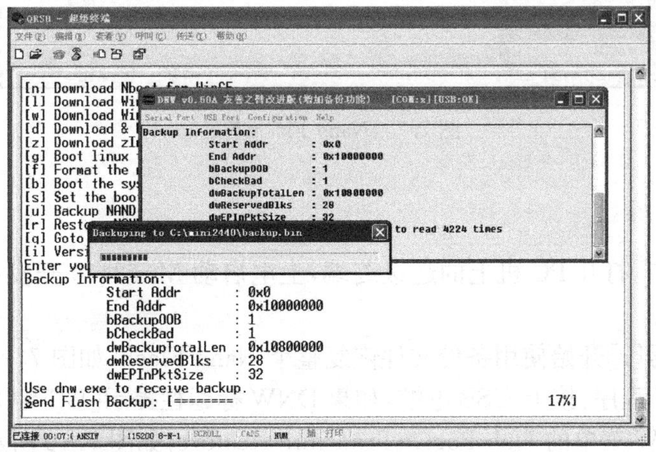


图 7.5　Nand Flash 备份

备份完毕，DNW 窗口会出现如图 7.6 所示的信息。

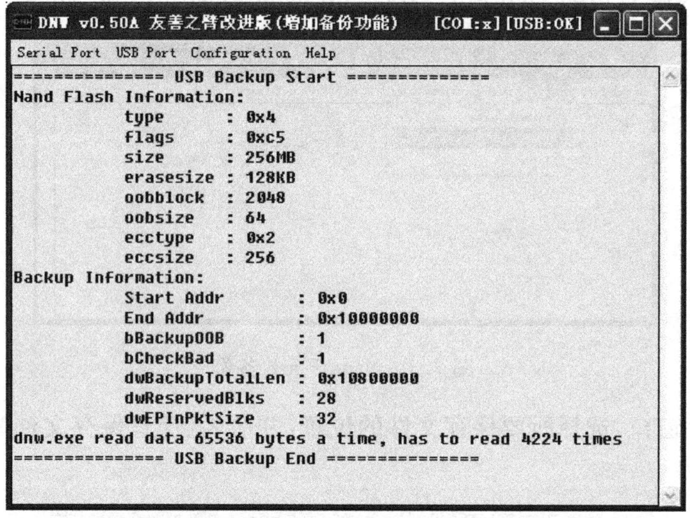


图 7.6　Nand Flash 备份

最后备份生成的文件大小为 264M byte，这是因为包含了 Nand Flash 的所有字节信息，关于 Nand Flash 更多的介绍请查看相应的数据手册，如图 7.7 所示。

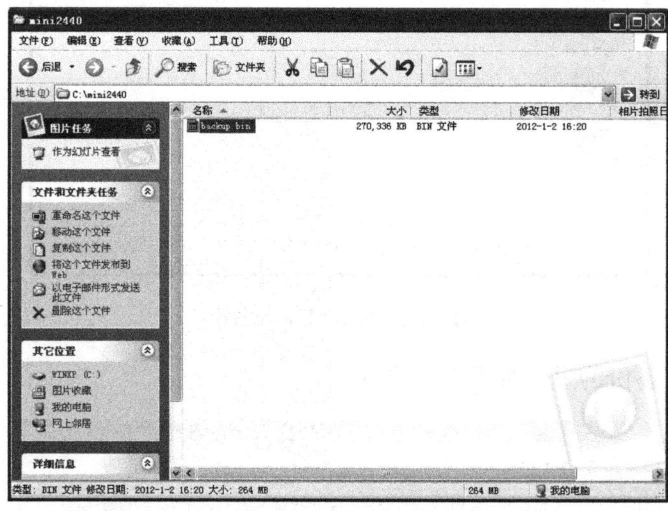


图 7.7　Nand Flash 备份

### 7.1.2　备份恢复系统

(1) 连接好串口，打开 PC 机上的超级终端，上电启动 Mini2440 开发板，进入 BIOS 功能菜单，如图 7.8 所示。

(2) 选择功能号[r]开始使用备份文件恢复整个 Nand Flash，如图 7.9 所示。

(3) 打开 DNW 程序，接上 USB 电缆，如果 DNW 标题栏提示[USB:OK]，说明 USB 连接成功，这时选择 DNW 菜单的 Usb Port>Transmit/Restore，如图 7.10 所示。

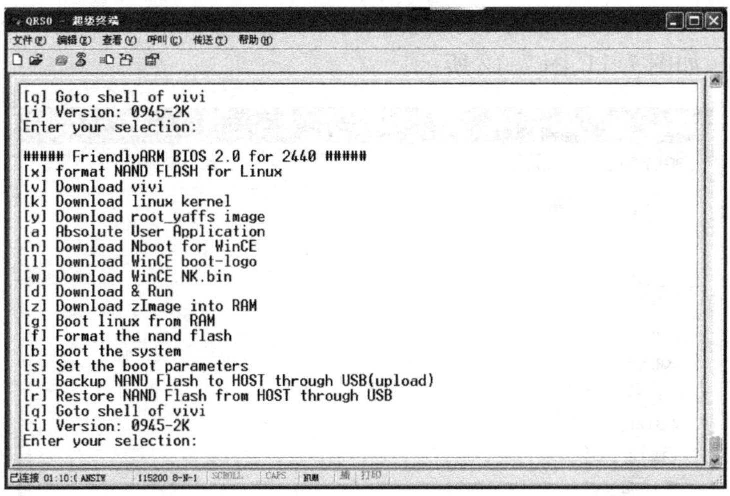

QRS0 - 超级终端
文件(F) 编辑(E) 查看(V) 呼叫(C) 传送(T) 帮助(H)
[q] Goto shell of vivi
[i] Version: 0945-2K
Enter your selection:
##### FriendlyARM BIOS 2.0 for 2440 #####
[x] format NAND FLASH for Linux
[v] Download vivi
[k] Download linux kernel
[y] Download root_yaffs image
[a] Absolute User Application
[n] Download Nboot for WinCE
[l] Download WinCE boot-logo
[w] Download WinCE NK.bin
[d] Download & Run
[z] Download zImage into RAM
[g] Boot linux from RAM
[f] Format the nand flash
[b] Boot the system
[s] Set the boot parameters
[u] Backup NAND Flash to HOST through USB(upload)
[r] Restore NAND Flash from HOST through USB
[q] Goto shell of vivi
[i] Version: 0945-2K
Enter your selection:
115200 8-N-1


图 7.8　在开发板上恢复备份

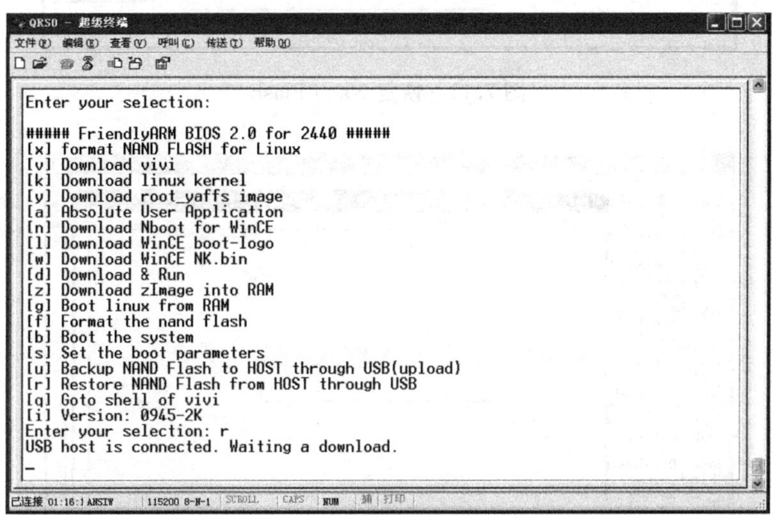

QRS0 - 超级终端
文件(F) 编辑(E) 查看(V) 呼叫(C) 传送(T) 帮助(H)
Enter your selection:
##### FriendlyARM BIOS 2.0 for 2440 #####
[x] format NAND FLASH for Linux
[v] Download vivi
[k] Download linux kernel
[y] Download root_yaffs image
[a] Absolute User Application
[n] Download Nboot for WinCE
[l] Download WinCE boot-logo
[w] Download WinCE NK.bin
[d] Download & Run
[z] Download zImage into RAM
[g] Boot linux from RAM
[f] Format the nand flash
[b] Boot the system
[s] Set the boot parameters
[u] Backup NAND Flash to HOST through USB(upload)
[r] Restore NAND Flash from HOST through USB
[q] Goto shell of vivi
[i] Version: 0945-2K
Enter your selection: r
USB host is connected. Waiting a download.
115200 8-N-1


图 7.9　恢复 Nand Flash

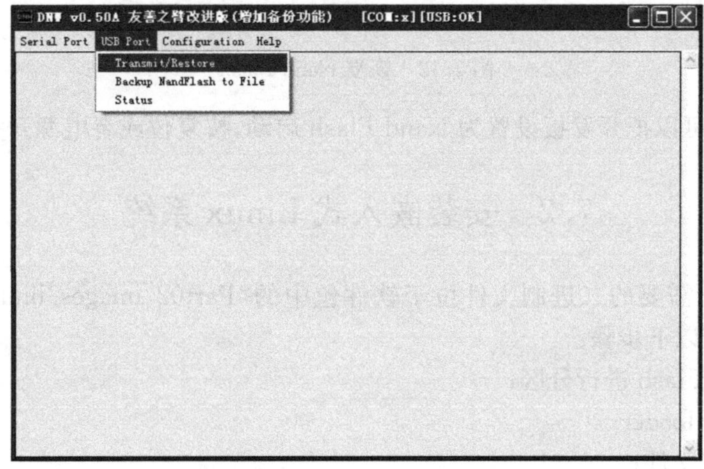


图 7.10　恢复 Nand Flash

跳出文件选择窗口，选择要使用的备份文件(如上一步骤所生成的 backup.bin)，点“打开”开始恢复系统，如图 7.11、图 7.12 所示。

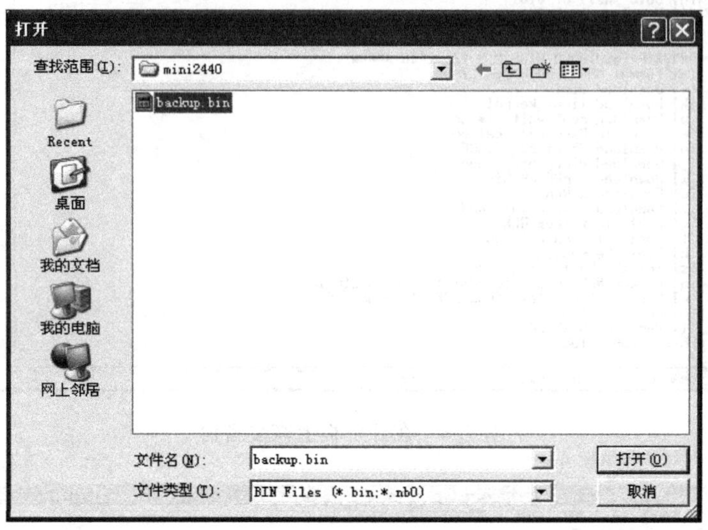


图 7.11　恢复 Nand Flash

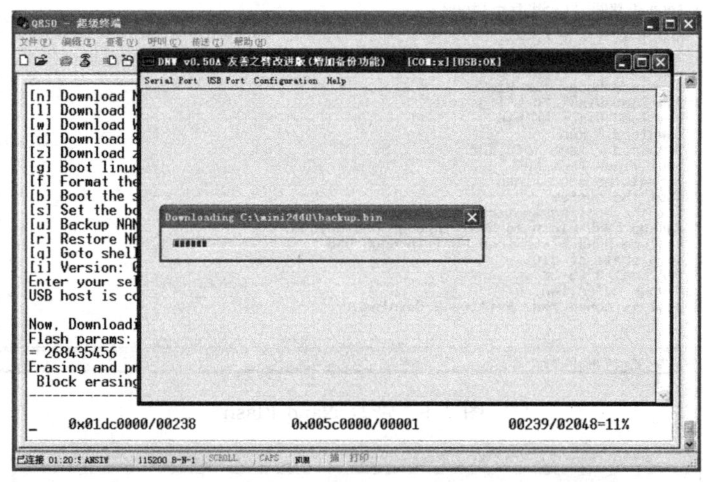


图 7.12　恢复 Nand Flash

备份完毕，就可以把开发板设置为 Nand Flash 启动，按复位或者电源开关重新启动系统。

## 7.2　安装嵌入式 Linux 系统

安装 Linux 所需要的二进制文件位于软件包中的“Part02/images/linux”目录中。安装 Linux 系统主要有以下步骤：

(1) 对 Nand Flash 进行分区；

(2) 安装 bootloader；

(3) 安装内核文件；

(4) 安装文件系统。

下面是详细的步骤。

### 7.2.1　Nand Flash 分区

(1) 连接好串口，打开超级终端，上电启动开发板，进入 BIOS 功能菜单，如图 7.13 所示。

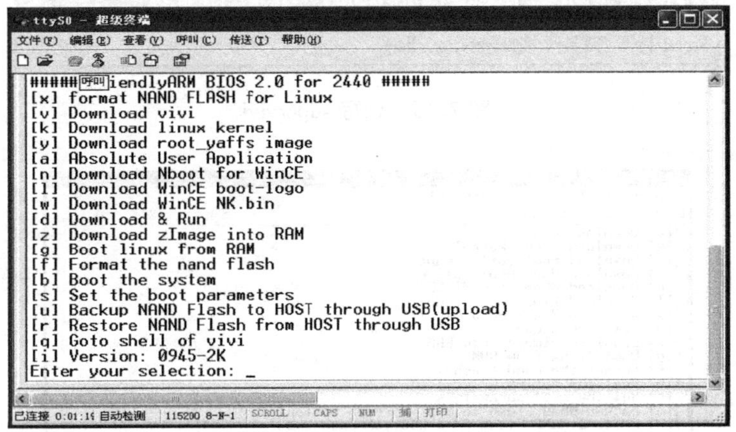


图 7.13　分区 Nand Flash

(2) 选择功能号[f]开始对 Nand Flash 进行分区。注意分区将会擦除 Nand Flash 里面的所有数据(图 7.14)。

有的 Nand Flash 分区时会出现坏区报告提示，因为 supervivi 会对坏区做检测记录，因此这将不会影响板子的正常使用。

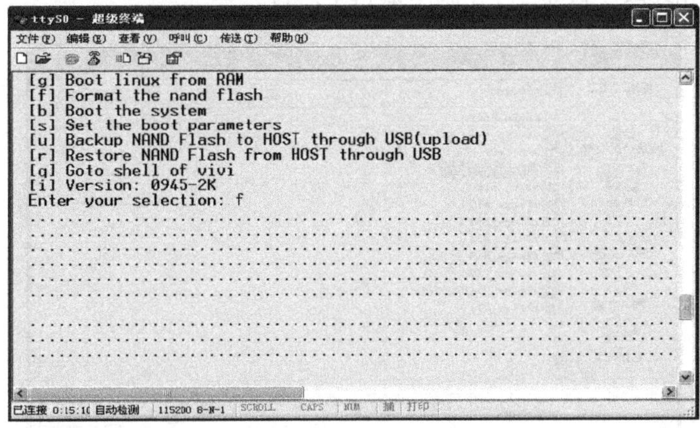


图 7.14　分区 Nand Flash

### 7.2.2　安装 bootloader BIOS

针对 Linux 系统提供了两种 bootloader：Uboot 和 supervivi。Uboot 是一个十分简易的开源软件，由友善之臂公司设计制作，它可以兼容启动 64M/128M-1Gb Nand Flash 版的 mini2440/micro2440。

Supervivi 由 vivi 发展而来，针对 64M 和 128M-1GB 开发板分别有 supervivi-64M 和 supervivi-128M 两个文件，它们的用法和功能是一样的，这里统称为 supervivi，只是在选择具体的文件时有所区分，它并不是开源的。

(1) 打开 DNW 程序，接上 USB 电缆，如果 DNW 标题栏提示[USB:OK]，说明 USB 连接成功，这时根据菜单选择功能号[v]开始下载 supervivi(图 7.15 和图 7.16)。

图 7.15　烧写 supervivi

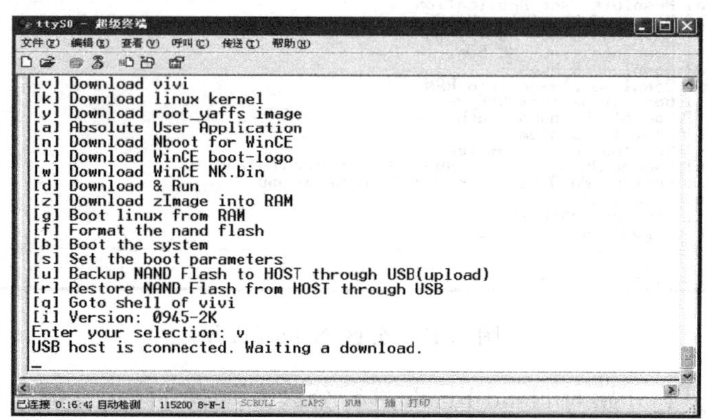


图 7.16　烧写 supervivi

(2) 点击"USB Port>Transmit/Restore"选项，并选择打开文件 supervivi(该文件位于软件包中的"Part02/images/"目录下)开始下载(图 7.17)。

图 7.17　烧写 supervivi

要更新 NOR FLASH 里面的 BIOS 只有使用 JTAG 接口才能完成。

(3) 下载完毕，BIOS 会自动烧写 supervivi 到 Nand Flash 分区中，并返回到主菜单。

### 7.2.3　安装 Linux 内核

(1) 在 BIOS 主菜单中选择功能号[k]，开始下载 Linux 内核 zImage(图 7.18)。

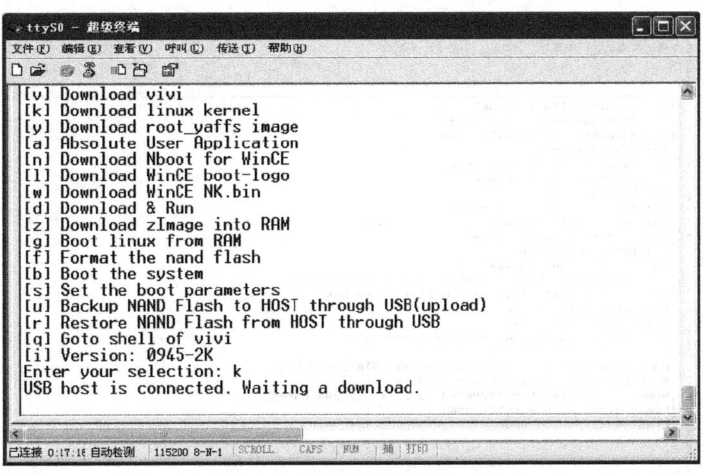

图 7.18　安装 Linux 内核

(2) 点击"USB Port->Transmit/Restore"选项，并选择打开相应的内核文件 zImage(该文件位于软件包中的"Part02/images/"目录下)开始下载。

内核文件说明：

zImage_x35-适用于 Sony 3.5"LCD；

zImage_n35-适用于 NEC3.5"LCD；

zImage_t35-适用于统宝 3.5"LCD；

zImage_l80-适用于 Sharp 8"LCD(或兼容)；

zImage_a70-适用于 7 寸真彩屏，分辨率为 800×480；

zImage_VGA1024x768-适用于 VGA 模块输出，分辨率为 1024×768。

实际可能与此不完全相同，请参考 images/目录下的 readme.txt 文件说明(图 7.19)。

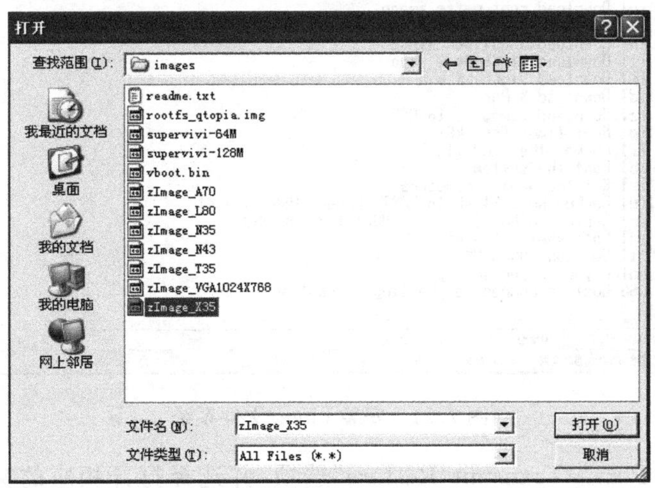

图 7.19　安装 Linux 内核

(3) 下载完毕，BIOS 会自动烧写内核到 Nand Flash 分区中，并返回到主菜单，如图 7.20 所示。

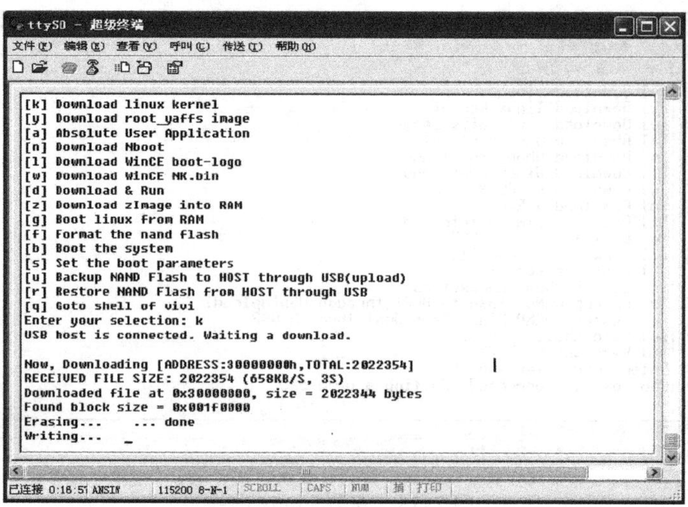


图 7.20　安装 Linux 内核

### 7.2.4　安装文件系统

64M 和 128M-1Gb mini2440/micro2440 有不同的文件系统烧写映像文件 root_qtopia-64M. img 和 root_qtopia-128M. img，实际上它们的内容都是完全相同的，只是制作工具(mkyaffs2image)不同，这里把文件系统统称为 root-qtopia. img。

(1) 在 BIOS 主菜单中选择功能号[y]，开始下载 yaffs 根文件系统映像文件(图 7.21)。

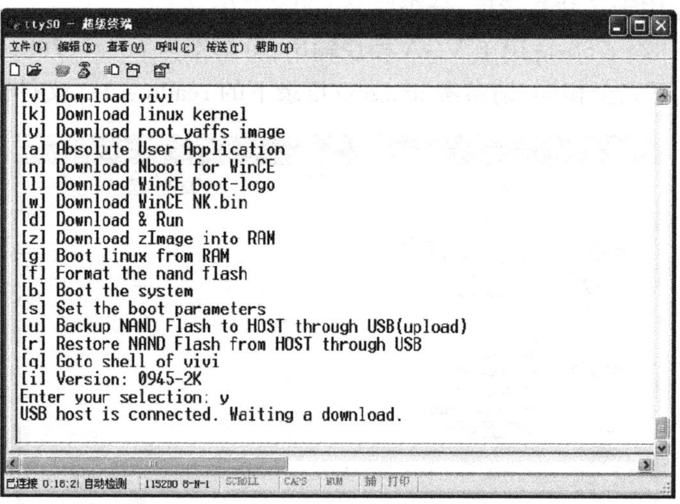


图 7.21　安装 Linux 文件系统

(2) 点击“USB Port＞Transmit/Restore”选项，并选择打开相应的文件系统文件 root_qtopia. img(该文件位于软件包中的“Part02/images/”目录下)开始下载(图 7.22)。

(3) 下载过程如图所示，下载完毕，BIOS 会自动烧写内核到 Nand Flash 分区中，并返回到主菜单，如图 7.23 所示。此过程大概需要 2～3 分钟，下载的文件越大，下载和烧写的时间就会越长。

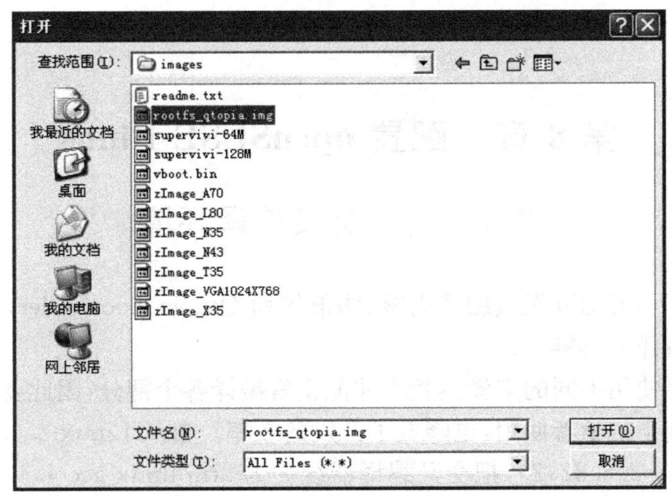


图 7.22　安装 Linux 文件系统

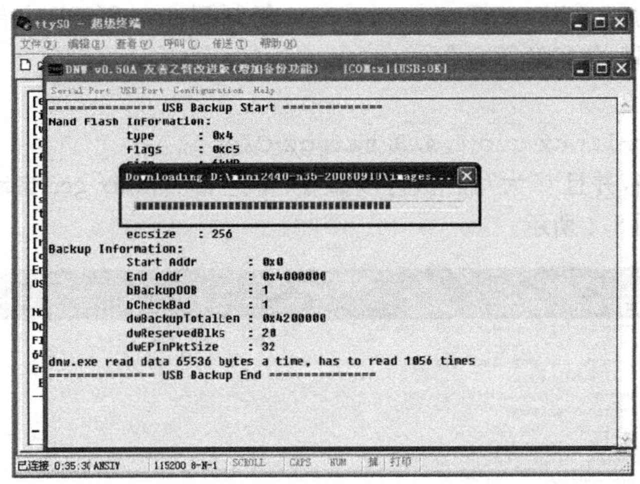


图 7.23　安装 Linux 文件系统

下载完毕，请拔下 USB 连接线，如果不取下来，有可能在复位或者启动系统的时候导致电脑死机。

在 BIOS 主菜单中选择功能号[b]，将会启动系统。如果把开发板的启动模式设置为 Nand Flash 启动，则系统会在上电后自动启动。

# 第 8 章　配置 openSUSE Linux

## 8.1　建立交叉编译环境

在 Linux 平台下，要为开发板编译内核、图形界面 Qtopia、bootloader，还有其他一些应用程序，均需要交叉编译工具链。

之前的系统，要使用不同的编译器版本才能正常编译各个部分，因此要在开发过程不断切换设置，这十分不利于初学者使用，也降低了开发的效率。自从 Linux-2.6.29 开始(本开发板所配内核已为 Linux-2.6.32.2)，把交叉编译器统一为 arm-linux-gcc-4.4.3，下面是它的安装设置步骤。

步骤 1：在 openSUSE Linux 中，以 root 用户登录。通过共享目录/shared 将软件包中“Part02/linux/”中的 arm-linux-gcc-4.4.3.tar.gz 复制到 openSUSE 文件系统的/tmp/目录下，然后进入到该目录，执行解压命令：

```
#cd/tmp
#tar xvzf arm-linux-gcc-4.4.3.tar.gz-C/opt
```

C 后面有个空格，并且 C 大写。执行该命令，将把 arm-linux-gcc 自动安装到/opt/4.4.3 目录。解压过程如图 8.1 所示。

终端
文件(F)　编辑(E)　查看(V)　终端(T)　帮助(H)
4.4.3/bin/arm-none-linux-gnueabi-populate
4.4.3/bin/arm-none-linux-gnueabi-size
4.4.3/bin/arm-none-linux-gnueabi-strings
4.4.3/bin/arm-linux-objdump
4.4.3/bin/.arm-none-linux-gnueabi-gccbug
4.4.3/bin/arm-linux-strings
4.4.3/bin/arm-linux-ct-ng.config
4.4.3/bin/arm-linux-populate
4.4.3/bin/arm-none-linux-gnueabi-addr2line
4.4.3/bin/.arm-none-linux-gnueabi-ar
4.4.3/bin/arm-linux-as
4.4.3/bin/.arm-none-linux-gnueabi-gcov
4.4.3/bin/arm-linux-addr2line
4.4.3/bin/arm-linux-gprof
4.4.3/bin/arm-linux-c++
4.4.3/bin/.arm-none-linux-gnueabi-gcc
4.4.3/bin/arm-linux-ar
4.4.3/bin/arm-linux-readelf
4.4.3/bin/arm-none-linux-gnueabi-ranlib
4.4.3/bin/arm-linux-c++filt
4.4.3/bin/arm-none-linux-gnueabi-ct-ng.config
4.4.3/bin/arm-none-linux-gnueabi-g++
4.4.3/bin/arm-none-linux-gnueabi-nm
4.4.3/bin/arm-none-linux-gnueabi-c++filt
4.4.3/bin/arm-linux-nm
4.4.3/bin/arm-none-linux-gnueabi-gcc-4.4.3
4.4.3/bin/arm-linux-gcc-4.4.3
4.4.3/bin/arm-none-linux-gnueabi-gprof
4.4.3/bin/.arm-none-linux-gnueabi-c++filt
计算机　终端
单击切换到"工作区 3"　午 2:04


图 8.1　建立交叉编译环境

步骤 2：把编译器路径加入系统环境变量，运行以下命令：

```
#gedit/root/.bashrc
```

如果 root 目录下没有 .bashrc 文件，可进入/home 目录下的用户目录复制(即/home/

open).bashrc 文件到 root 目录下。

编辑/root/.bashrc 文件，在最后一行添加：

```
export PATH=$PATH:/opt/4.4.3/bin
```

如图 8.2 所示，保存退出。

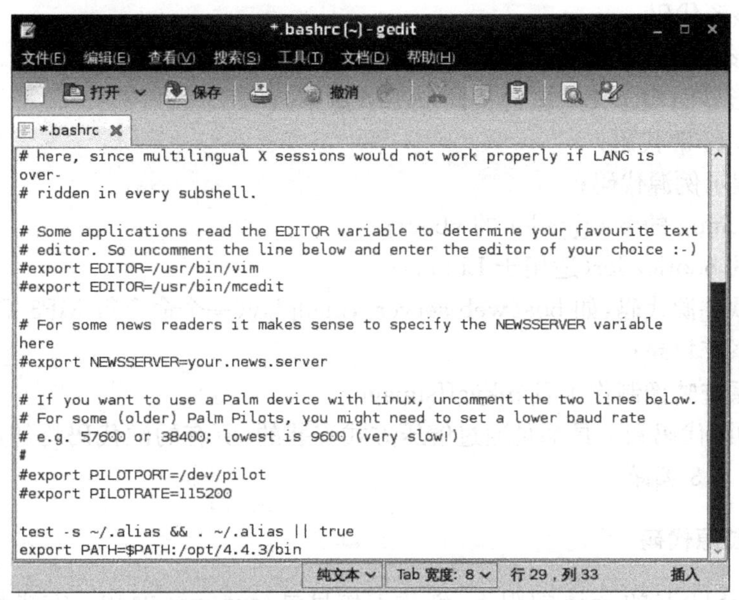


图 8.2　建立交叉编译环境

重新登录系统(不必重启机器，长按按键 Ctrl+Alt+Backspace 即可)，使以上设置生效，在命令行输入：arm-linux-gcc-v 命令，将会出现图 8.3 所示信息。这说明交叉编译环境已经成功安装。

图 8.3　验证交叉编译环境

## 8.2　解压安装源代码及其他工具

本节将解压安装开发学习过程所用到的全部源代码以及其他一些小工具，这包括：

-Linux 内核源代码；

-嵌入式图形界面 Qtopia-2.2.0 源代码(分为 x86 和 arm 平台两个版本)；

-嵌入式图形界面 QtE-4.6.3 源代码(ARM 版本)；

-busybox-1.13 源代码；

-Linux 编程示例源代码；

-用以启动 Linux 的 bootloader 的 vboot；

-其他开源的 bootloader(适用于 Linux)；

-其他开源软件源代码，如 boa(web server)，madplay(一个命令行 MP3 播放器)；

-目标文件系统目录；

-目标文件系统映像制作工具 mkyaffsimage。

以上所有的源代码和工具都是通过解压方式安装的，所有的源代码均使用统一的编译器 arm-linux-gcc-4.4.3 编译。

### 8.2.1　解压安装源代码

首先在 openSUSE 的 root 权限下，创建工作目录/opt/mini2440。方法是在命令行执行 mkdir-p/opt/mini2440，如图 8.4 所示，后面步骤的所有源代码都会解压安装到此目录中。

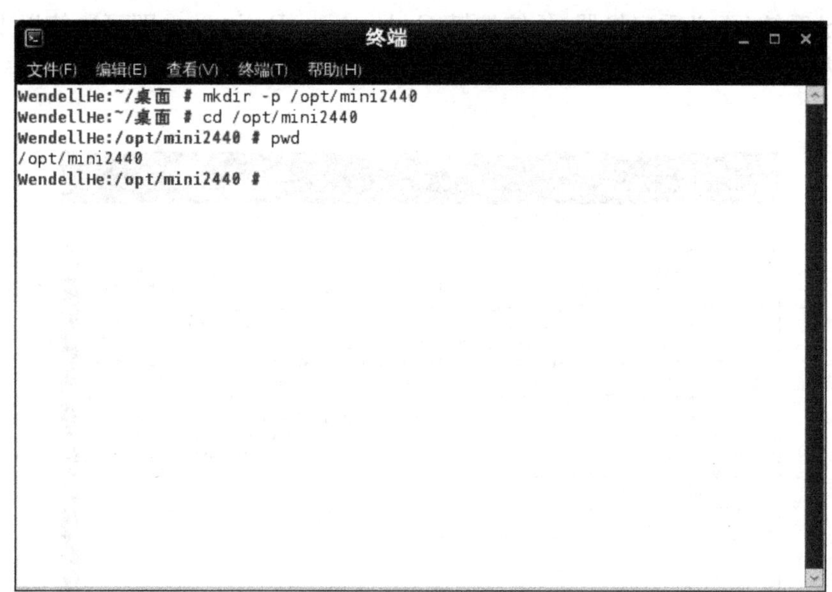


图 8.4　安装源代码

(1) 准备 Linux 源代码包。

在 openSUSE 系统中/tmp 目录下，创建一个临时目录/tmp/linux，输入命令：

```
#mkdir/tmp/linux
```

将软件包“Part02/linux/”目录中的所有文件都复制到/tmp/linux 目录中。

这样做的目的是为了统一下面的操作步骤，你也可以使用其他目录。

(2) 解压安装 Linux 内核源代码。

在工作目录/opt/mini2440 中执行：

```
#cd/opt/mini2440
#tar xvzf/tmp/linux/linux-2.6.32.2-mini2440-20100921.tar.gz
```

这将在 mini2440 目录下创建生成 linux-2.6.32.2 目录，里面包含了完整的 Linux-2.6.32.2 内核源代码。

注意：20100921 是发行更新日期标志，请以软件包中实际日期尾缀为准，下面不再赘述。

(3) 解压安装嵌入式图形系统 qtopia 源代码。

在工作目录/opt/mini2440 中执行：

```
#cd/opt/mini2440
#tar xvzf /tmp/linux/x86-qtopia.tar.gz
#tar xvzf /tmp/linux/arm-qtopia-20100108.tar.gz
```

这将自动创建 x86-qtopia 和 arm-qtopia 两个目录，并内含相应的全部源代码。

这里的 qtopia 源代码包不再区分 mouse(鼠标支持)和 tp(触摸屏支持)，此系统可以支持二者共存，因此只有一个源代码包，其中也包含了嵌入式浏览器 konquor 的源代码。

另外，为了方便学习开发使用，此源代码包相比 Qt 公司的原始版本已经打过补丁，并做了诸多改进，它们都是源代码。

(4) 解压安装嵌入式图形系统 QtE-4.6.1 源代码。

在工作目录/opt/mini2440 中执行：

```
#cd /opt/mini2440
#tar xvzf /tmp/linux/arm-qte-4.6.3-20100802.tar.gz
```

这将自动创建 arm-qte-4.6.3 目录，并内含相应的全部源代码。

(5) 解压安装 busybox 源代码。

Busybox 是一个轻型的 linux 命令工具集，在此使用的是 busybox-1.13.3 版本，用户可以从其官方网站下载最新版本(http://www.busybox.net)。

在工作目录/opt/mini2440 中执行：

```
#cd /opt/mini2440
#tar xvzf /tmp/linux/busybox-1.13.3.tgz
```

这将自动创建 busybox-1.13.3 目录，内含相应版本的全部源代码。为了方便用户编译使用，里面做了一个缺省的配置文件 fa.config。

(6) 解压安装 Linux 示例程序。

在工作目录/opt/mini2440 中执行：

```
#cd/opt/mini2440
#tar xvzf/tmp/linux/examples.tar.gz
```

这将自动创建 examples 目录，并包含初学 linux 编程代码示例。

examples 目录中的代码全部以源代码方式提供，它们都是一些基于命令行的小程序。

(7) 解压安装 vboot 源代码。

为了实现自动适应支持 64M/128M 的 mini2440/micro2440，专门为 Linux 系统设计了一个简易的 bootloader：vboot，而不再使用以前的 vivi。

在工作目录/opt/mini2440 中执行：

```
#cd /opt/mini2440
#tar xvzf /tmp/linux/vboot-src-20100727.tar.gz
```

将创建 vboot 目录，里面包含该 bootloader 的源代码和 Makefile 文件。

(8) 解压安装其他开源 bootloader 源代码。

除了 vboot，mini2440 开发板还提供了 vivi、u-boot 和 YL-BIOS 另外三种开源的 Bootloader，其中 vivi 和 u-boot 是在 Linux 平台下设计编译的。

在工作目录/opt/mini2440 中执行：

```
#cd/opt/mini2440
#tar xvzf/tmp/linux/bootloader.tgz
```

这将自动创建 bootloader 目录，里面包含 vivi 和 u-boot 两种 bootloader 的源代码。此处的 vivi 仅适用于 64M Nand Flash 的 mini2440/micro2440 板。

### 8.2.2　解压创建目标文件系统

在工作目录/opt/mini2440 中执行：

```
#cd/opt/mini2440
#tar xvzf/tmp/linux/rootfs_qtopia_qt4-20100816.tar.gz
```

将创建 rootfs_qtopia_qt4 目录，该目录和目标板上使用的文件系统内容是完全一致的。

以前的目标文件系统有 root_default、root_nfs、root_qtopia_tp、root_qtopia_mouse4 个模块，它们分别是为实现不同的启动方式和功能外设而创建的。现在我们把它统一为一种，它包含了完整的 qtopia 测试系统、最新的 busybox 和常用的命令行工具等，与之前的相比，它具有如下特性：

-自动识别 NFS 启动或本地启动。

-可支持 USB 鼠标和触摸屏共存。

-自动识别所接的输出显示模块是否接了触摸屏，以判断在第一次开机使用时是否要进行校正。如果没有连接，会自动进入系统，使用鼠标即可；否则会先校正触摸屏。

-自动识别普通或者高速 SD 卡(最大可支持 32G)和优盘。

-包含双图形系统 Qtopia-2.2.0 和 QtE-4.6.1。

### 8.2.3　解压安装必要实用工具

目标文件系统映像制作工具 mkyaffs2image。要把上节中的 rootfs_qtopia_qt4 目录烧写入开发板中使用，就需要使用相应的 mkyaffs2image 工具了，它是一个命令行的程序，使用它可以把主机上的目标文件系统目录制作成一个映像文件，以烧写到开发板中。

针对 64M 和 128M/256M/512M/1GB 的 mini2440/mcro2440，分别有两套制作工具 mkyaffs2image 和 mkyaffs2image-128M。其中 mkyaffs2image 是制作适用于 64M 版本文件系统映像的工具，它沿用了以前的名字；mkyaffs2image-128M 是制作适用于 128M/256M/512M/1GB 版本文件系统映像的工具。

在工作目录/opt/mini2440 中执行：

```
#cd/opt/mini2440
#tar xvzf/tmp/linux/mkyaffs2image.tgz-C/
```

C 是大写的，C 后面有个空格，C 是改变解压安装目录的意思。

以前的内核系统支持的是 yaffs 文件系统，现在使用的是 yaffs2 文件系统，因此需要不同的制作工具，在此把它称为 mkyaffs2image，按照上面的命令解压后它会被安装到/usr/sbin 目录下，并产生 2 个文件 mkyaffs2image 和 mkyaffs2image-128M。

## 8.3　配置 NFS 网络文件系统服务

### 8.3.1　设置共享目录

设置共享目录。

运行下列命令：

```
#gedit/etc/exports
```

编辑 nfs 服务的配置文件，添加以下内容：

```
/opt/mini2440/rootfs_qtopia_qt4* (rw,sync,no_root_squash)
```

其中，/opt/mini2440/rootfs_qtopia_qt4 表示 nfs 共享目录，它可以作为开发板的根文件系统通过 nfs 挂接；

* 表示所有的客户机都可以挂接此目录；

rw 表示挂接此目录的客户机对该目录有读写的权力；

no_root_squash 表示允许挂接此目录的客户机享有该主机的 root 身份。

### 8.3.2　启动 NFS 服务

可以通过命令行和图形界面两种方式启动 NFS 服务，建立 NFS 服务的目的是通过网络对外提供目录共享服务，但默认安装的 openSUSE 系统开启了防火墙，这会导致 NFS 服务无法正常使用。因此还需要关闭防火墙。下面是启动 NFS 服务的方法和步骤。

点击：计算机＞YaST＞网络服务＞NFS 服务器，进入图 8.5 界面。选择“启动”。

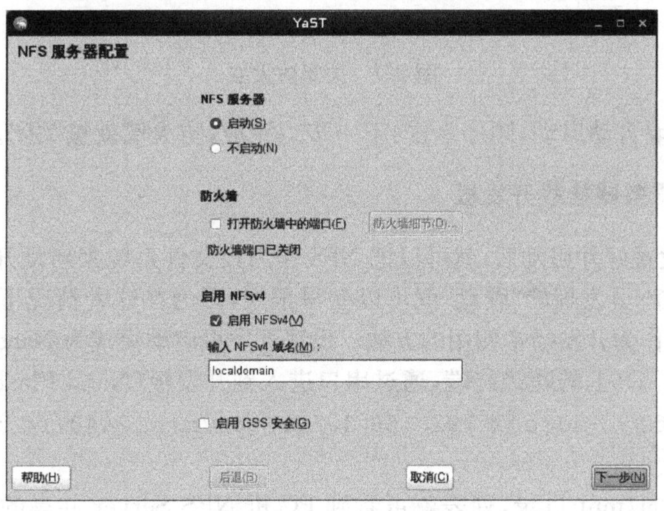


图 8.5　启动 NFS 服务

点击：下一步，如图 8.6 所示。点击：完成。

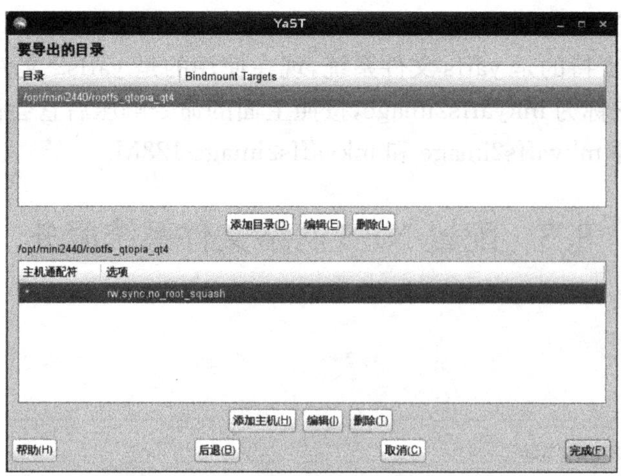


图 8.6　启动 NFS 服务

下面是防火墙设置。在 YaST 下,选择:安全和用户>防火墙,进入图 8.7。

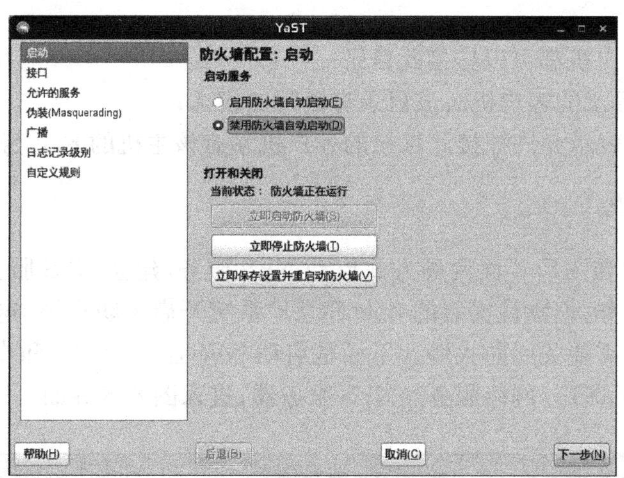


图 8.7　关闭防火墙

选择禁止防火墙自动启动,顺序点击:下一步>完成,防火墙就被关闭。

### 8.3.3　通过 NFS 服务器挂载开发板

当 NFS 服务设置好并启动后,就可以把 NFS 作为根文件系统来启动开发板了。通过使用 NFS 作为根文件系统,开发板的"硬盘"就可以变得很大,因为在这种情况下使用的是主机的硬盘,这是使用 Linux 作为开发经常使用的方法。设置开发板启动模式为 Nand Flash 启动。

使用 Windows XP 上的超级终端,通过串口进入到开发板(Nand Flash),输入命令:

```
#mount -t nfs -o nolock 192.168.1.10:/opt/mini2440/rootfs_qtopia_qt4 /mnt/
```

再进入开发板的/mnt 目录,列表就可看到 PC 机 NFS Server 共享的目录。通过超级终端就能在开发板上模拟运行 openSUSE Linux 下开发的应用程序。

取消挂接的命令为

```
#umount/mnt
```

# 第 9 章　定制嵌入式 Linux 内核及制作文件系统

学习 Linux 不像单片机系统，先得从学会配置内核的一些常用选项，并编译出来下载到开发板中运行试用。本开发板所配最新内核版本为 Linux-2.6.32.2。本章操作均基于 openSUSE Linux PC 桌面系列。

## 9.1　使用缺省配置文件配置和编译内核

为了方便用户能够编译出和软件包中烧写文件完全一致的内核，这里针对不同的 LCD 输出分别做了相应的以下内核配置文件：

config_mini2440_x35　适用于 Sony 3.5”LCD 的内核配置文件；

config_mini2440_t35　适用于统宝 3.5”LCD 的内核配置文件；

config_mini2440_l80　适用于 Sharp 8”LCD(或兼容)的内核配置文件；

config_mini2440_n35　适用于 NEC3.5”LCD 的内核配置文件；

config_mini2440_n43　适用于 NEC4.3”LCD 的内核配置文件；

config_mini2440_a70　适用于群创 7”LCD 的内核配置文件；

config_mini2440_vga1024x768　适用于 VGA 显示输出(分辨率 1024x768 模块的内核配置文件)。

在内核目录(/opt/mini2440/linux-2.6.32.2)中可以使用 ls 命令看到它们的存在，如图 9.1 所示。

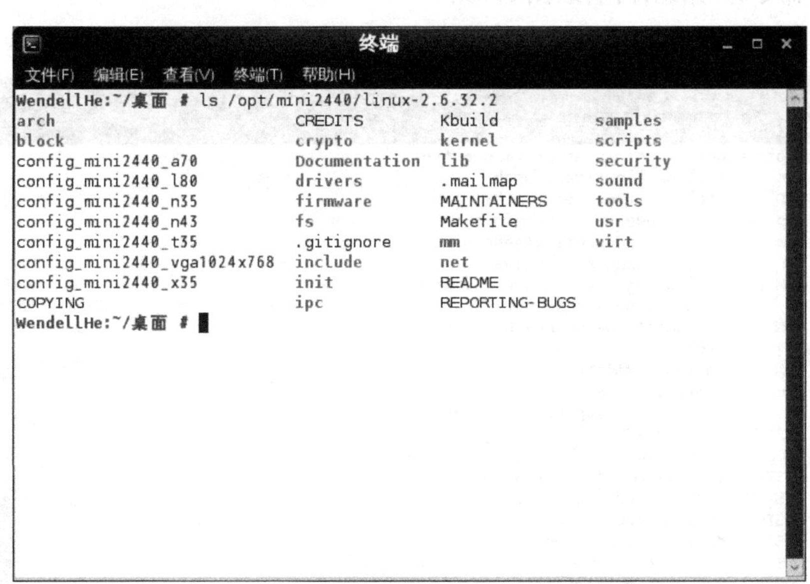


图 9.1　查看 Linux-2.6.32.2 内核

在配置和编译内核之前，需要安装软件 ncurses-devel，构建所需软件环境。

执行以下命令来使用缺省配置文件 config_t35：

#cd/opt/mini2440/linux-2.6.32.2

#cp config_mini2440_x35 .config。注意 x35 后面有个空格。

再执行“make menuconfig”命令，出现如图 9.2 所示配置内核界面。

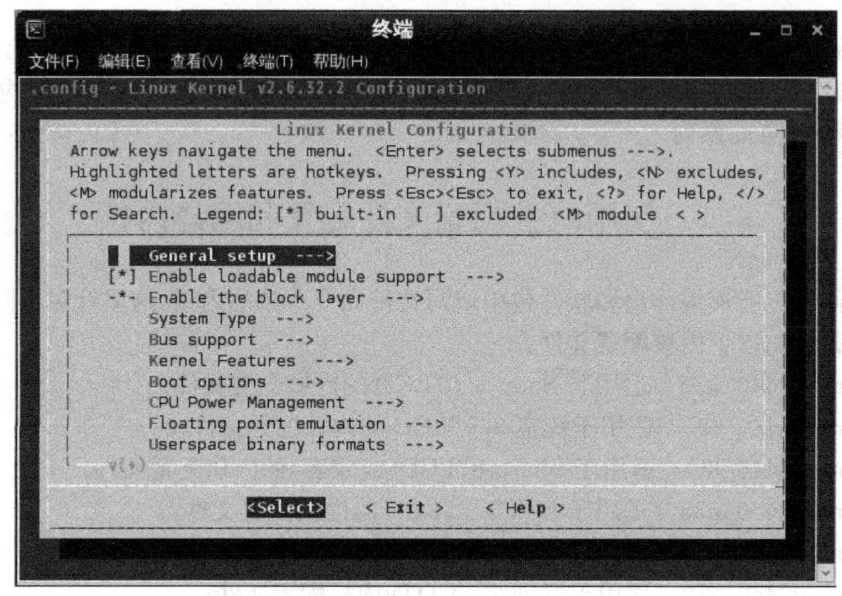


图 9.2　配置内核

在此不做任何更改，在主菜单里选择〈Exit〉退出，这样做的目的是为了生成相应配置的头文件。

输入以下命令，开始编译内核(图 9.3)：

#make zImage

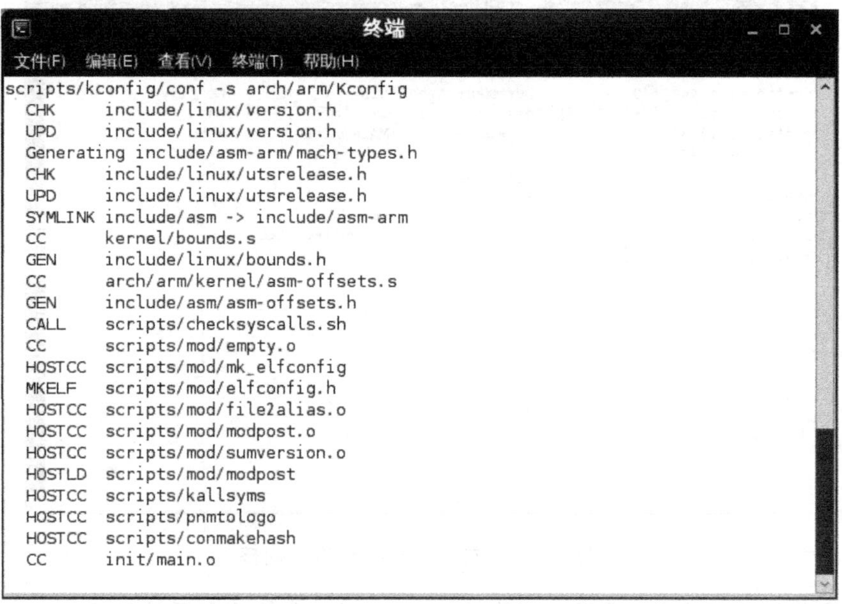


图 9.3　编译内核

编译结束后，会在 opt/mini2440/linux-2.6.32.2/arch/arm/boot/目录下生成 linux 内核映像文件 zImage(图 9.4)。

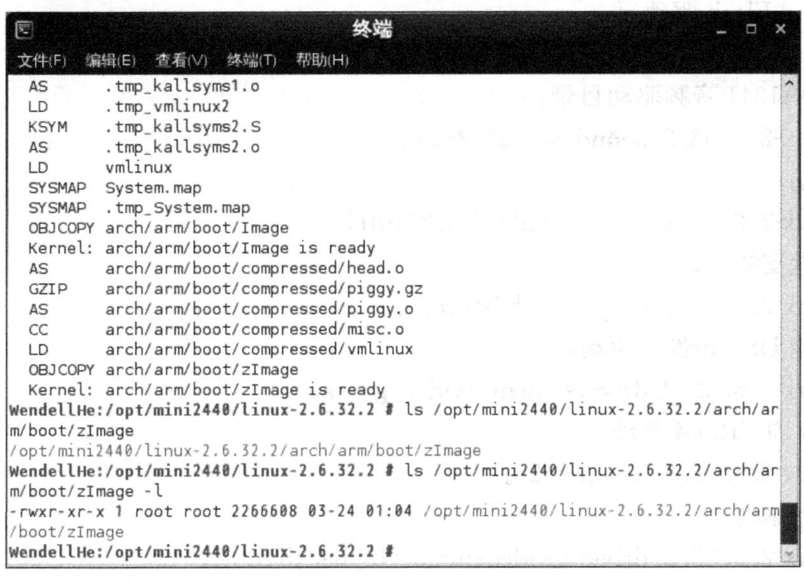


图 9.4　生成内核

可以使用 7.2.3 小节介绍的方法把编译好的 zImage 内核下载到开发板上进行测试。

## 9.2　各个驱动程序源码位置

解压内核源代码(linux-2.6.32. 开头 tar.gz 压缩文件)后可以找到如下驱动，mini2440 提供基于 linux-2.6.32.2 内核 100%完全可以使用的驱动源代码，无库文件。

(1) DM9000 网卡驱动：

Linux-2.6.32.2/drivers/net/dm9000.c。

(2) 串口(包括三个串口驱动 0,1,2,对应设备名/dev/ttySAC0,1,2)：

Linux-2.6.32.2/drivers/serial/s3c2440.c。

(3) 实时时钟 RTC 驱动：

Linux-2.6.32.2/drivers/rtc/rtc-s3c.c。

(4) LED 驱动：

Linux-2.6.32.2/drivers/char/mini2440_leds.c。

(5) 按键驱动：

Linux-2.6.32.2/drivers/char/mini2440_buttons.c。

(6) 触摸屏驱动：

Linux-2.6.32.2/drivers/input/touchscreen/s3c2410_ts.c。

(7) yaffs2 文件系统源代码目录：

Linux-2.6.32.2/fs/yaffs2。

(8) USB 鼠标、键盘源代码：

Linux-2.6.32.2/drivers/usb/hid。

(9) SD/MMC 卡驱动源代码目录(支持高速最大容量 32G SD 卡):

Linux-2. 6. 32. 2/drivers/mmc。

(10) Nand Flash 驱动:

Linux-2. 6. 32. 2/drivers/mtd/nand。

(11) UDA1341 音频驱动目录:

Linux-2. 6. 32. 2/sound/soc/s3c24xx。

(12) 驱动:

Linux-2. 6. 32. 2/drivers/video/s3c2410fb. c。

(13) 优盘支持驱动:

Linux-2. 6. 32. 2/drivers/usb/storage。

(14) 万能 USB 摄像头驱动:

Linux-2. 6. 32. 2/drivers/media/video/gspca。

(15) I2C-EEPROM 驱动:

Linux-2. 6. 32. 2/drivers/i2c。

(16) 背光驱动:

Linux-2. 6. 32. 2/drivers/video/mini2440_backlight. c。

(17) PWM 控制蜂鸣器驱动:

Linux-2. 6. 32. 2/drivers/char/mini2440_pwm. c。

(18) 看门狗驱动:

Linux-2. 6. 32. 2/drivers/watchdog/s3c2410_wdt. c。

(19) AD 转换驱动:

Linux-2. 6. 32. 2/drivers/char/mini2440_ad. c。

(20) CMOS 摄像头驱动:

Linux-2. 6. 32. 2/drivers/media/video/s3c2440camif. c。

(21) USB 无线网卡驱动(型号:TL-WN321G+):

Linux-2. 6. 32. 2/drivers/net/wireless/rt2x00。

(22) USB 转串口驱动:

Linux-2. 6. 32. 2/drivers/usb/serial/pl2302. c。

## 9. 3 手工配置 Linux 内核

9. 1 节进行了缺省文件配置和内核编译,其实 Linux 内核的配置选项有很多,下面就常见的一些选项分别予以图解,帮助熟悉内核配置,以便定制需要的内核。

务必按照 9. 1 节介绍的方法先加载一个缺省的配置文件,如 config_mini2440_x35,否则下面的选项有可能不会出现。

运行 make menuconfig 后,进入内核配置主菜单,如图 9. 5 所示。

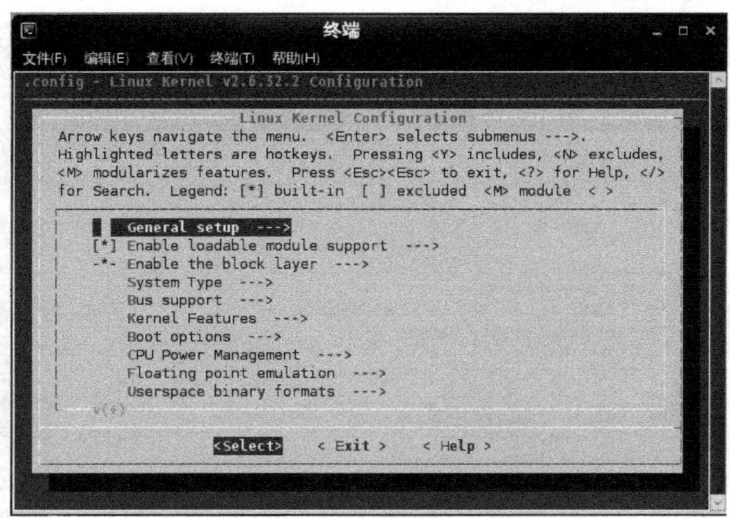


图 9.5　内核配置

### 9.3.1 CPU 平台选项

在主菜单里面，选择 System Type，按回车进入图 9.6 所示界面。

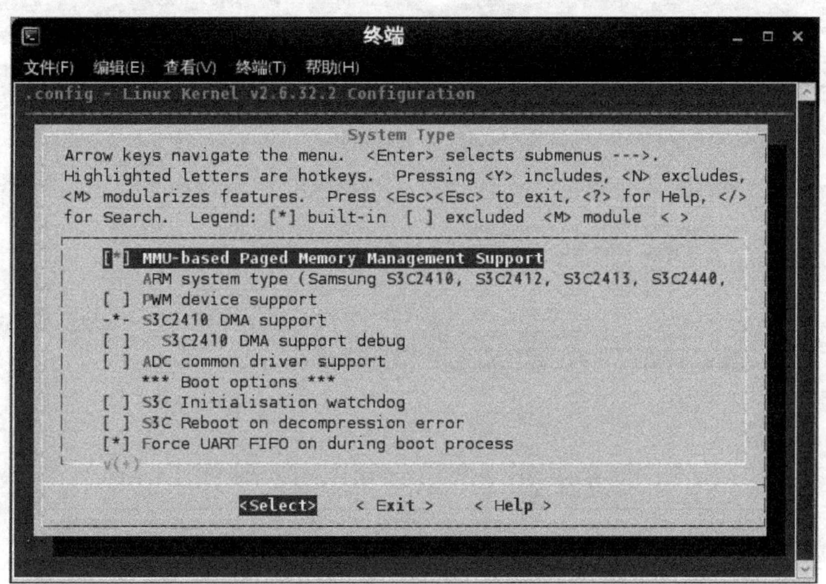


图 9.6　内核 CPU 配置

可以看到，系统大部分使用了标注了 S3C2410 的选项，这是因为 S3C2410 和 S3C2440 的很多寄存器地址等地址和设置是完全相同的。

如果要选择板级选项，使用上下方向控制键一直找到 S3C2440 机器平台选项，可以进入 S3C2440 Machines 子菜单，如图 9.7 所示。

可以看到里面有很多常见的使用 S3C2440 的目标板平台选项，在此选“FriendlyARM Mini2440 development board”，如图 9.8 所示。

```
终端
文件(F) 编辑(E) 查看(V) 终端(T) 帮助(H)
.config - Linux Kernel v2.6.32.2 Configuration
                         System Type
 Arrow keys navigate the menu.  <Enter> selects submenus --->.
 Highlighted letters are hotkeys.  Pressing <Y> includes, <N> excludes,
 <M> modularizes features.  Press <Esc><Esc> to exit, <?> for Help, </>
 for Search.  Legend: [*] built-in  [ ] excluded  <M> module  < >
 ^(-)
    [*] Force UART FIFO on during boot process
        *** Power management ***
    (0) S3C UART to use for low-level messages
    (0) Space between gpio banks
        S3C2400 Machines  --->
        S3C2410 Machines  --->
        S3C2412 Machines  --->
        S3C2440 Machines  --->
        S3C2442 Machines  --->
        S3C2443 Machines  --->
 v(+)
            <Select>    < Exit >    < Help >
```

图 9.7　内核 CPU 配置

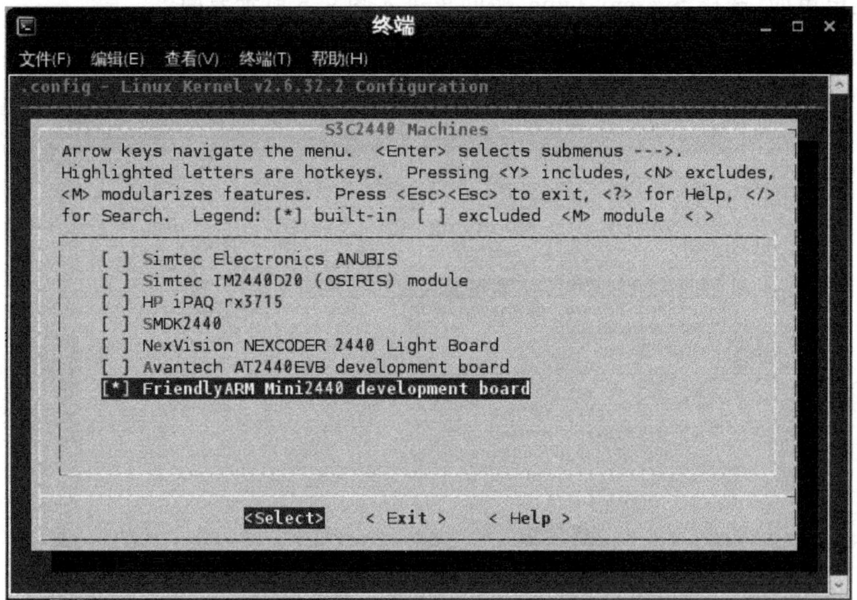


图 9.8　内核 CPU 配置

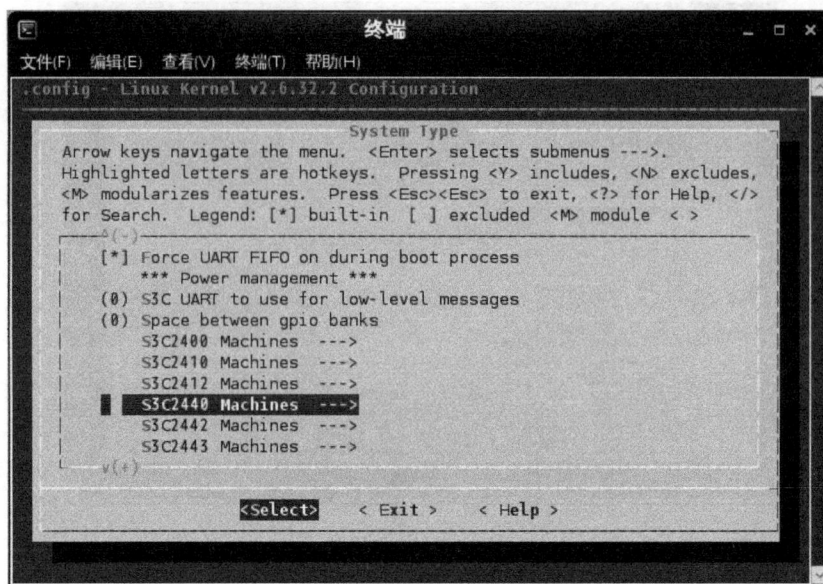

它们分别对应于 arch/arm/mach-s3c2440/mach-＊开头的文件，在此对应于 mach-mini2440.c。另外，在这个文件中，还会用到一个机器码 MACH_TYPE，该机器码的定义文件为 arch/arm/tools/mach-types，这里开发板的机器码为 1999，它还对应于 vivi 源代码中 include/platform/smdk2440.h 文件的 MACH_TYPE，如图 9.9 所示。

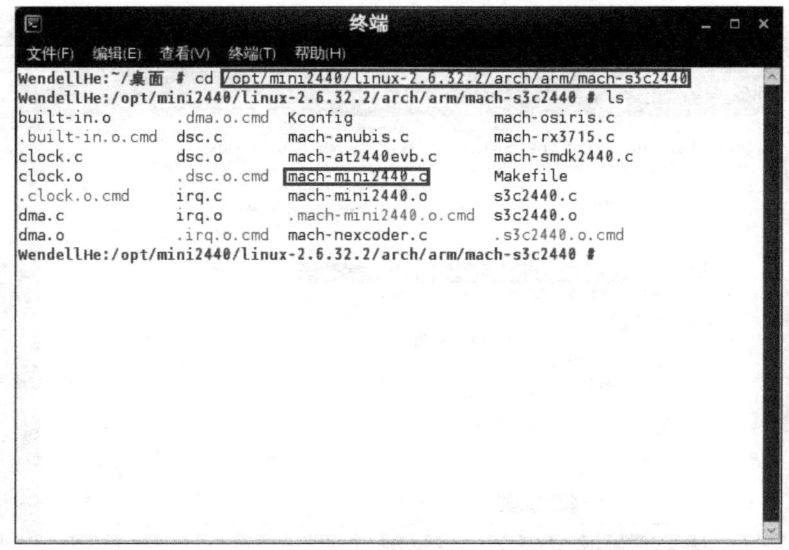


图 9.9　内核 CPU 配置

### 9.3.2　配置各个尺寸的 LCD 驱动以及背光控制支持

在主菜单里面，选择 Device Drivers，按回车进入，并找到图 9.10 所示选项，按回车进入。

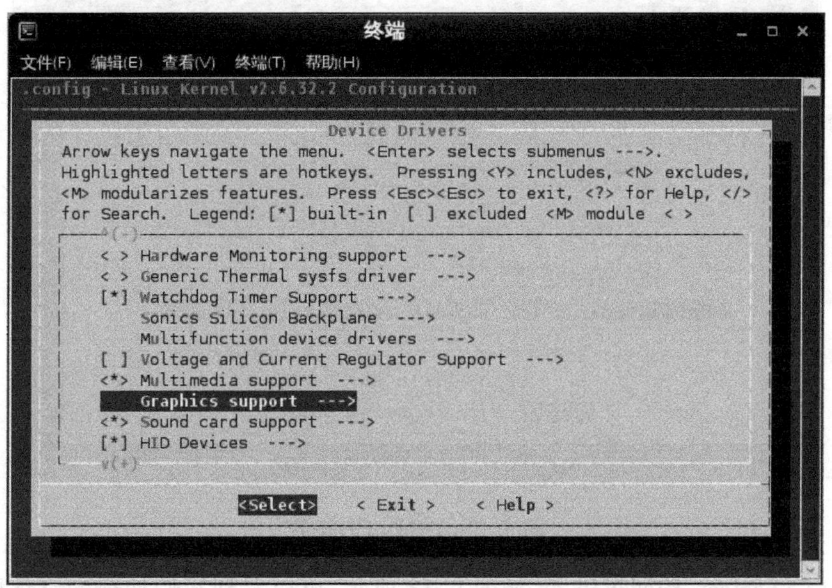


图 9.10　内核 LCD 配置

找到图 9.11 选项，再按回车进入。

出现类似如图界面，并找到图 9.12 选项，选中 Backlight support for FriendlyARM board（背光控制）。

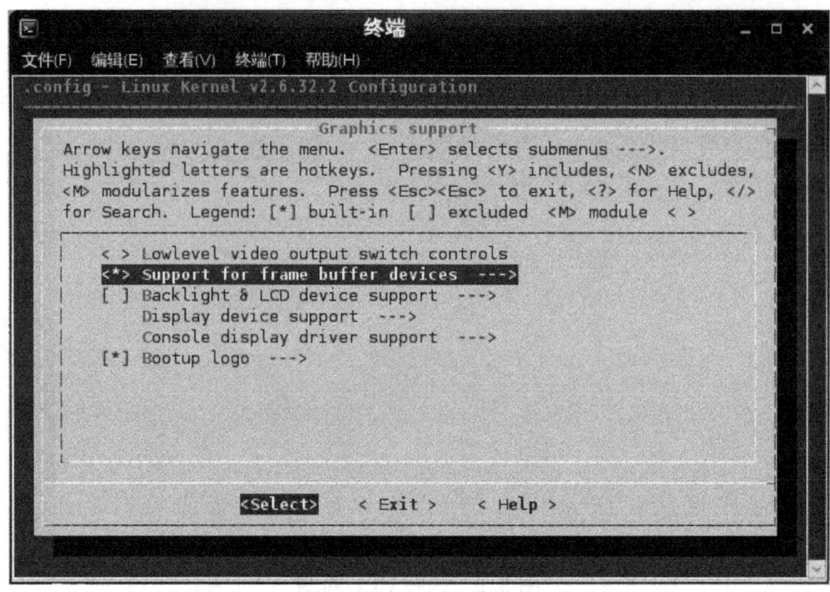


图 9.11　内核 LCD 配置

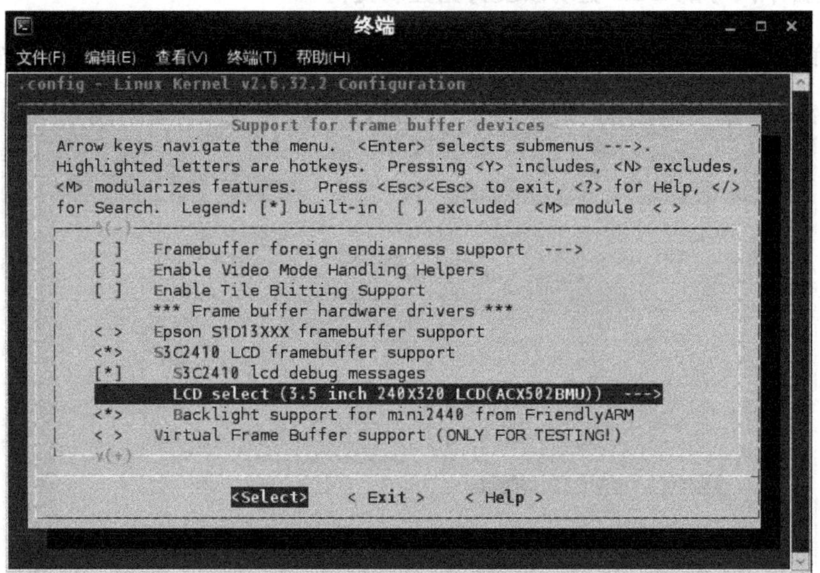


图 9.12　内核 LCD 配置

再选中 LCD select，按回车进入，如图 9.13 所示，可以看到我们加载的默认配置 config_mini2440_x35 在此选择“3.5”LCD(3.5 inch 240x320 LCD(ACX502BMU))，还可以根据需要改为其他型号的 LCD。

选择完毕，一直按照下方的提示返回到 Device Drivers 配置菜单。

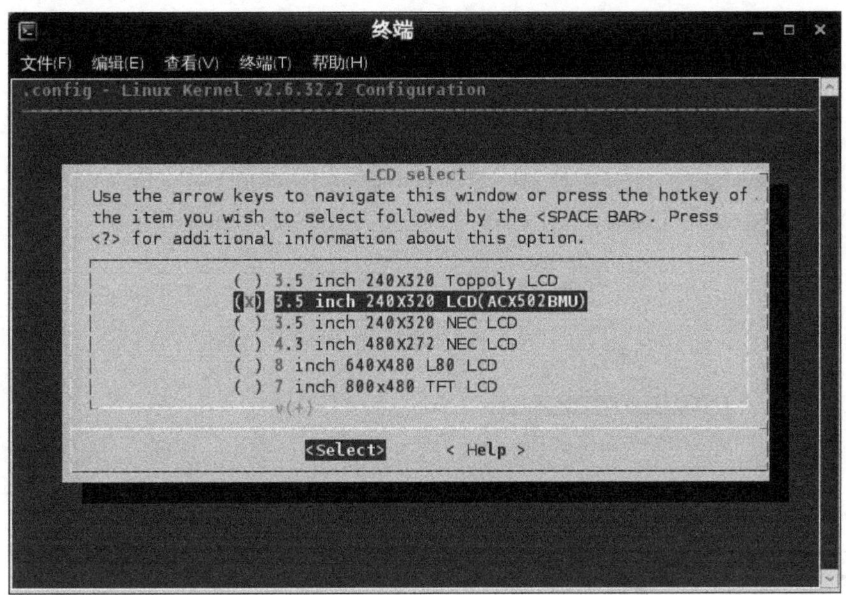


图 9.13　内核 LCD 配置

### 9.3.3　配置触摸屏

在 Device Drivers 菜单里面，选择 Input device support，按回车进入，如图 9.14 所示。

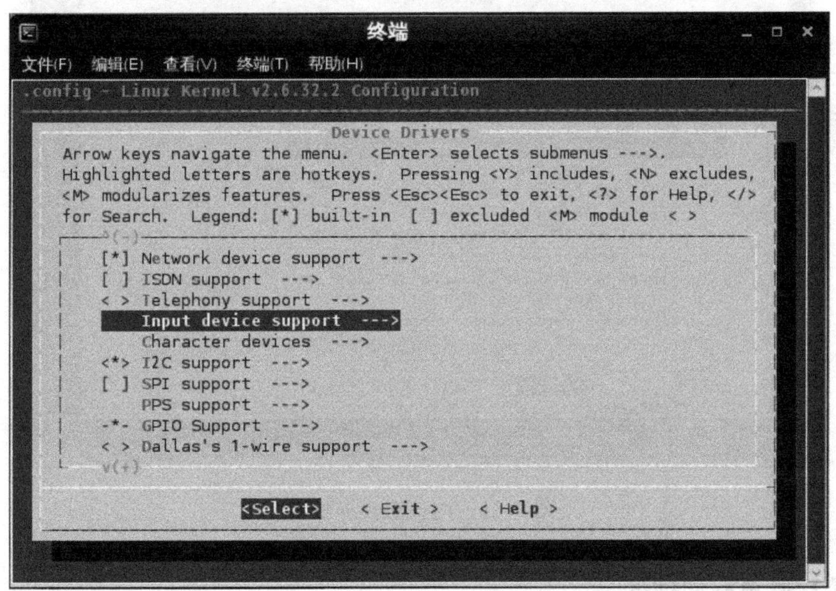


图 9.14　内核触摸屏配置

找到并选择 Touchscreens 选项，按回车进入，如图 9.15 所示。

然后如图 9.16 所示选择。

选择完毕，按〈Exit〉一直返回 Device Drivers 菜单。

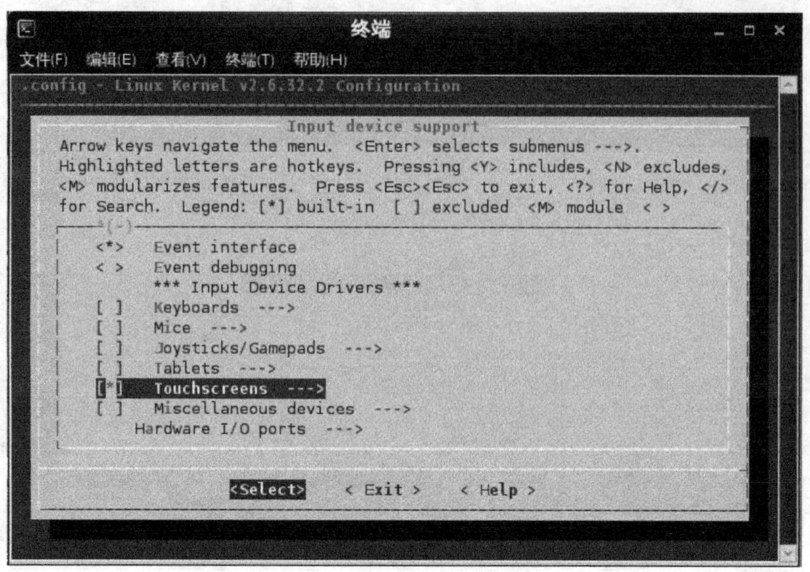


图 9.15　内核触摸屏配置

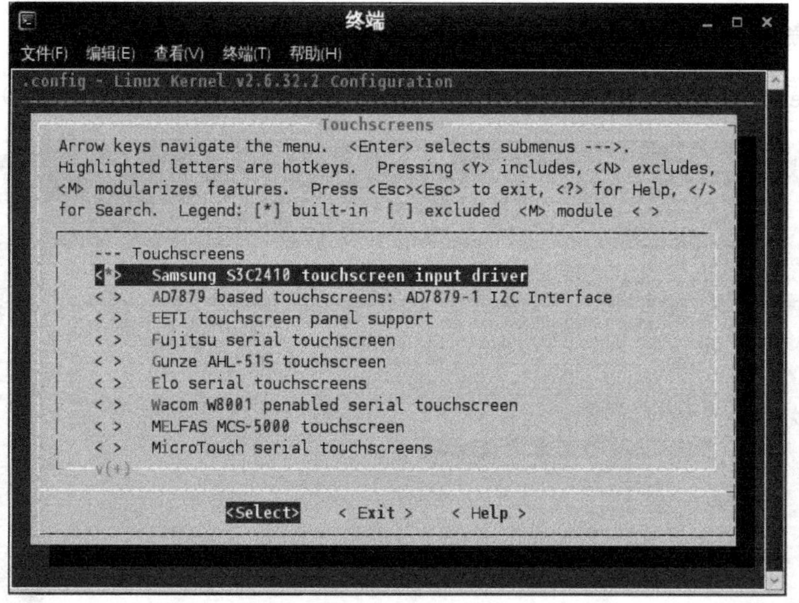


图 9.16　内核触摸屏配置

### 9.3.4　配置 USB 鼠标和键盘

在 Device Drivers 菜单里面，找到如图 9.17 选项，并选择进入。

选择如图 9.18“ * ”号所指示的选项。

这样就选择配置了 USB 键盘和鼠标，然后选择〈Exit〉返回 Deice Drivers 菜单。

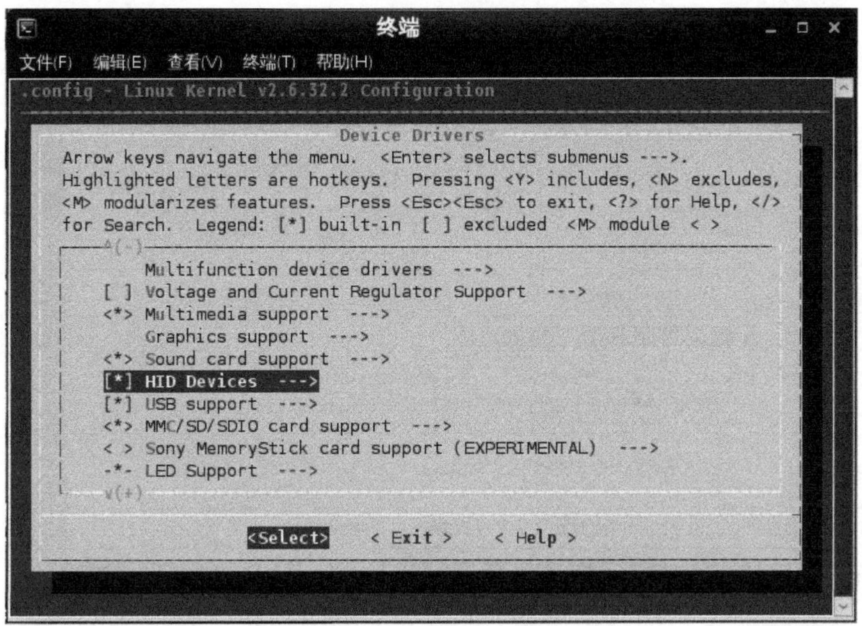


图 9.17　内核 USB 配置

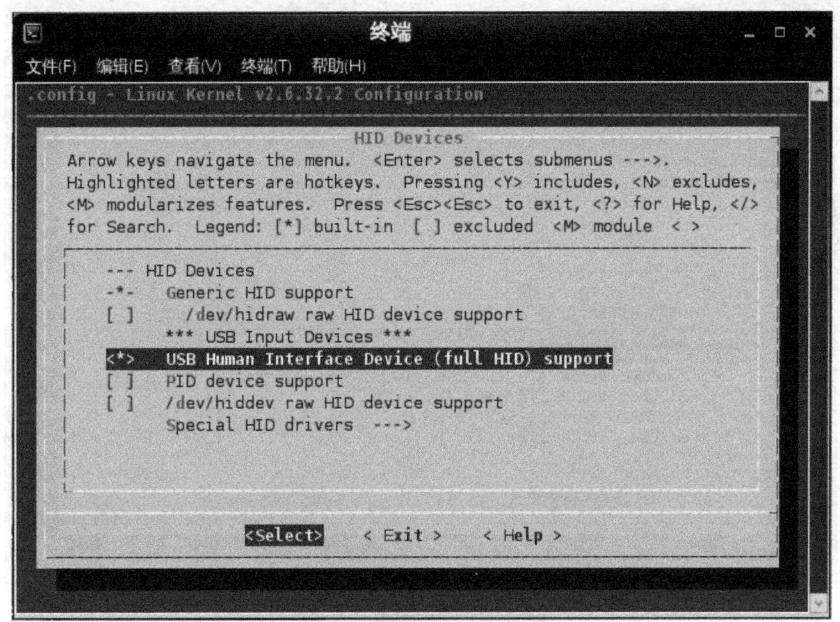


图 9.18　内核 USB 配置

### 9.3.5　配置优盘驱动

因为优盘用到了 SCSI 命令，所以我们先增加 SCSI 支持。在 Device Drivers 菜单里面，选择 SCSI device support，按回车进入，如图 9.19 所示。

在出现的次菜单中，选择如图 9.20 所示。

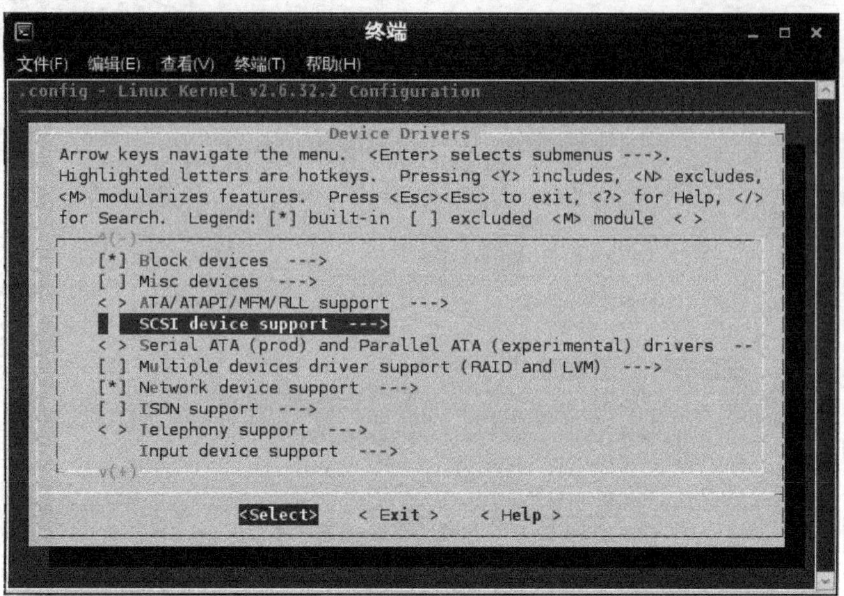


图 9.19　内核优盘配置

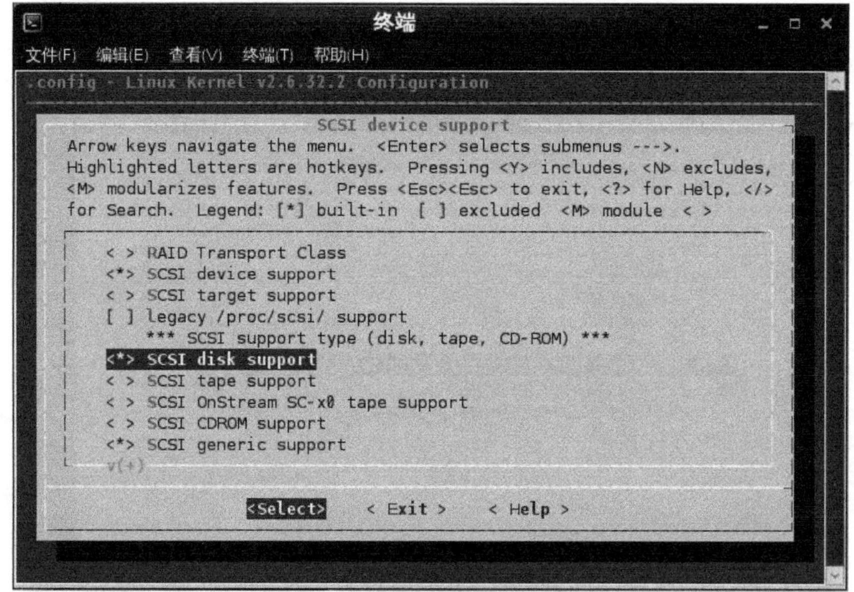


图 9.20　内核优盘配置

返回 Device Drivers 菜单，再选择 USB support，按回车进入 USB support 菜单找到并选中〈 * 〉USB Mass Storage support，如图 9.21 所示。

然后选择〈Exit〉返回 Device Drivers 菜单。

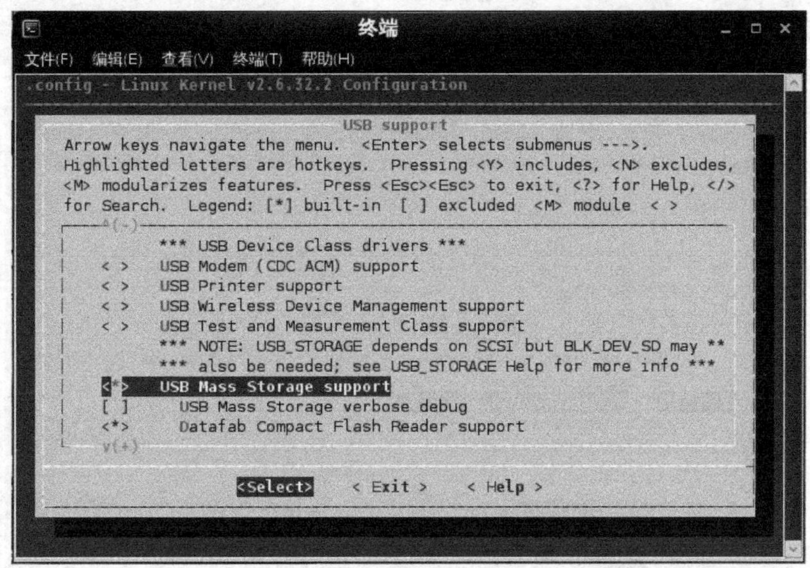


图 9.21　内核优盘配置

### 9.3.6　配置 USB 摄像头万能驱动

在 Device Drivers 菜单里面，选择 Multimedia devices，回车进入，如图 9.22 所示。

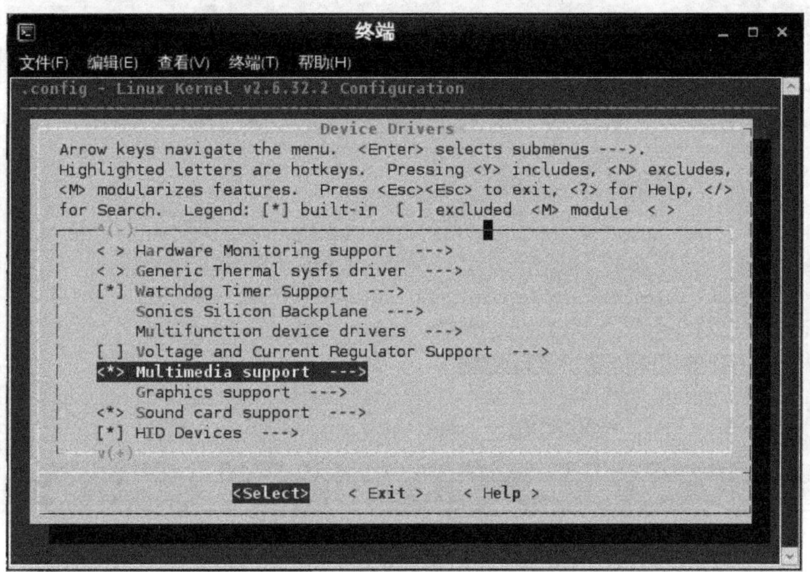


图 9.22　内核摄像头配置

选择如图 9.23 所示“ * ”号选项，并选择 Video capture adapters 进入。

出现如图 9.24 所示菜单，找到选项并进入。

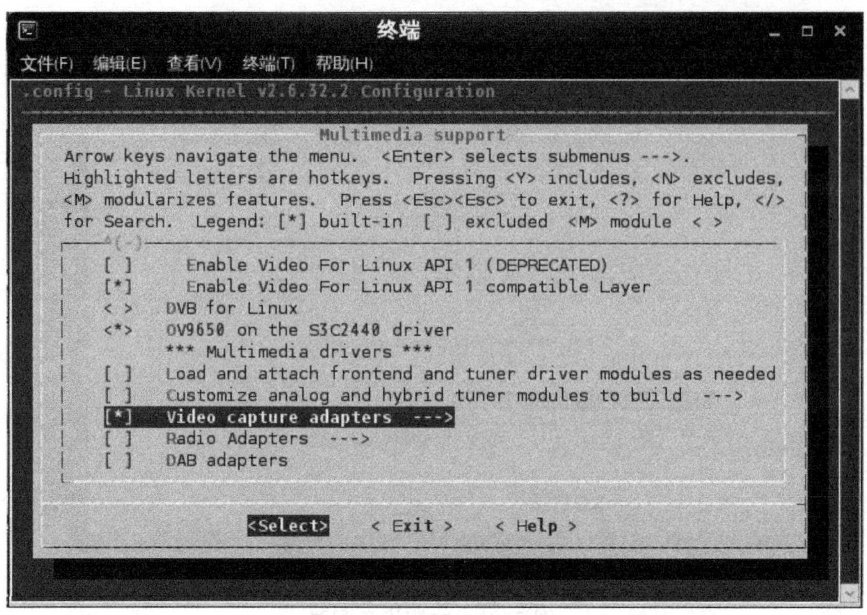


图 9.23　内核摄像头配置

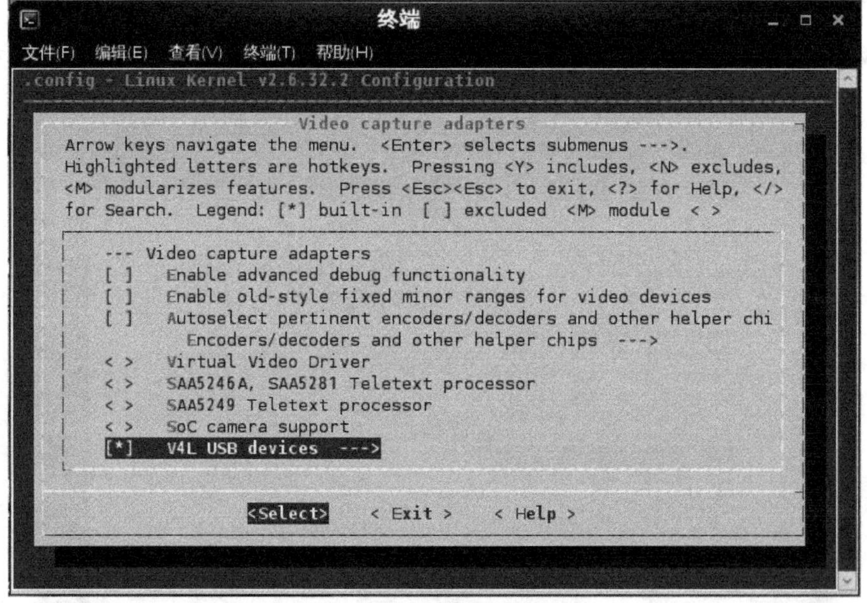


图 9.24　内核摄像头配置

出现如图 9.25 所示菜单，选择“ * ”号选项，再选 GSPCA based webcams 进入。

GSPCA 是一个法国程序员在业余时间制作的一个万能 USB 摄像头驱动程序，在此你可以选择所有类型 USB 摄像头的支持，图 9.26 中需要注意的是虽然这里选择了众多型号的摄像头驱动，但每个型号的 Video 输出格式并不完全相同，这需要在高层应用中根据实际情况分别做处理，才能正常使用这些驱动。

一直选择〈Exit〉返回 Device Drivers 菜单，再选择〈Exit〉返回到主菜单。

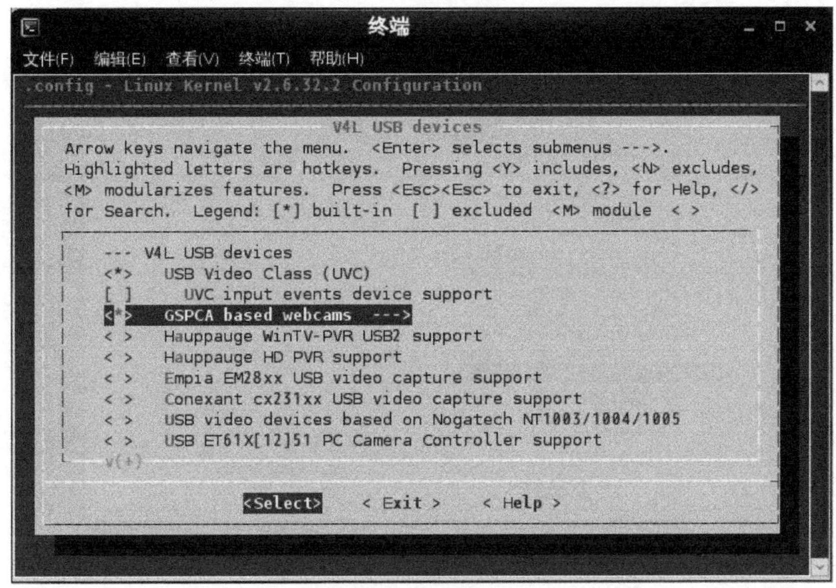


图 9.25　内核摄像头配置

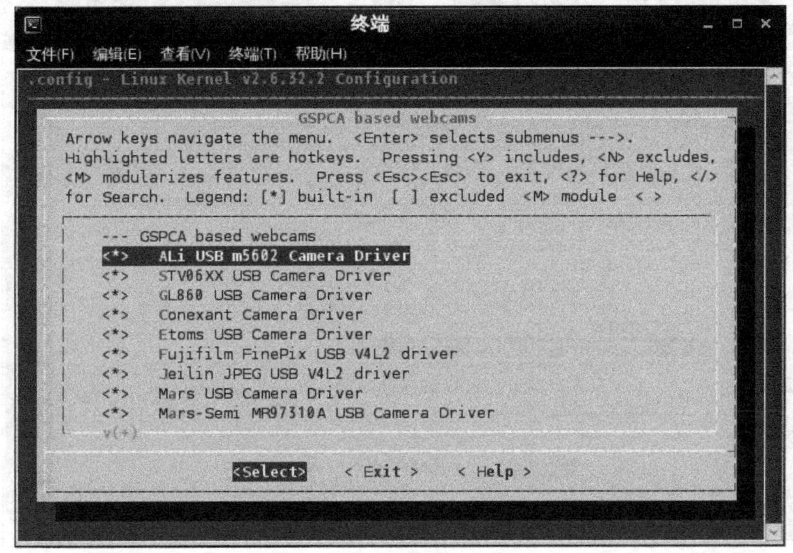


图 9.26　内核摄像头配置

### 9.3.7　配置 CMOS 摄像头驱动

本开发板配用的 CMOS 摄像头模块 CAM130，其内部使用的 OV9650 芯片，因此我们需要为此配置驱动程序，步骤如下。

在 Device Drivers 菜单里面，选择 Multimedia support，回车进入，如图 9.27 所示。

选择如图“ * ”号选项，并选择 Video capture adapters 进入，找到 OV9650 芯片驱动并选中它，如图 9.28 所示。

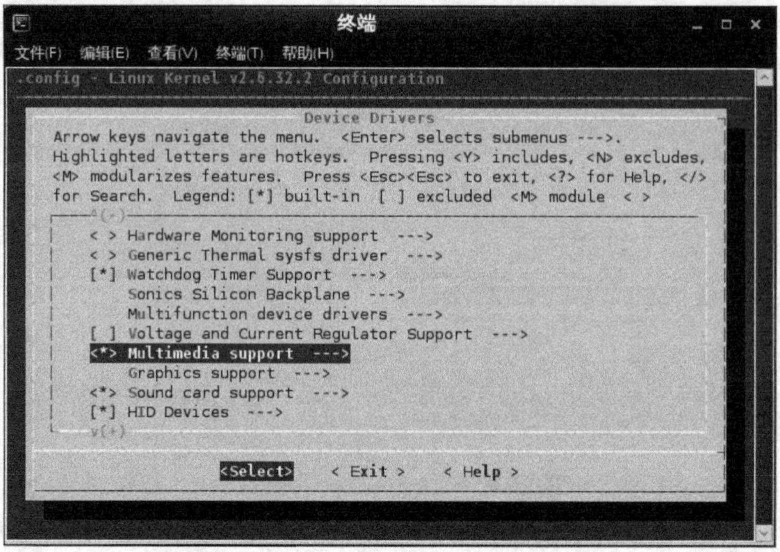

```
终端
文件(F) 编辑(E) 查看(V) 终端(T) 帮助(H)
.config - Linux Kernel v2.6.32.2 Configuration
                    Device Drivers
 Arrow keys navigate the menu.  <Enter> selects submenus --->.
 Highlighted letters are hotkeys.  Pressing <Y> includes, <N> excludes,
 <M> modularizes features.  Press <Esc><Esc> to exit, <?> for Help, </>
 for Search.  Legend: [*] built-in  [ ] excluded  <M> module  < >
    ^(-)
    < > Hardware Monitoring support  --->
    < > Generic Thermal sysfs driver  --->
    [*] Watchdog Timer Support  --->
        Sonics Silicon Backplane  --->
        Multifunction device drivers  --->
    [ ] Voltage and Current Regulator Support  --->
    <*> Multimedia support  --->
        Graphics support  --->
    <*> Sound card support  --->
    [*] HID Devices  --->
    v(+)
            <Select>    < Exit >    < Help >
```

图 9.27　内核 CMOS 配置

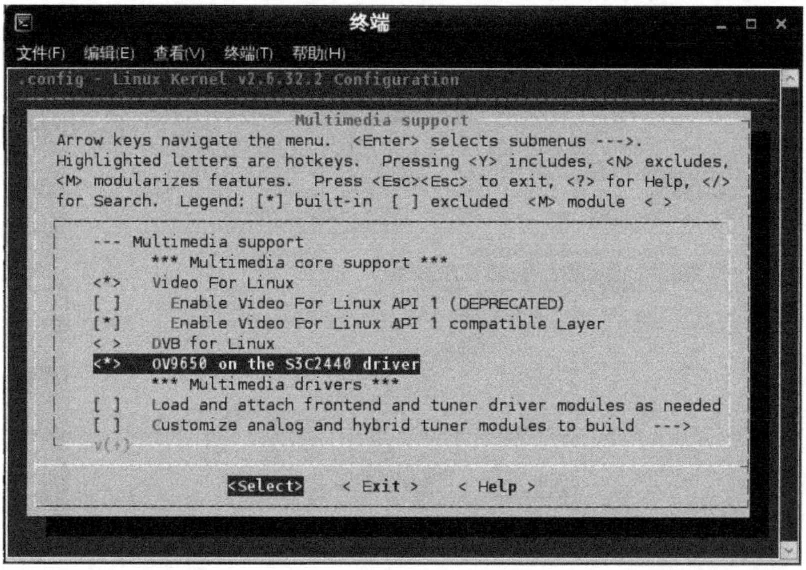

```
终端
文件(F) 编辑(E) 查看(V) 终端(T) 帮助(H)
.config - Linux Kernel v2.6.32.2 Configuration
                    Multimedia support
 Arrow keys navigate the menu.  <Enter> selects submenus --->.
 Highlighted letters are hotkeys.  Pressing <Y> includes, <N> excludes,
 <M> modularizes features.  Press <Esc><Esc> to exit, <?> for Help, </>
 for Search.  Legend: [*] built-in  [ ] excluded  <M> module  < >

    --- Multimedia support
          *** Multimedia core support ***
    <*>   Video For Linux
    [ ]     Enable Video For Linux API 1 (DEPRECATED)
    [*]     Enable Video For Linux API 1 compatible Layer
    < >   DVB for Linux
    <*>   OV9650 on the S3C2440 driver
          *** Multimedia drivers ***
    [ ]   Load and attach frontend and tuner driver modules as needed
    [ ]   Customize analog and hybrid tuner modules to build  --->
    v(+)
            <Select>    < Exit >    < Help >
```

图 9.28　内核 CMOS 配置

这里为 CAM130 模块设计的驱动程序，既不属于 VL4 体系，也不属于 V4L2 体系，它就是一个简单的字符设备，这样做是为了方便移植。

### 9.3.8　配置网卡驱动

要配置网卡驱动，首先要配置网络协议支持。在主菜单中，选择 Netwoking support，回车进入，如图 9.29 所示。

出现如图 9.30 所示子菜单，选择 Networking options 并进入。

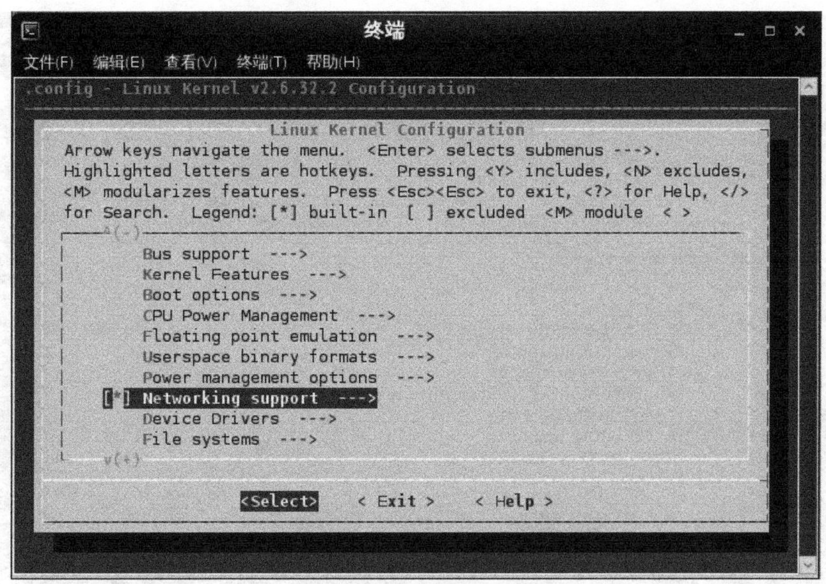


图 9.29　内核网卡配置

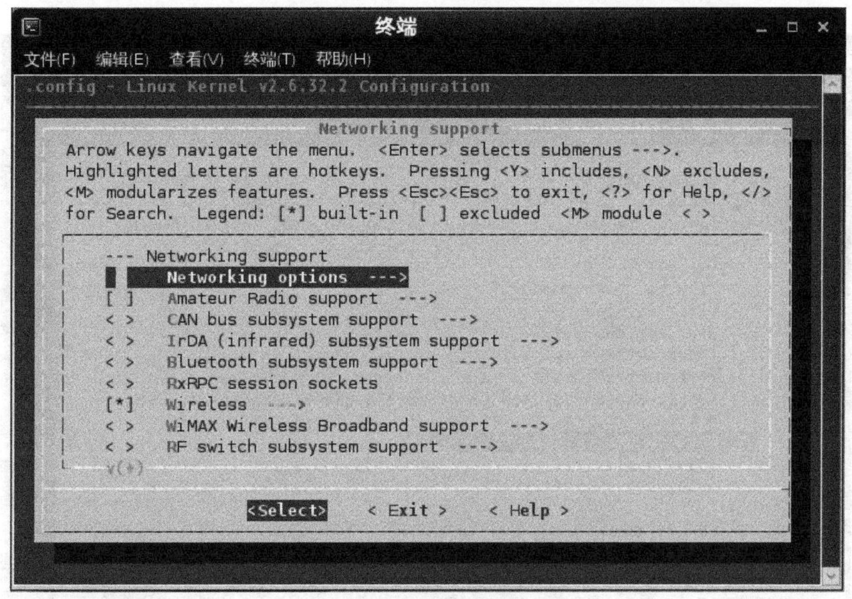


图 9.30　内核网卡配置

一般选择 TCP/IP 协议就够了，但推荐使用缺省配置的几个选项，如图 9.31 所示。

选择完毕，一直退回到主菜单，并选择进入 Device Drivers 菜单。

找到 Network device support，选择进入，如图 9.32 所示。

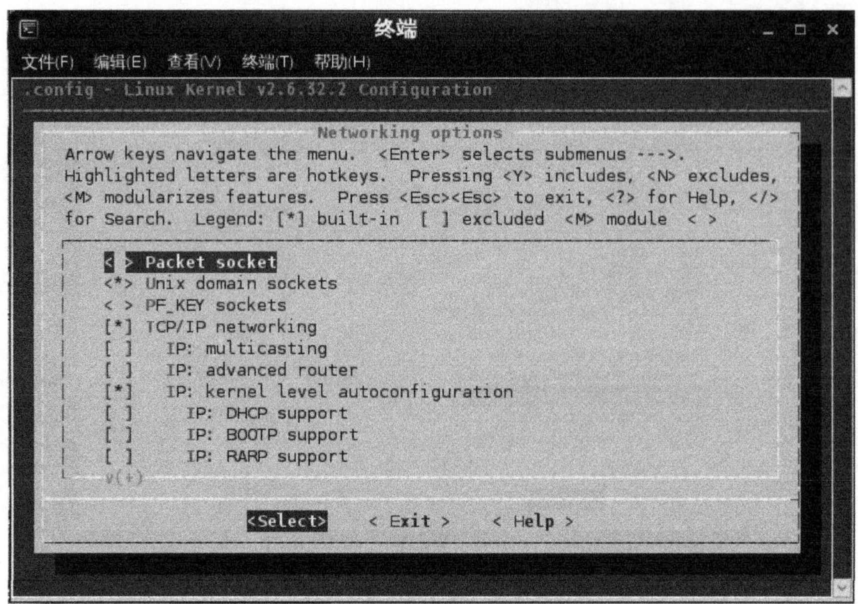


图 9.31　内核网卡配置

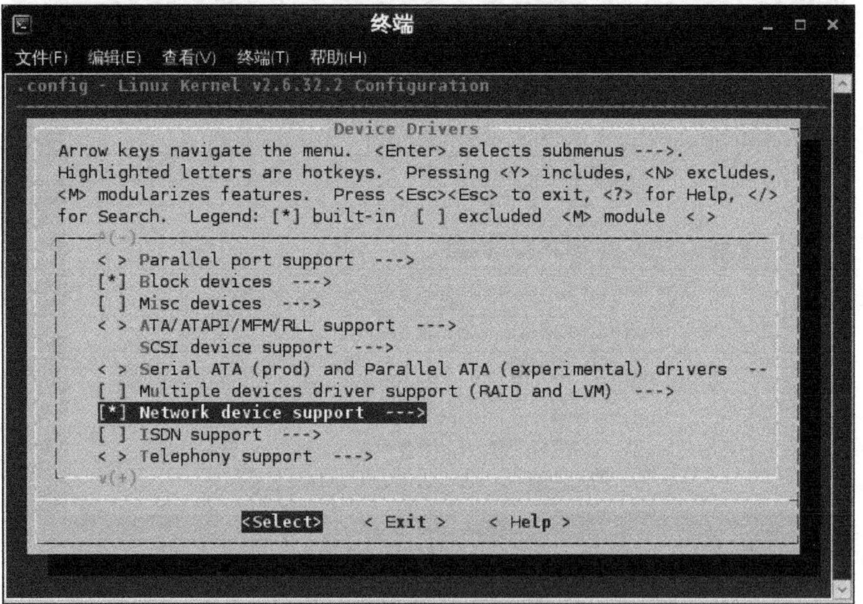


图 9.32　内核网卡配置

找到并进入 Ethernet(10 or 100Mbit)选项，如图 9.33 所示。

在图 9.34 中，选中：

〈*〉Generic Media Independent Interface device support

〈*〉DM9000 support

选择〈Exit〉一直返回到 Device Drivers 菜单。

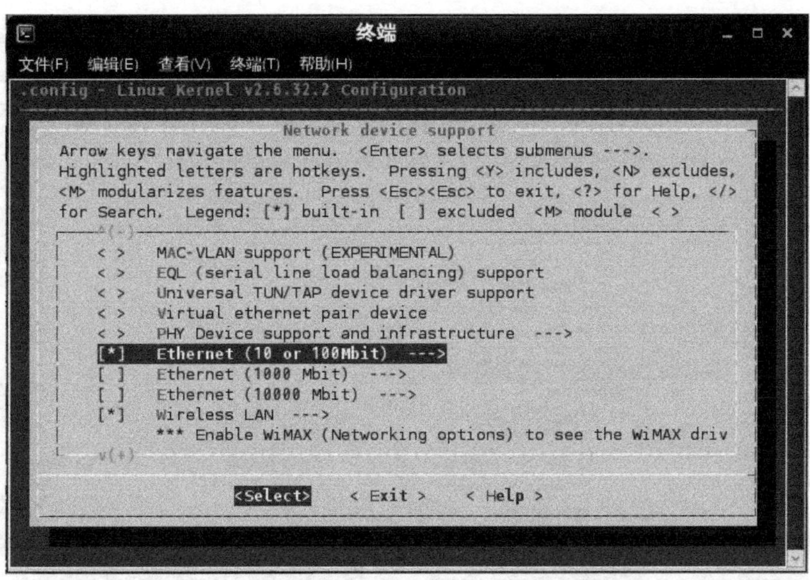


图 9.33　内核网卡配置

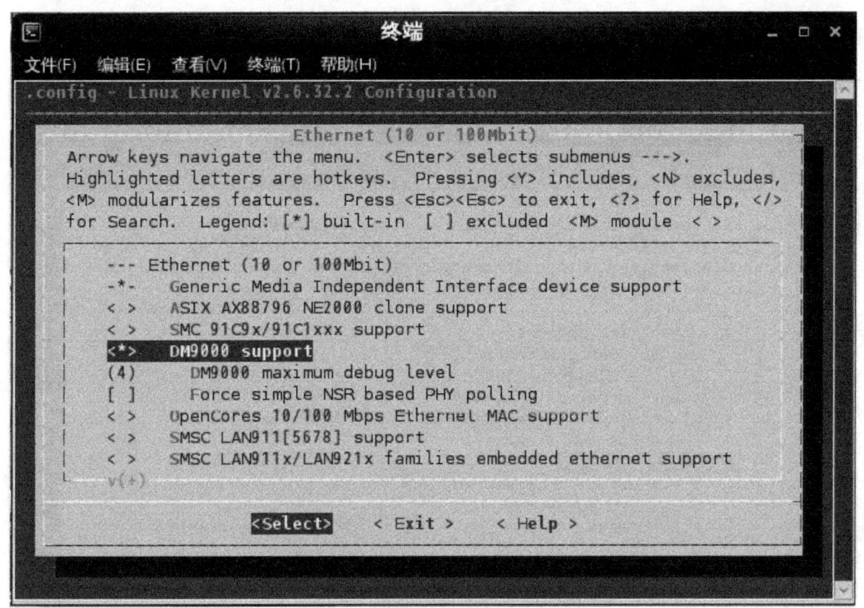


图 9.34　内核网卡配置

### 9.3.9　配置 USB 无线网卡驱动

本开发板采用 Linux-2.6.32.2 内核，它已经包含了多种型号的 USB 无线网卡驱动，在我们提供的缺省配置中，也已经包含了大部分常见的网卡型号，如 TP-Link 系列，VIA 系列等，下面是它的驱动配置说明。

在主菜单中，选择 Netwoking support，回车进入，如图 9.35 所示。

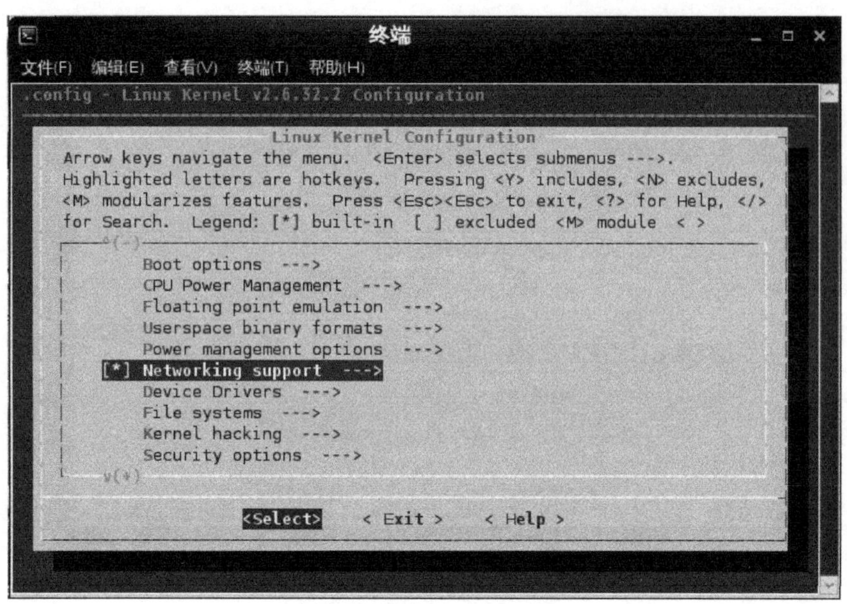


图 9.35 内核 USB 无线网卡配置

出现如图 9.36 子菜单，选择 Wireless 并进入开始配置无线网络协议。

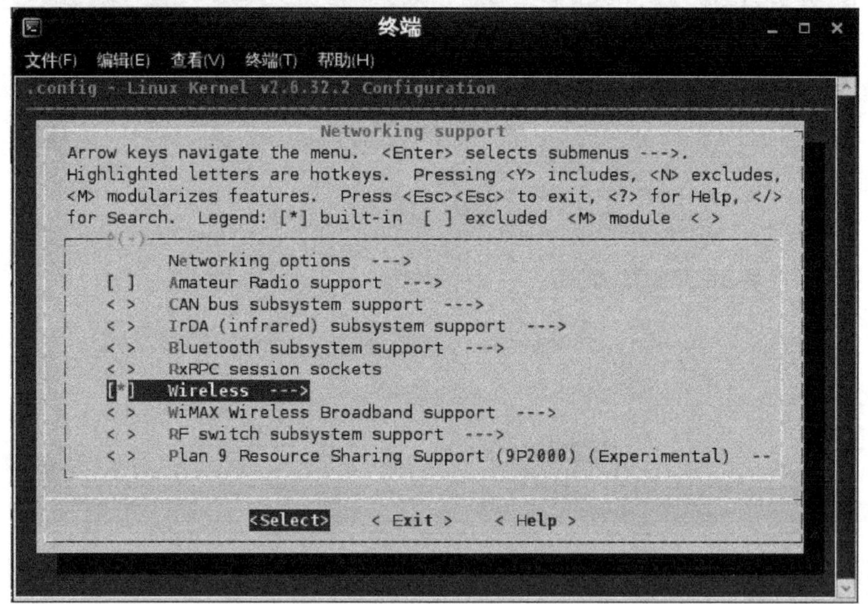


图 9.36 内核 USB 无线网卡配置

选择图 9.37 中 * 各项配置。

退回到内核配置主菜单，选择 Device Drivers 并进入，开始配置无线网卡驱动，如图 9.38 所示。

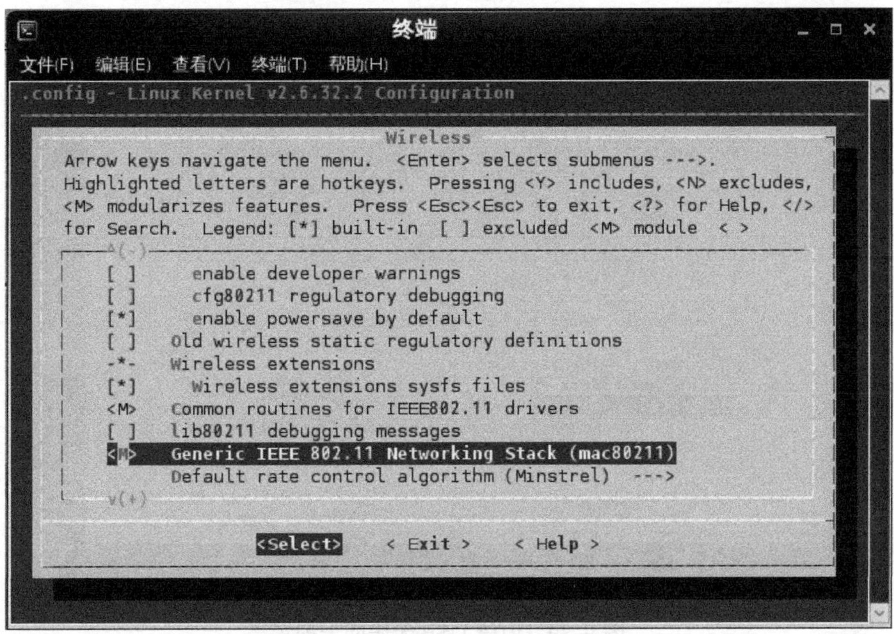


图 9.37　内核 USB 无线网卡配置

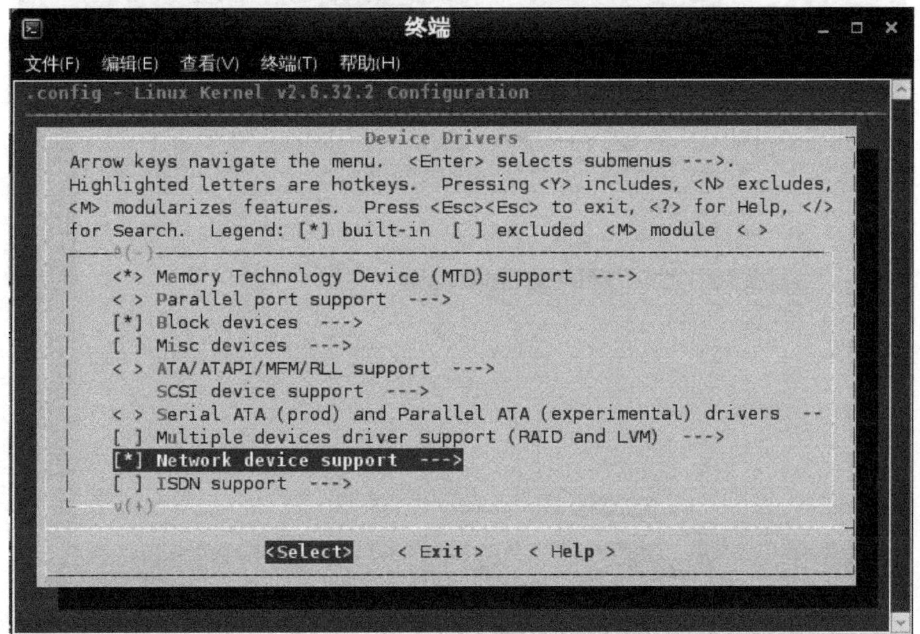


图 9.38　内核 USB 无线网卡配置

进入网络设备子菜单，找到图 9.39 所示的无线网络设备子项，并进入。

再选择图 9.40 中的 Wireless LAN(IEEE 802.11)子项，并进入。

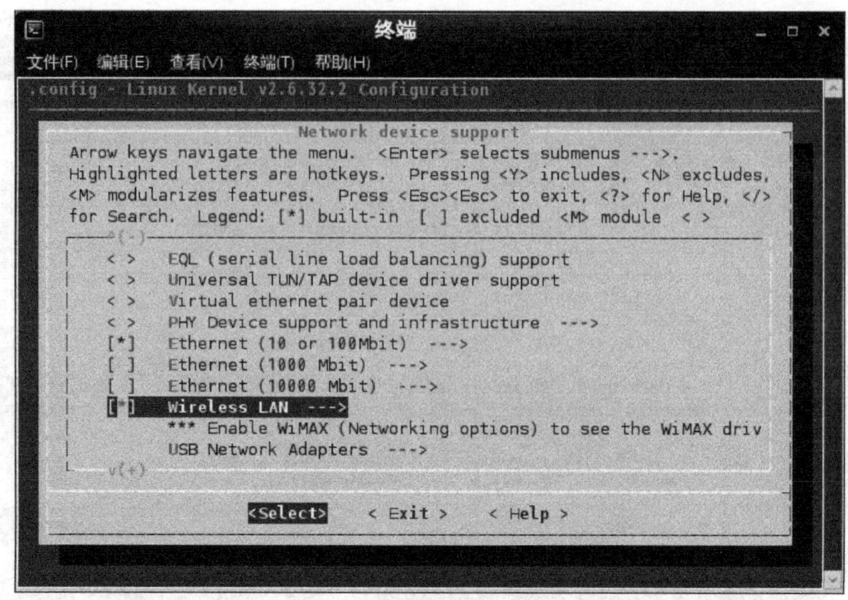


图 9.39 内核 USB 无线网卡配置

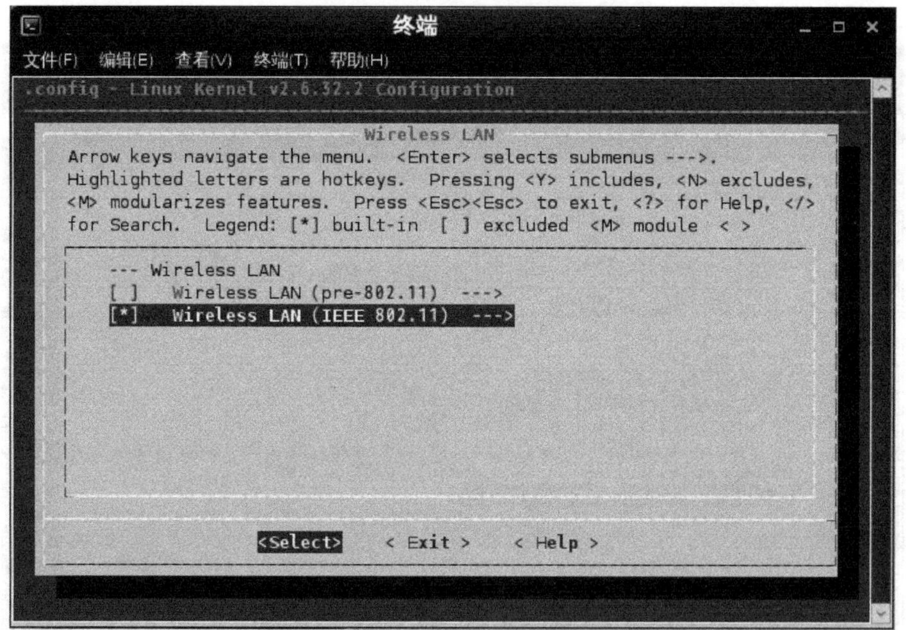


图 9.40 内核 USB 无线网卡配置

可以看到已经配置了以芯片厂商为分类方式的常见各种 USB 无线网卡类型，图 9.41 和图 9.42 为 Ralink 公司芯片方案的 USB 无线网卡驱动支持。

选择〈Exit〉一直返回到 Device Drivers 菜单。

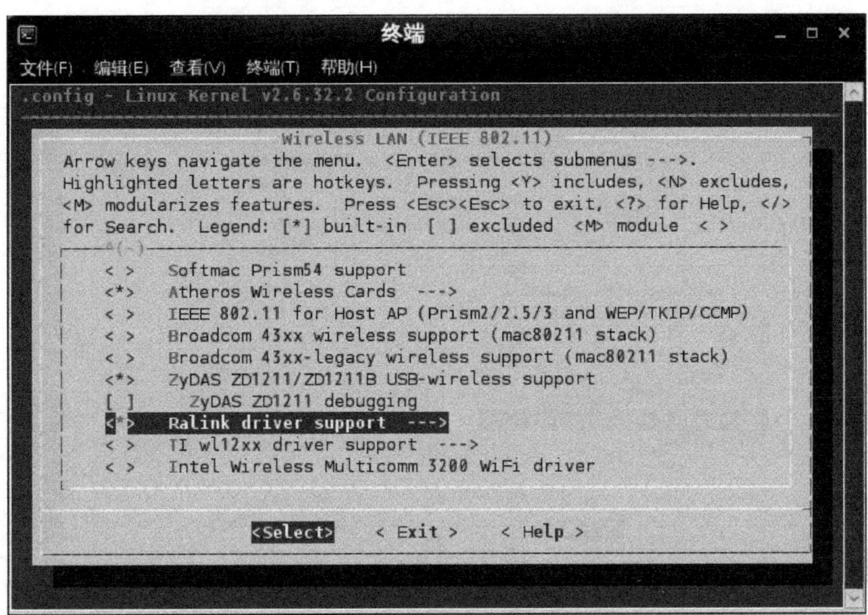


图 9.41　内核 USB 无线网卡配置

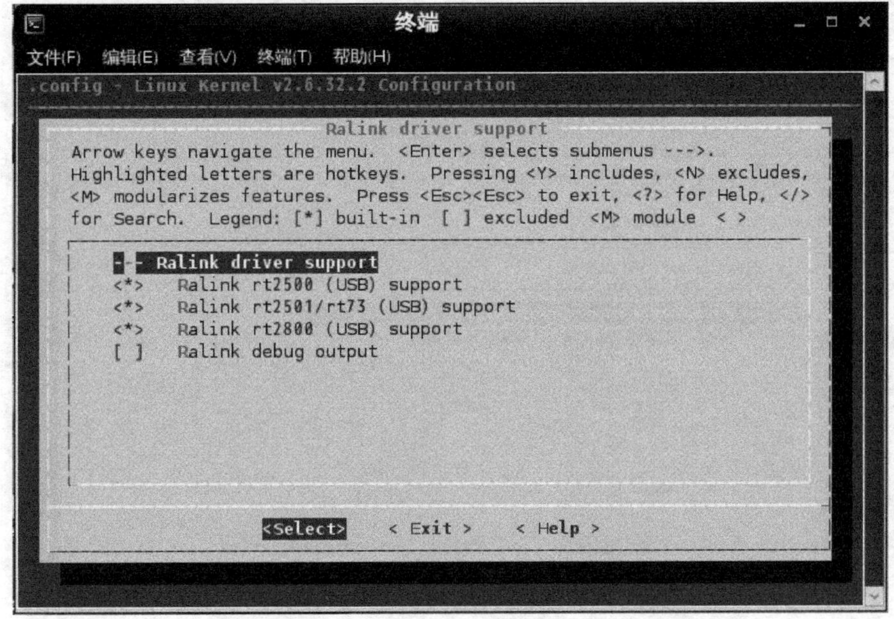


图 9.42　内核 USB 无线网卡配置

### 9.3.10　配置音频驱动

在 Device Drivers 菜单中，选择 Sound card support，并进入，如图 9.43 所示。

在出现图 9.44 的菜单中，选择 ALSA 接口支持(advanced Linux sound architecture)并进入。

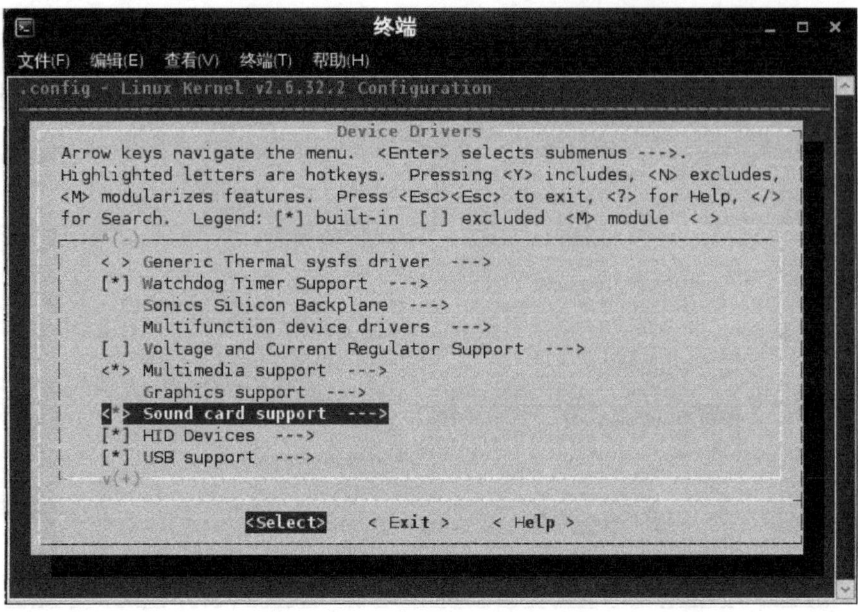


图 9.43 内核音频驱动配置

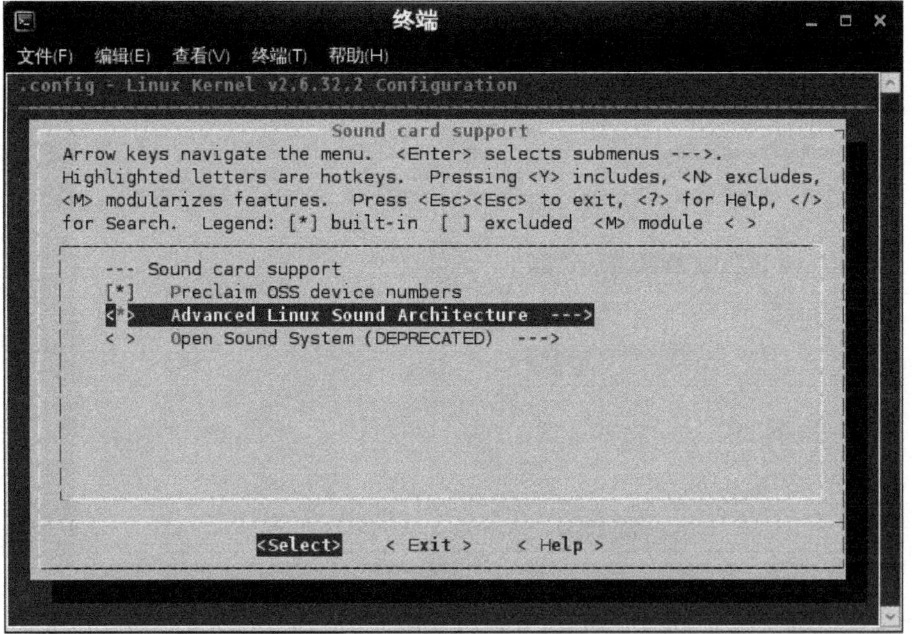


图 9.44 内核音频驱动配置

选择 OSS Mixer API 以增加老式的 OSS API 支持，如图 9.45 所示。

选择 ALSA for Soc audio support，并进入，如图 9.46 所示。

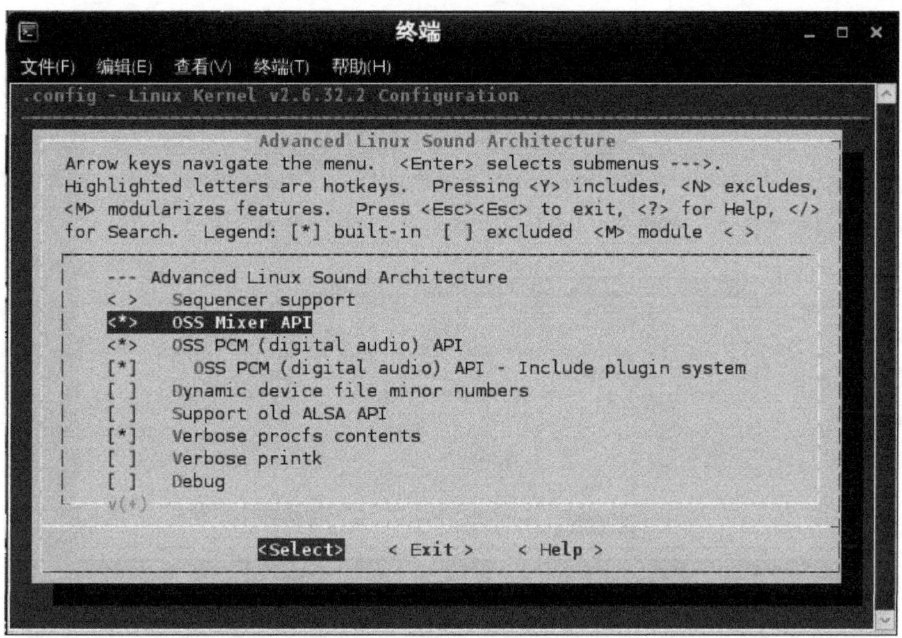


图 9.45 内核音频驱动配置

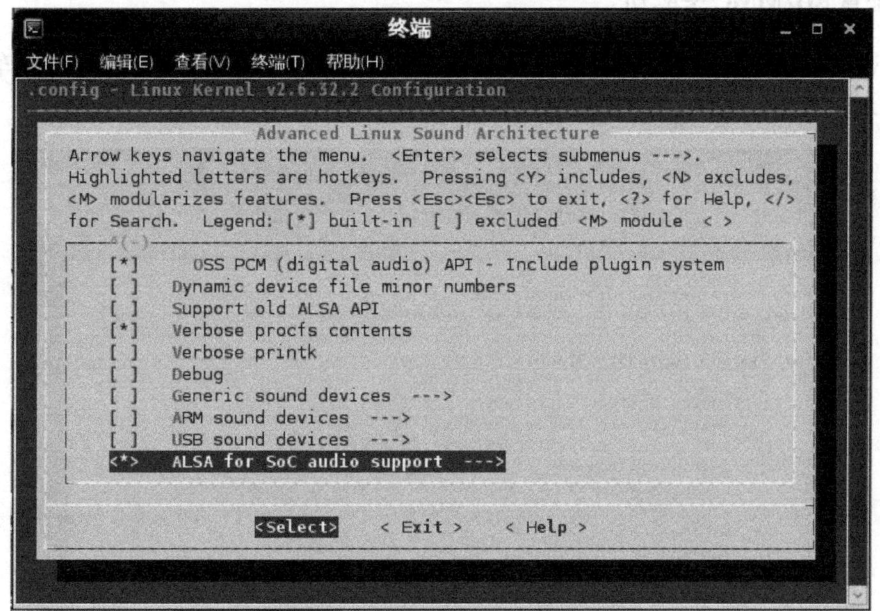


图 9.46 内核音频驱动配置

选择 ALSA 接口驱动支持,如图 9.47 所示。

选择完毕,一直按〈Exit〉返回到 Device Drivers 菜单。

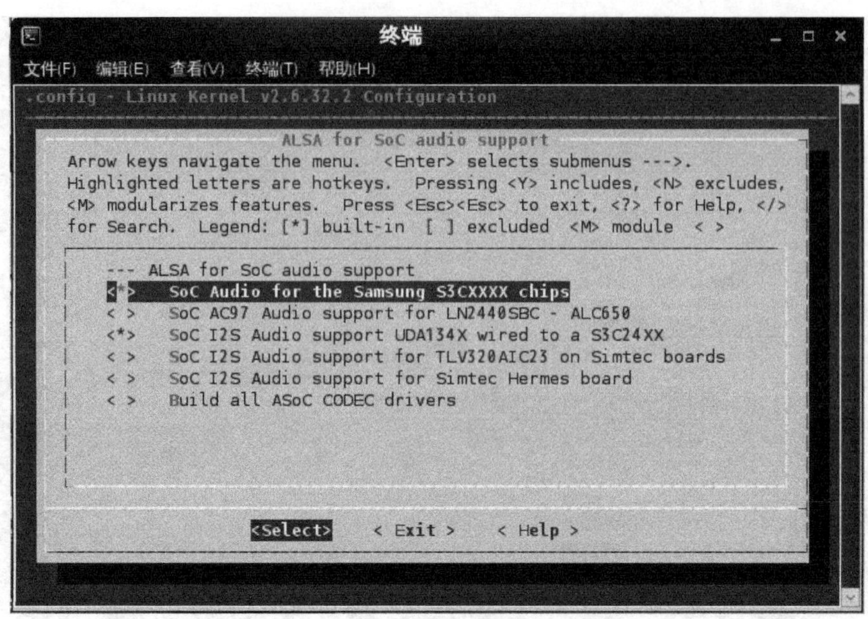


图 9.47 内核音频驱动配置

### 9.3.11 配置 SD/MMC 卡驱动

在 Device Drivers 菜单中，选择 MMC/SD/SDIO card support 选项并按回车进入，如图 9.48 所示。

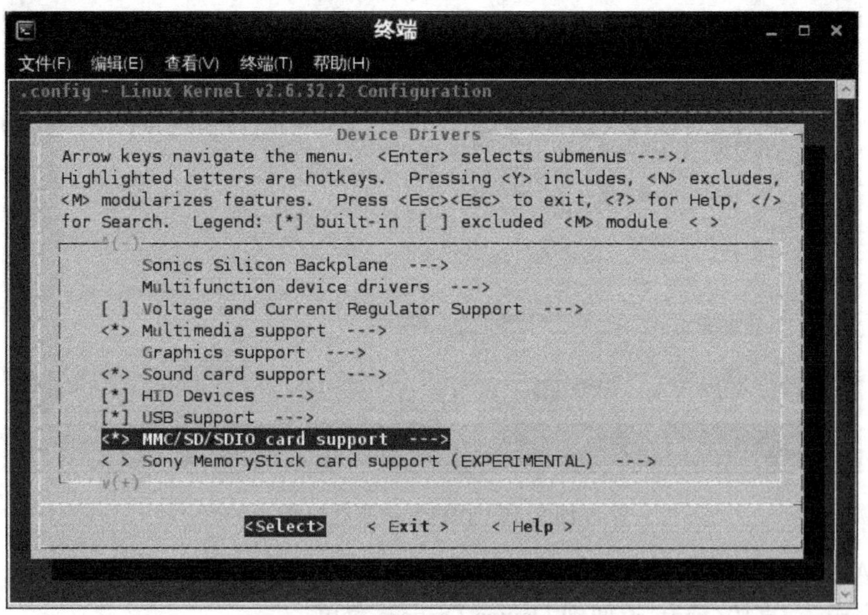


图 9.48 内核 MMC/SD 配置

选择如图 9.49 所示〈 * 〉各项，这样就配置好了 MMC/SD 卡驱动，它可以支持高速大容量 SD 卡，最大可达到 32G。

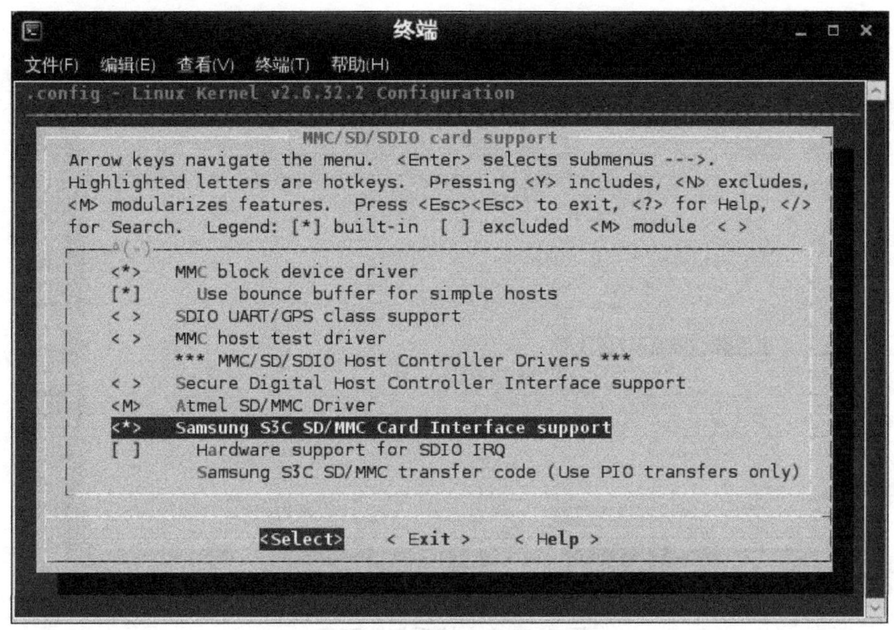


图 9.49　内核 MMC/SD 配置

按〈Exit〉返回到 Device Drivers 菜单。

### 9.3.12　配置看门狗驱动

在 Device Drivers 菜单中，选择 Watchdog Timer Support 选项并按回车进入，如图 9.50 所示。

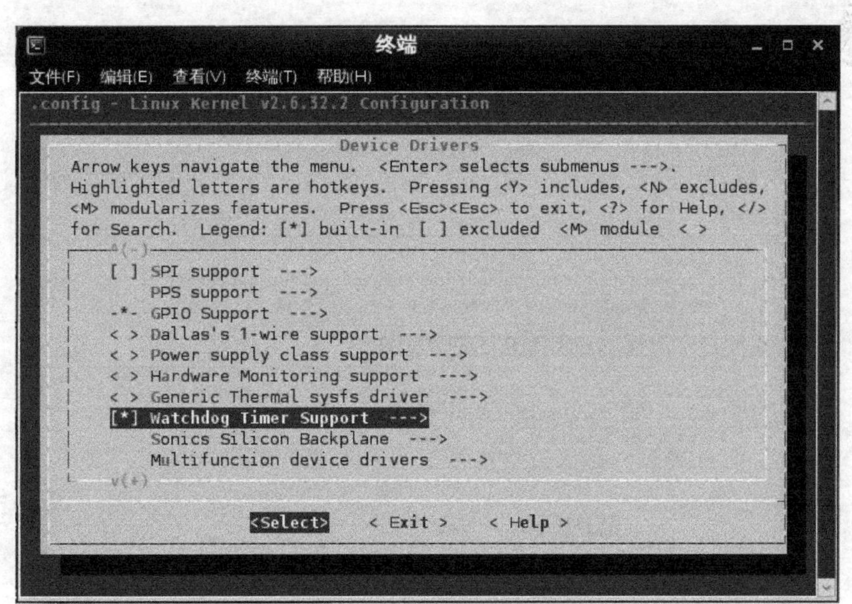


图 9.50　内核看门狗配置

选中图 9.51 所示的看门狗驱动支持。

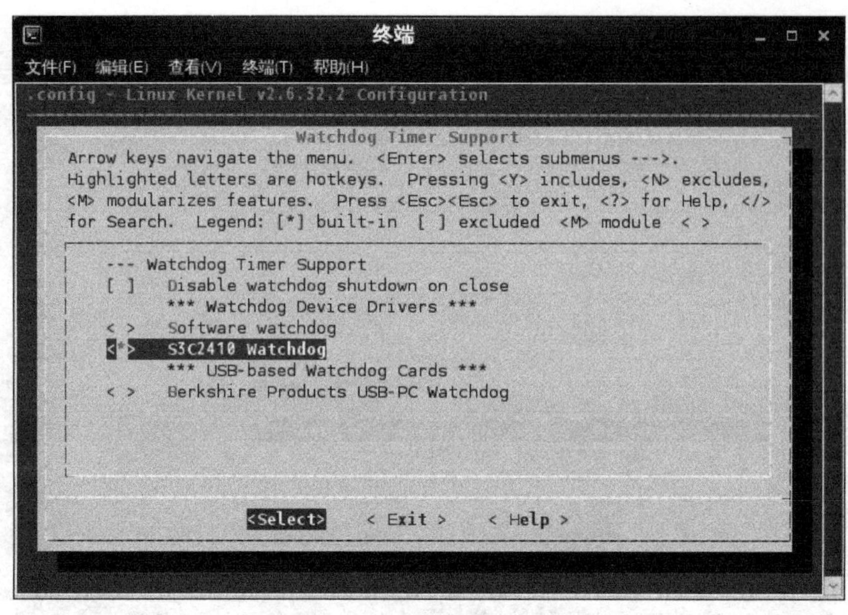


图 9.51 内核看门狗配置

按〈Exit〉返回到 Device Drivers 菜单。

### 9.3.13 配置 LED 驱动

在 Device Drivers 菜单中，选择进入 Character devices，找到并选中 LED 驱动支持，如图 9.52 所示。

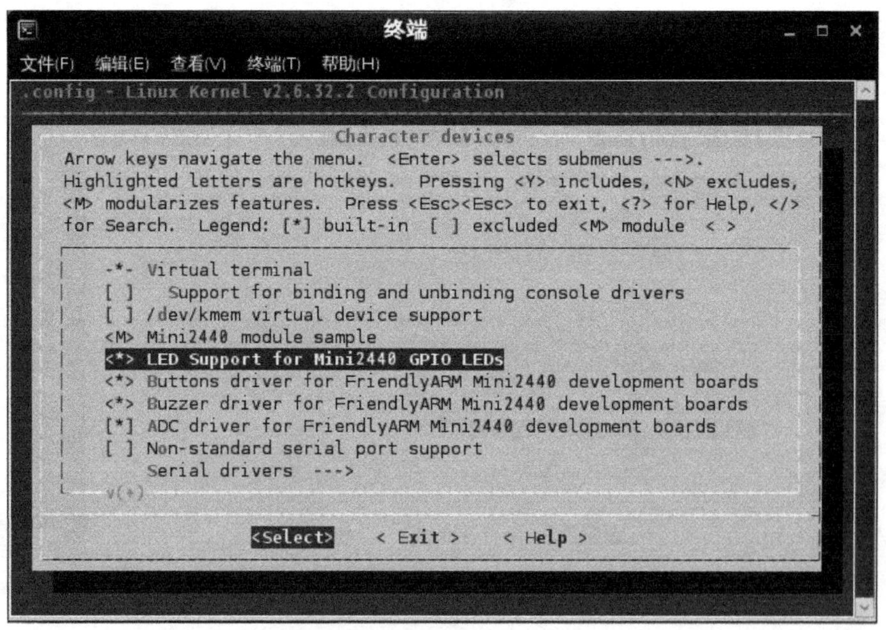


图 9.52 内核 LED 配置

### 9.3.14　配置按键驱动

在 Device Drivers 菜单中，选择进入 Character devices，找到并选中 Buttons 驱动支持，如图 9.53 所示。

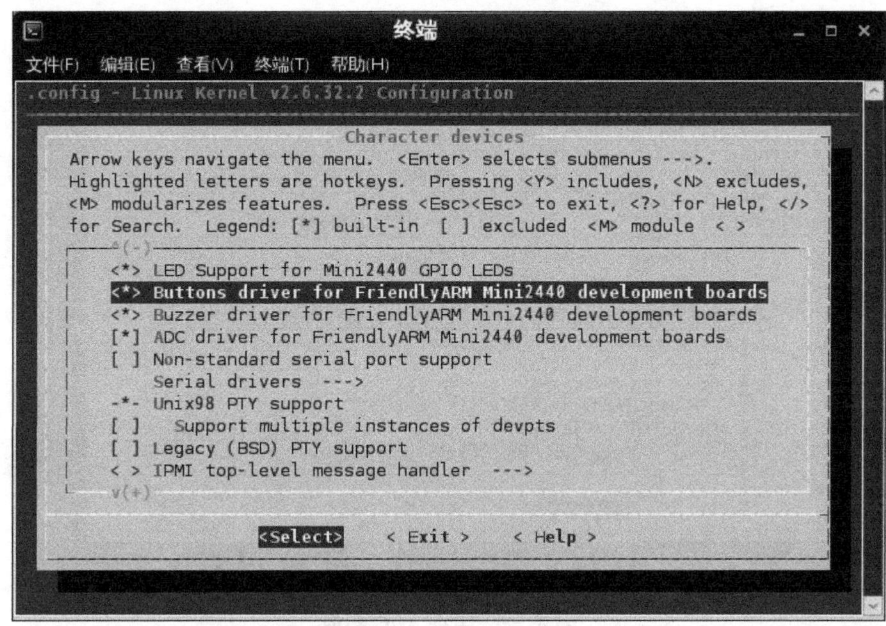


图 9.53　内核按键配置

### 9.3.15　配置 PWM 控制蜂鸣器驱动

在 Device Drivers 菜单中，选择进入 Character devices，找到并选中 buzzer 选项，如图 9.54 所示。

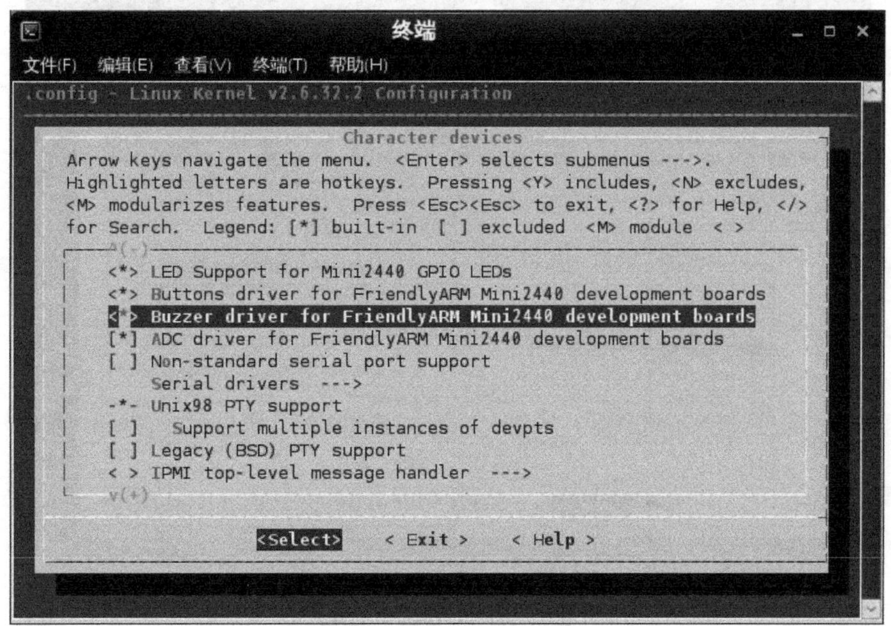


图 9.54　内核 PWM 配置

### 9.3.16 配置 AD 转换驱动

在 Device Drivers 菜单中，选择进入 Character devices，找到并选中 ADC 选项，如图 9.55 所示。

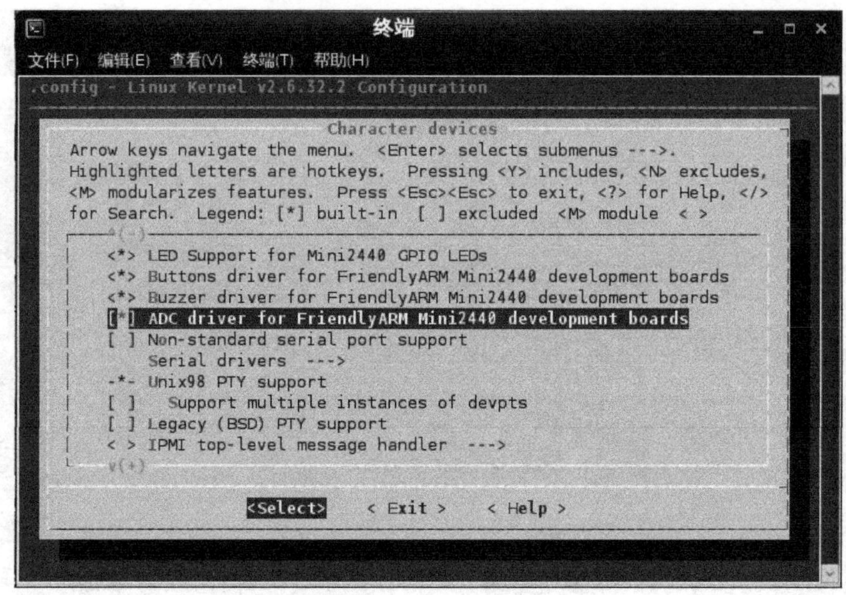


图 9.55 内核 A/D 配置

### 9.3.17 配置串口驱动

在 Device Drivers 菜单中，选择进入 Character devices>Serial drivers>，如图 9.56 所示。

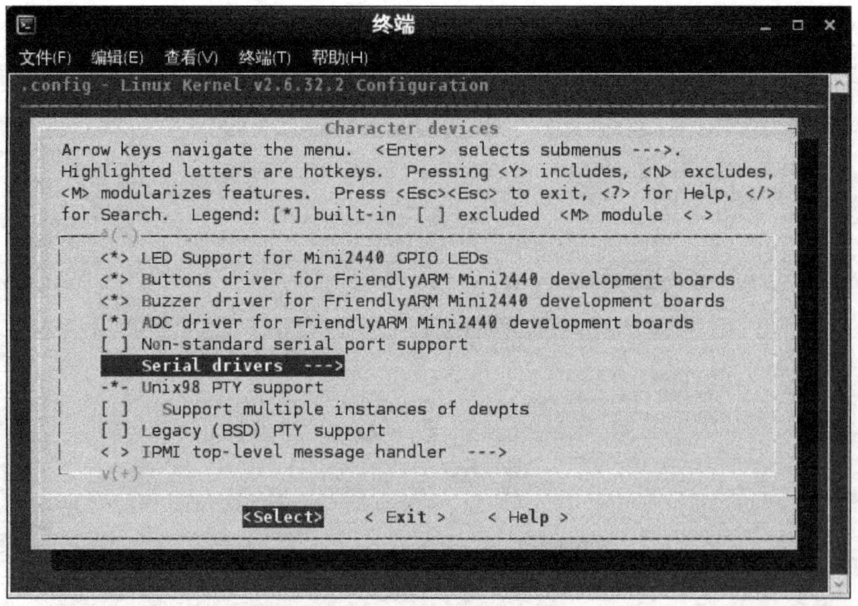


图 9.56 内核串口配置

选择如图 9.57 所示选项，来配置串口驱动。

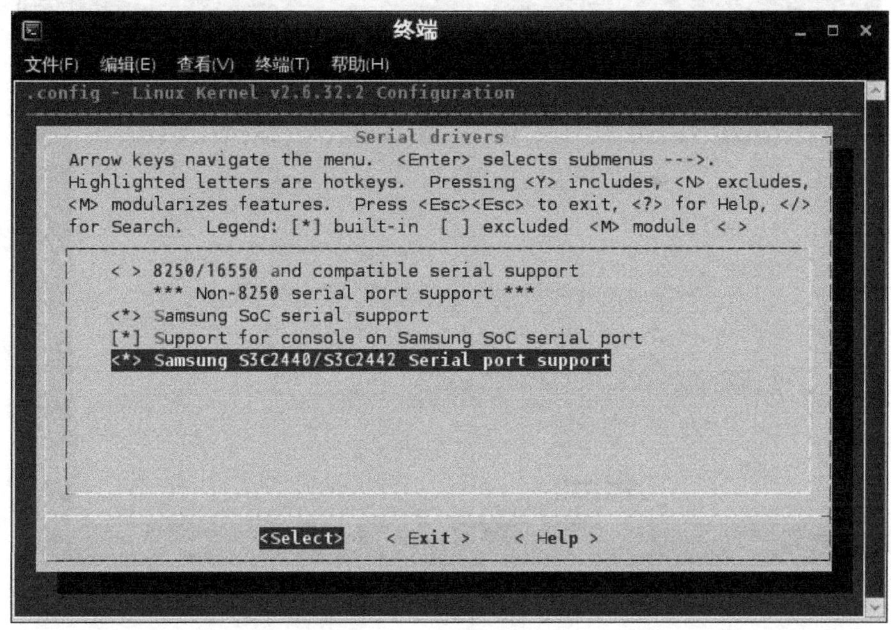


图 9.57　内核串口配置

### 9.3.18　配置 RTC 实时时钟驱动

依然在 Device Drivers 菜单中，选择 Real Time Clock 选项并进入，如图 9.58 和图 9.59 所示。

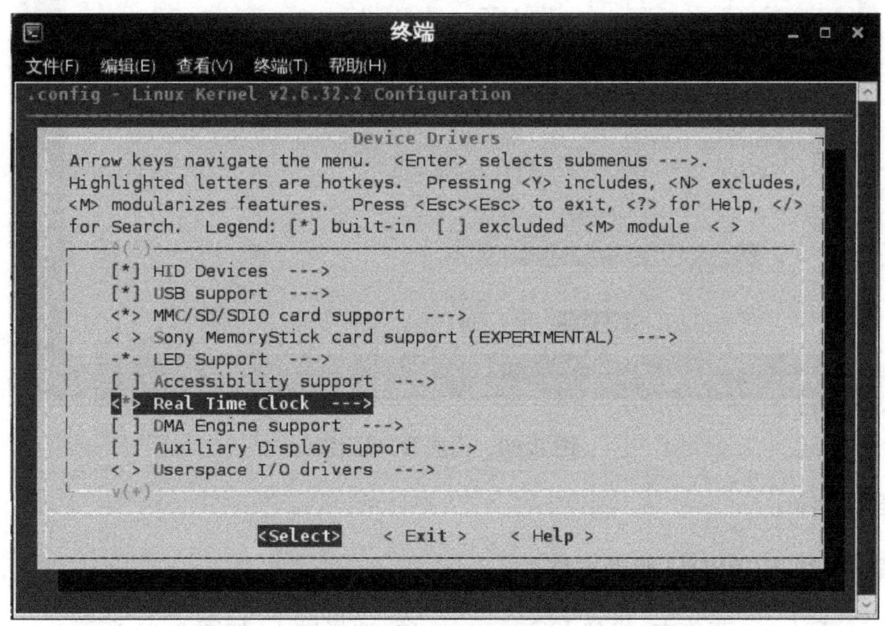


图 9.58　内核 RTC 配置

如图 9.60 所示选择 2440 系统的 RTC 驱动支持。

```
终端
文件(F)  编辑(E)  查看(V)  终端(T)  帮助(H)
.config - Linux Kernel v2.6.32.2 Configuration
                         Real Time Clock
 Arrow keys navigate the menu.  <Enter> selects submenus --->.
 Highlighted letters are hotkeys.  Pressing <Y> includes, <N> excludes,
 <M> modularizes features.  Press <Esc><Esc> to exit, <?> for Help, </>
 for Search.  Legend: [*] built-in  [ ] excluded  <M> module  < >

     --- Real Time Clock
     [*]   Set system time from RTC on startup and resume
     (rtc0)  RTC used to set the system time
     [ ]   RTC debug support
           *** RTC interfaces ***
     [*]   /sys/class/rtc/rtcN (sysfs)
     [*]   /proc/driver/rtc (procfs for rtc0)
     [*]   /dev/rtcN (character devices)
     [ ]     RTC UIE emulation on dev interface
     < >   Test driver/device
     v(+)

             <Select>    < Exit >    < Help >
```

图 9.59　内核 RTC 配置

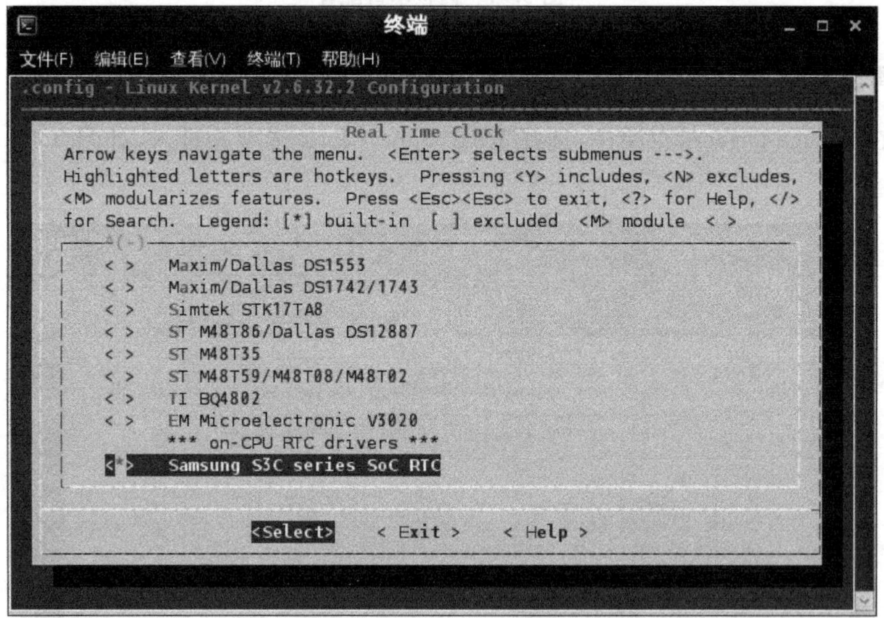


图 9.60　内核 RTC 配置

返回到主菜单。

### 9.3.19　配置 I2C-EEPROM 驱动支持

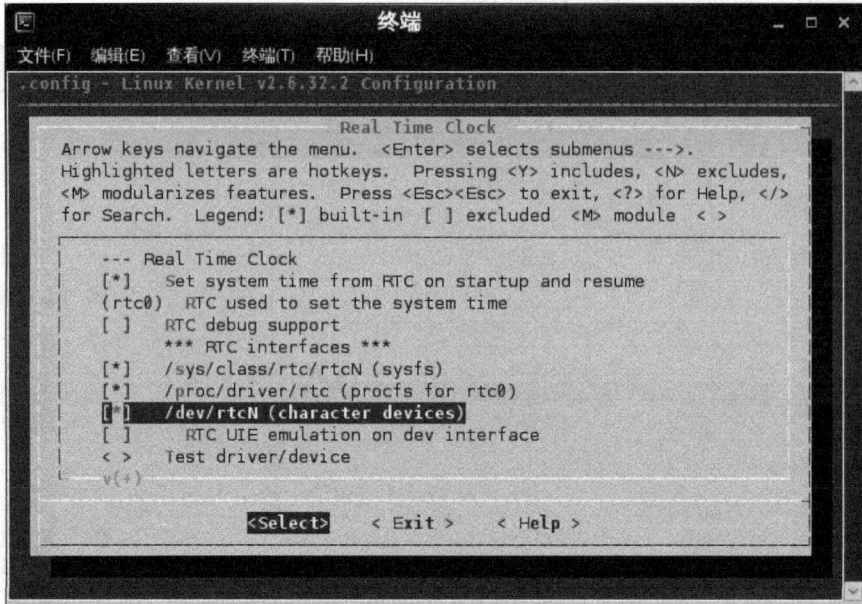

在 Device Drivers 菜单中，找到 I2C support 项，选择进入，如图 9.61 所示。在菜单中再选择如图 9.62 所示，并进入 I2C Hardware Bus support 子项。

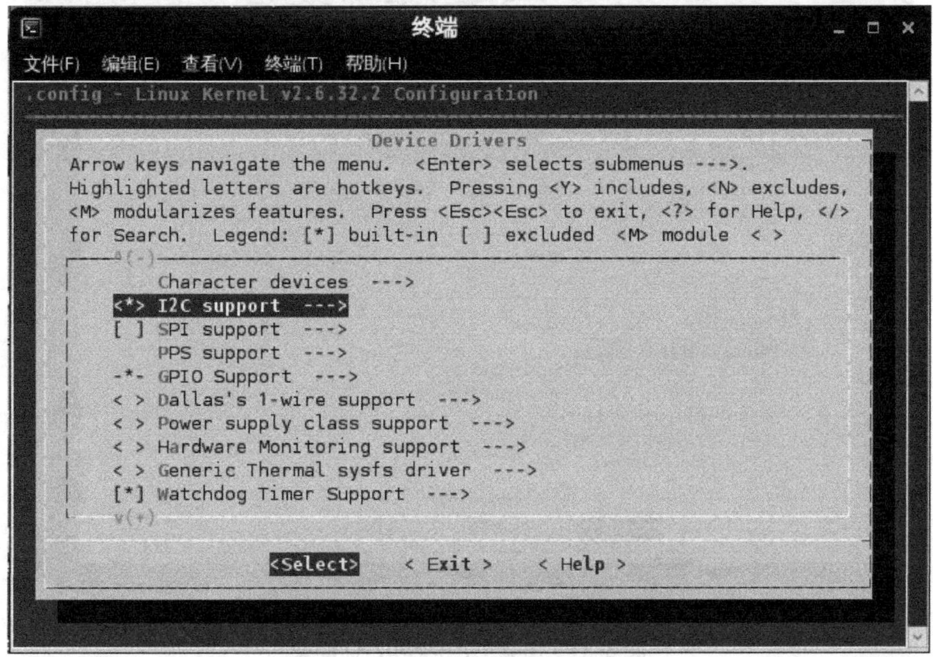


图 9.61　内核 I2C EEPROM 配置

```
终端
文件(F)  编辑(E)  查看(V)  终端(T)  帮助(H)
.config - Linux Kernel v2.6.32.2 Configuration
                          I2C support
 Arrow keys navigate the menu.  <Enter> selects submenus --->.
 Highlighted letters are hotkeys.  Pressing <Y> includes, <N> excludes,
 <M> modularizes features.  Press <Esc><Esc> to exit, <?> for Help, </>
 for Search.  Legend: [*] built-in  [ ] excluded  <M> module  < >
     [ ]   Enable compatibility bits for old user-space
     <*>   I2C device interface
     [ ]   Autoselect pertinent helper modules
             I2C Algorithms  --->
           I2C Hardware Bus support  --->
           Miscellaneous I2C Chip support  --->
     [ ]   I2C Core debugging messages
     [ ]   I2C Algorithm debugging messages
     [ ]   I2C Bus debugging messages
     [ ]   I2C Chip debugging messages
              <Select>    < Exit >    < Help >
```

图 9.62　内核 I2C EEPROM 配置

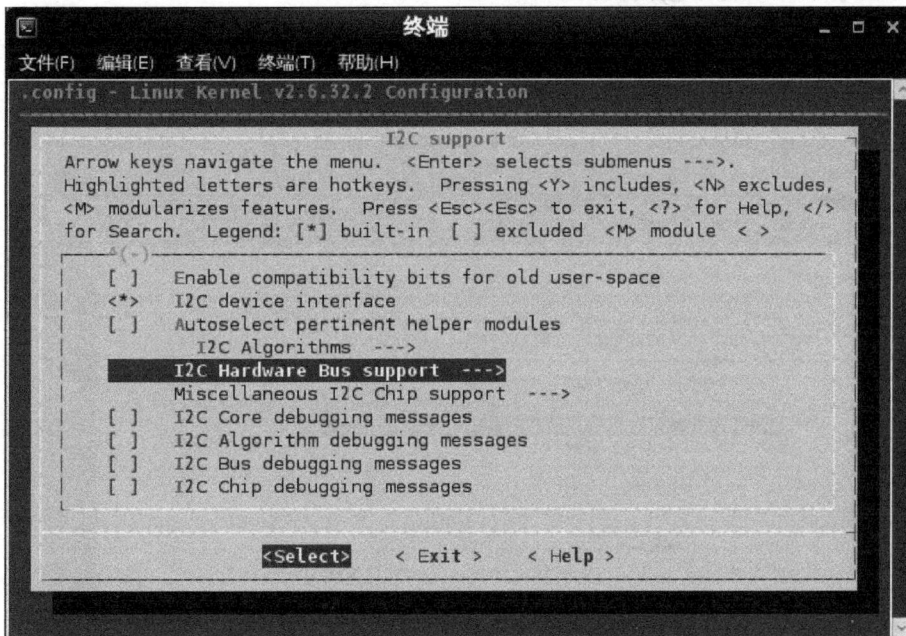

再选择 S3C2410 I2C Driver 即可，如图 9.63 所示。

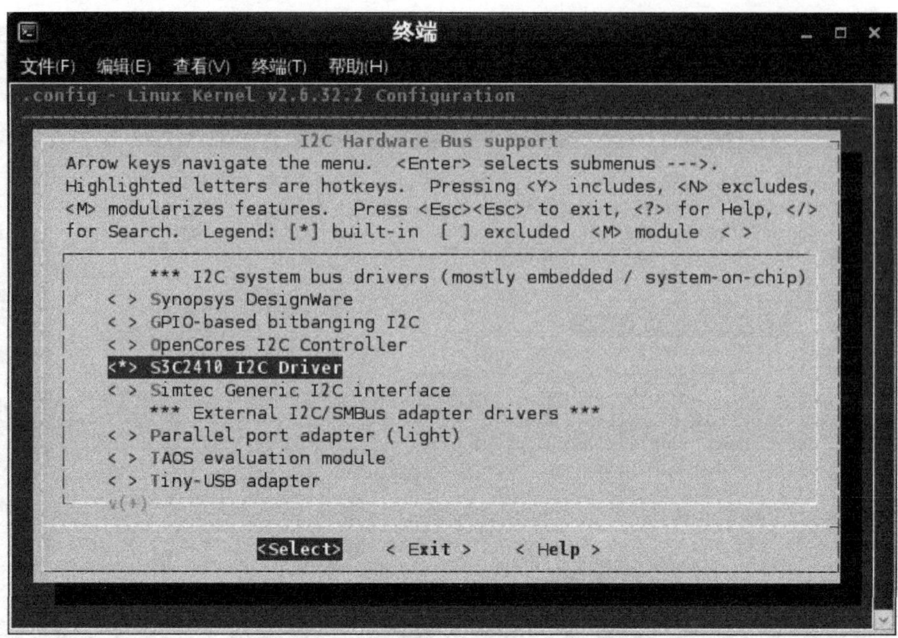


图 9.63　内核 I2C EEPROM 配置

### 9.3.20　配置 yaffs2 文件系统的支持

要使用 yaffs2 文件系统，需要先配置 Nand Flash 驱动支持，在 Device drivers 菜单中选择 Memory Technology Device(MTD)support 选项，如图 9.64 所示，并按回车进入。

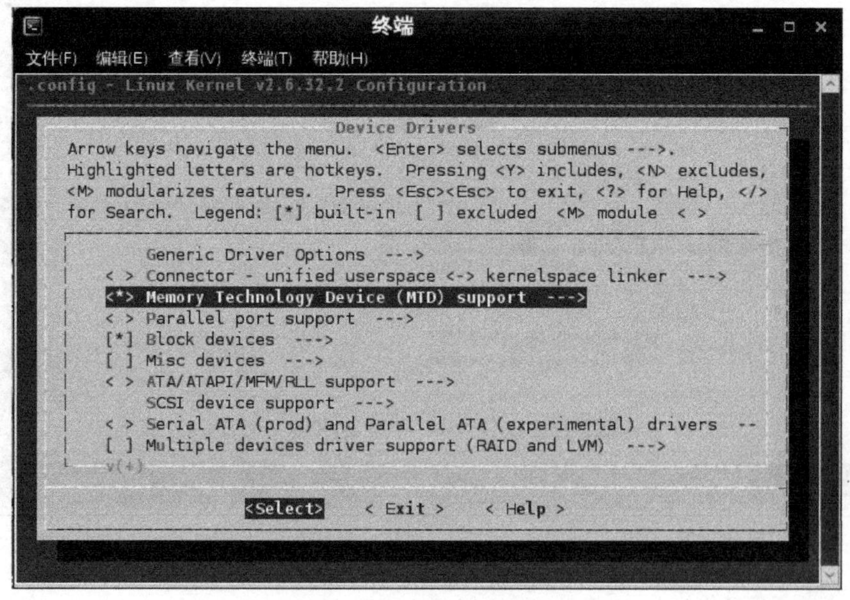


图 9.64　内核 MTP 配置

注意图 9.65 子菜单中〈＊〉号的选项，不要取消。

找到 NAND Device Support 选项并进入，如图 9.66 所示。

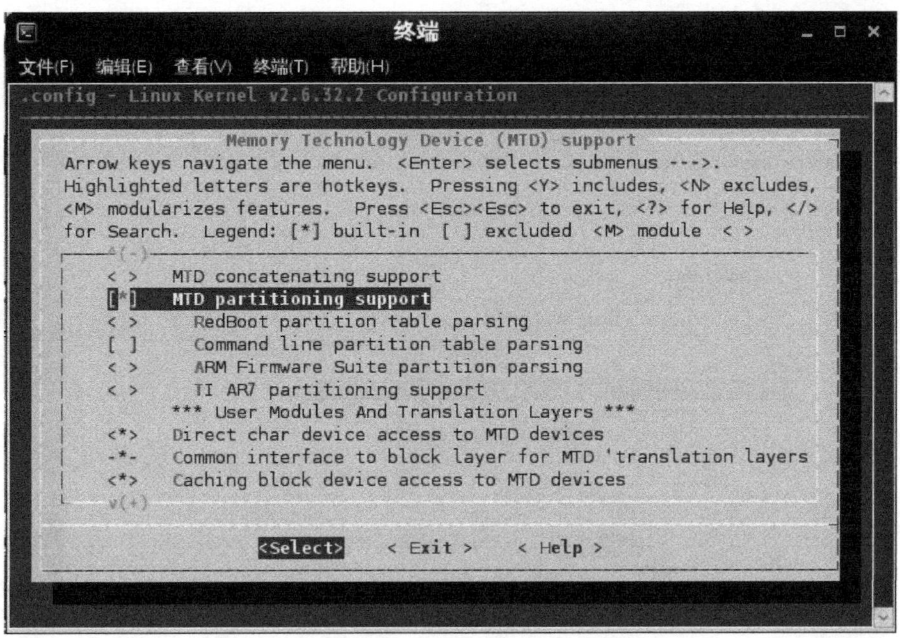


图 9.65　内核 MTD 配置

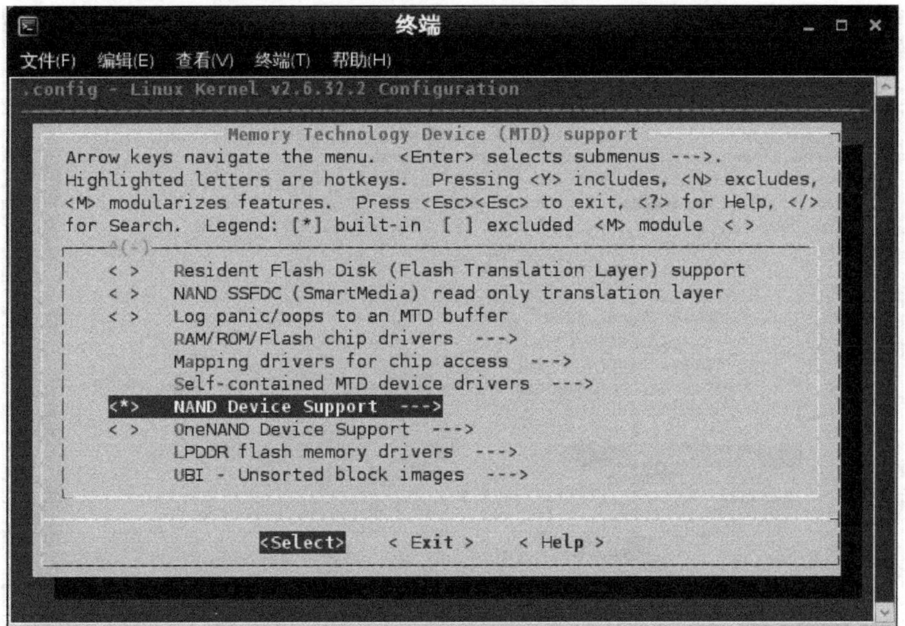


图 9.66　NAND 器件支持

如图 9.67 所示，选择 NAND Flash 驱动支持。

返回到内核配置主菜单，并找到 File systems 选项进入，如图 9.68 所示。

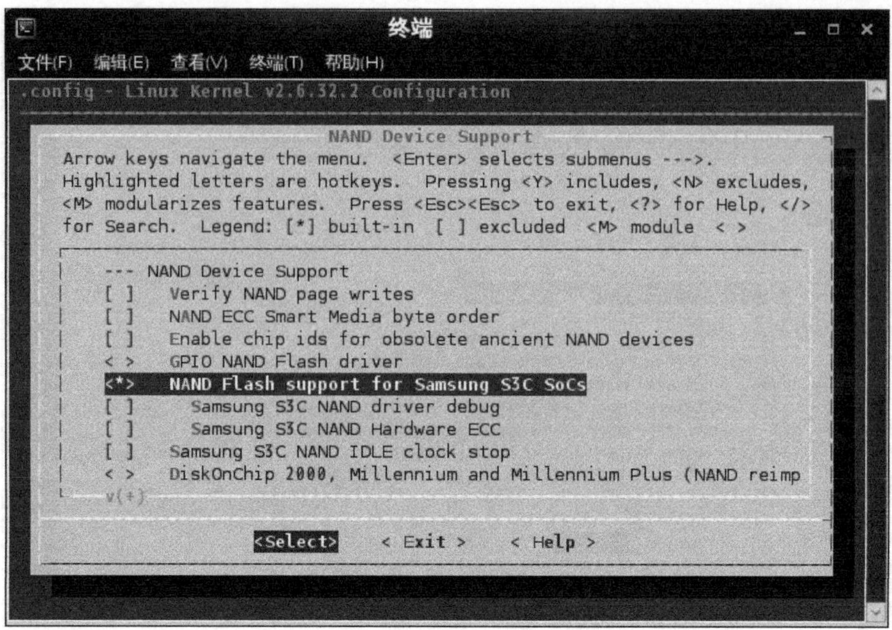


图 9.67　内核 NAND Flash 配置

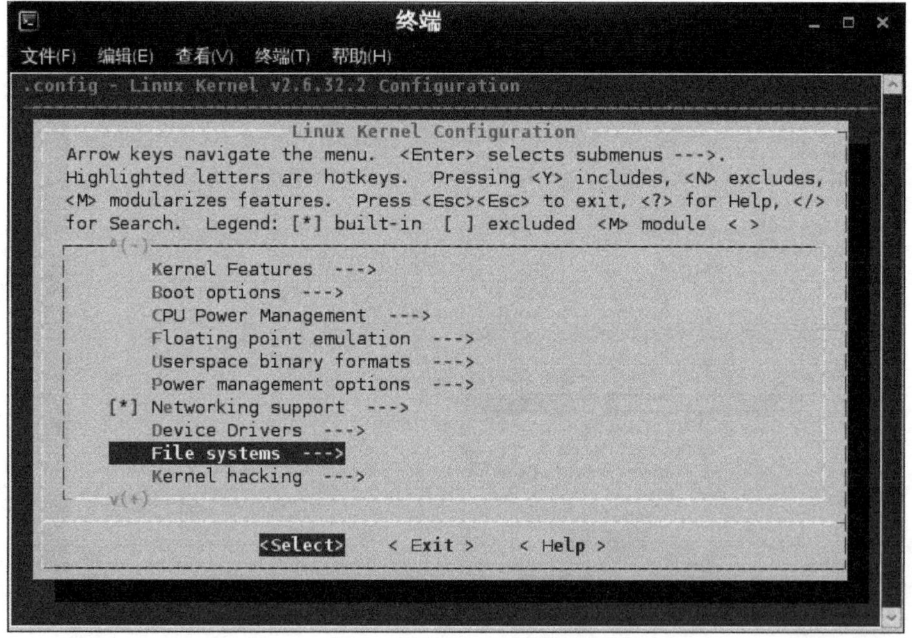


图 9.68　内核文件系统配置

找到如图 9.69 所示选项 Miscellaneous filesystems 并进入。

找到 YAFFS2 支持选项，如图 9.70 所示进行选择。

然后〈Exit〉返回到 File systems 菜单进行下一步。

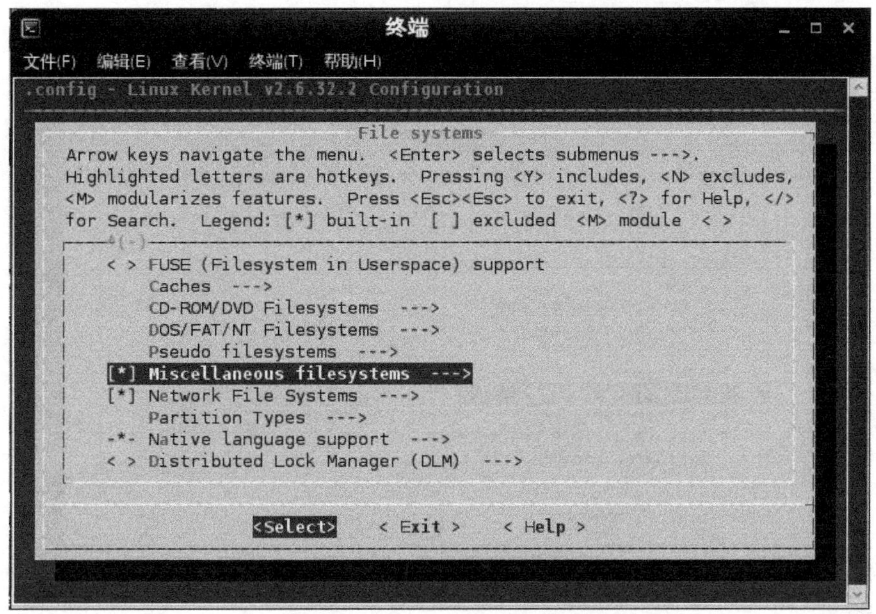


图 9.69　内核文件系统配置

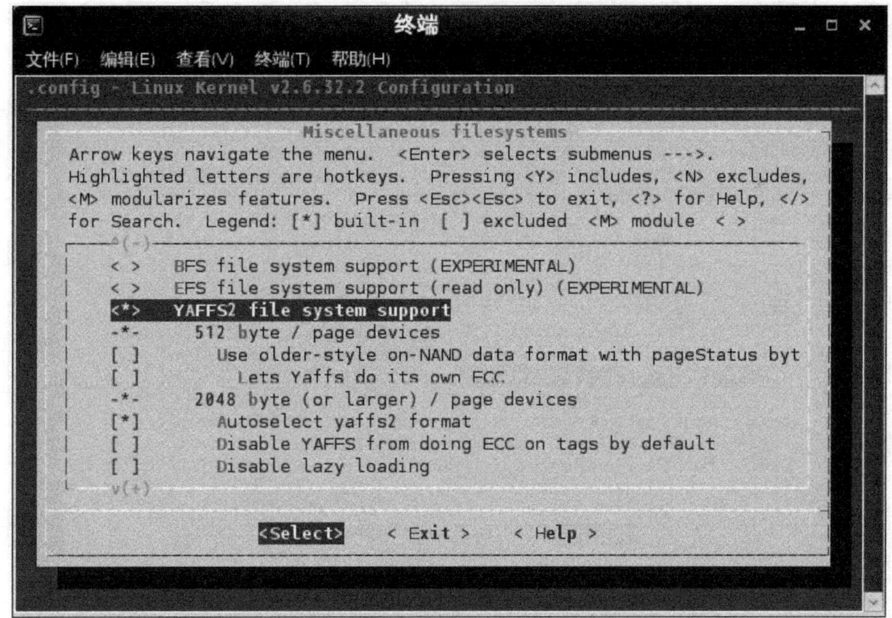


图 9.70　内核 yaffs2 文件系统配置

### 9.3.21　配置 EXT2/VFAT/NFS 等文件系统

在 File System 菜单中，如图 9.71 所示，选择 Network File Systems 文件系统的支持并进入。

选择如图 9.72 所示选项，这样配置编译出的内核就可以通过 NFS 启动系统了。

```
终端
文件(F) 编辑(E) 查看(V) 终端(T) 帮助(H)
.config - Linux Kernel v2.6.32.2 Configuration
                         File systems
 Arrow keys navigate the menu.  <Enter> selects submenus --->.
 Highlighted letters are hotkeys.  Pressing <Y> includes, <N> excludes,
 <M> modularizes features.  Press <Esc><Esc> to exit, <?> for Help, </>
 for Search.  Legend: [*] built-in  [ ] excluded  <M> module  < >
 ---^(-)---
    < > FUSE (Filesystem in Userspace) support
        Caches  --->
        CD-ROM/DVD Filesystems  --->
        DOS/FAT/NT Filesystems  --->
        Pseudo filesystems  --->
    [*] Miscellaneous filesystems  --->
    [*] Network File Systems  --->
        Partition Types  --->
    -*- Native language support  --->
    < > Distributed Lock Manager (DLM)  --->

            <Select>    < Exit >    < Help >
```

图 9.71　内核文件系统配置

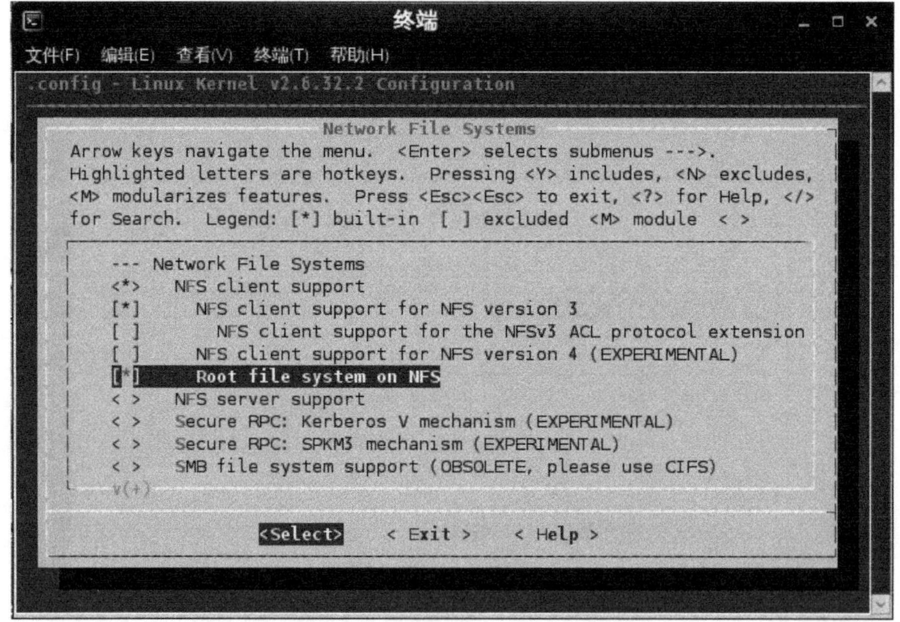


图 9.72　内核文件系统配置

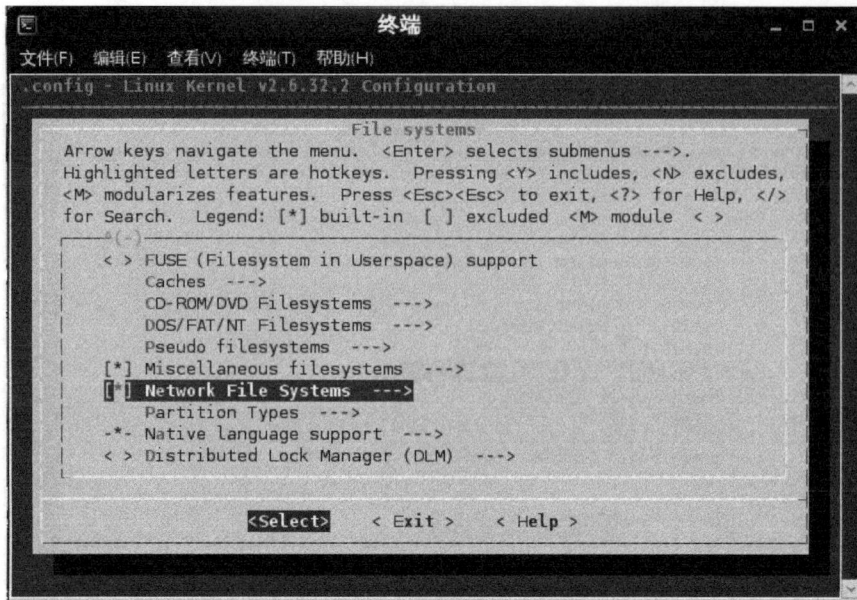

为了支持优盘或者 SD 卡等存储设备常用的 FAT32 文件系统，还需要配置与此相关的文件系统支持，如图 9.73 所示，在 File Systems 菜单中选择 DOS/FAT/NT Filesystems 选项并进入。

在此选择了常用的 VFAT 文件系统格式，它可以支持 FAT32，如图 9.74 所示。

返回到内核配置主菜单，至此，已经了解内核的大部分常用选项的配置，更多的内核选项需要在学习中逐步实践和摸索。

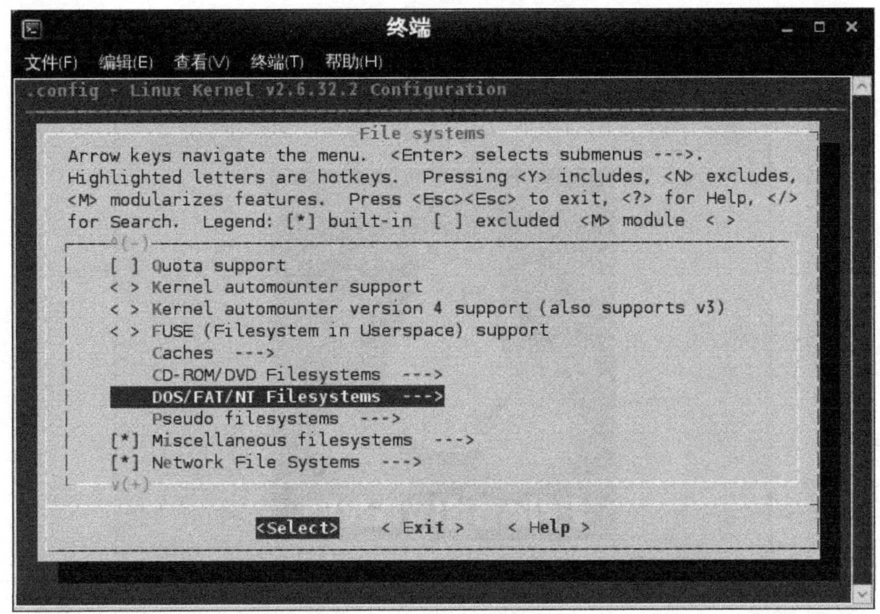


图 9.73　内核文件系统配置

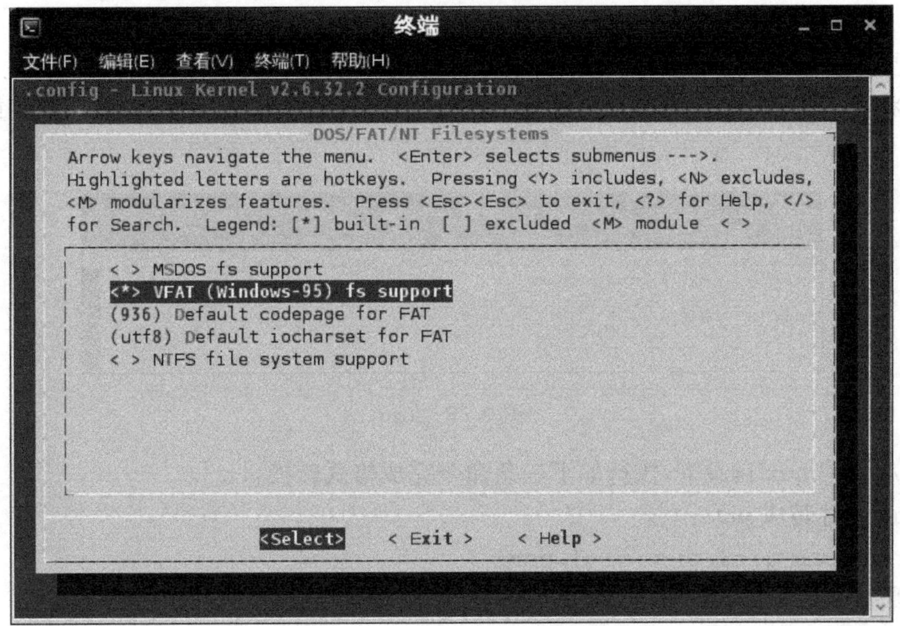


图 9.74　内核文件系统配置

### 9.3.22　制作 Linux logo

当启动 mini2440 开发板的 Linux 系统时，会在液晶屏上看到图 9.75 这样的图像。这是 Linux 系统的启动 logo，它在内核中其实是一个特殊格式的图像文件。它在内核中的位置是 linux-2.6.32.2/drivers/video/logo/logo_linux_clut224.ppm。

图 9.75　logo

有很多方法可以把普通的图片转换为 logo 文件，这里介绍如何使用命令行进行图片格式的转换。

首先要安装格式转换模块 netpbm，构建所需软件环境。

然后将准备好的 png 格式图片复制到 openSUSE linux 中/tmp/linux 目录中。如图 9.76 所示。

图 9.76　logo

进入/tmp/linux 目录下，执行如下三条命令完成格式转换：

将 png 图片转成 pnm：

```
# pngtopnm girl.png>girl.pnm
```

然后将 pnm 图片的颜色数限制在 224：

```
# pnmquant 224 girl.pnm>girl224.pnm
```

最后将 pnm 图片转换成我们需要的 ppm：

```
# pnmtoplainpnm girl224.pnm>logo_linux_clut224.ppm
```

如图 9.77 所示。

使用这个文件代替 linux-2.6.32.2/drivers/video/logo 目录下的同名文件即可。

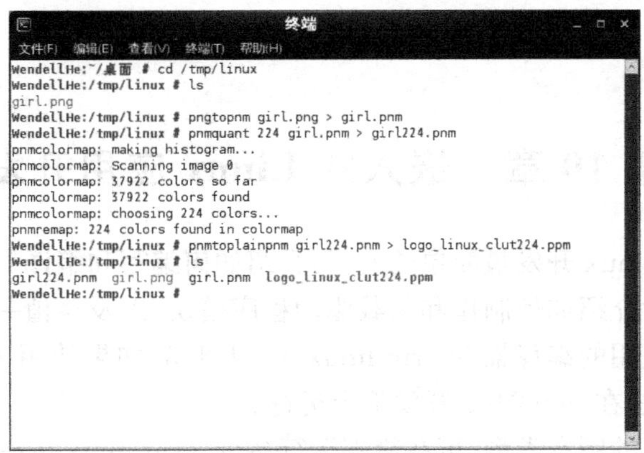

图 9.77　logo

# 9.4　制作开发板文件系统映像

按 8.2.3 小节安装 mkyaffs2image 文件系统制作工具。在此以制作测试用的 rootfs_qtopia_qt4.img 文件系统映像为例，来介绍 yaffs2 文件系统映像的制作。

进入/opt/mini2440 工作目录，执行以下命令：

```
#cd/opt/mini2440
#mkyaffs2image-128M rootfs_qtopia_qt4 rootfs_qtopia_qt4.img
```

操作之后会在当前目录下生成 rootfs_qtopia_qt4.img 映像文件，与软件包中的同名文件是一样的，可以通过 USB 烧写到 128M/256M/512M/1GB Nand Flash 的 mini2440/micro2440 系统中使用，如图 9.78 所示。

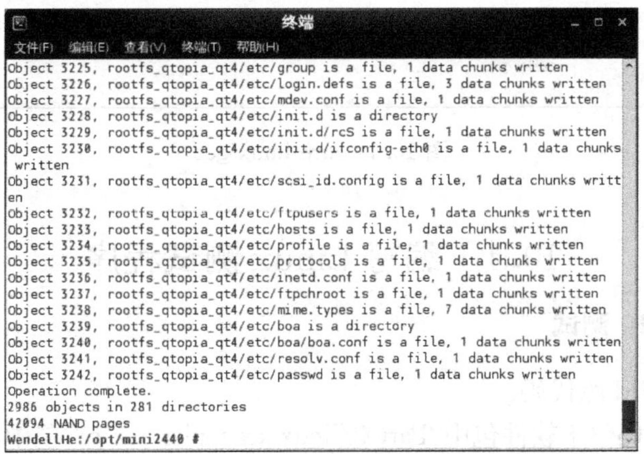

图 9.78　开发板文件系统映像

如果使用的是 64M Nand Flash 版本的开发板，则需要先删除目标文件系统中的部分内容才可以，否则生成的文件太大，无法烧写到开发板中，规定如下。

(1)要制作一个只包含 qtopia-2.2.0 图形系统的开发板目标文件系统，需要删除“rootfs_qtopia_qt4/usr/local/Trolltech”整个目录的内容。

(2) 要制作一个只包含 QtE-4.6.1 图形系统的开发板目标文件系统，需要删除“/opt”整个目录的内容。

另外，64M Nand Flash 版本使用 mkyaffs2image 制作工具。

# 第 10 章　嵌入式 Linux 应用开发

这里通过嵌入式 Linux 开发最简单的例子，介绍如何编写和编译 Linux 应用程序，并下载到开发板上运行。最后介绍如何制作和装载驱动程序模块，以及移植一些常见的开源软件。

以下示例程序所使用的编译器为 arm-linux-gcc-4.4.3，如果使用了其他版本的交叉编译器，编译完后有可能无法在 mini2440 开发板上运行。

要检查交叉编译器的版本类型，可在终端运行命令：arm-linux-gcc-v，如图 10.1 所示。

图 10.1　arm-linux-gcc

## 10.1　编写 Linux 测试程序

### 10.1.1　Hello，World！测试

(1) Hellow，World 源代码。

Hello，World 源代码位于软件包中"Part02/linux/examples.tar.gz"包中，如果在前面的章节已安装了开发环境，它将位于/opt/mini2440/examples/hello 目录，其源代码如代码清单 10.1 所示。

代码清单 10.1　Hello，World 源代码

```
#include<stdio.h>
int main(void){
    printf("Hello,World! \n");
}
```

(2) 编译 Hellow，World。

首先进入测试程序源代码目录：

```
#cd/opt/mini2440/examples/hello
```

然后，使用命令行进行手工交叉编译示例程序：

```
#arm-linux-gcc-o hello hello.c
```

或者借助编译脚本进行编译：

```
#make
```

最后将生成 hello 可执行文件，使用 file 命令可以检查你生成的 hello 可执行文件是否为 ARM 体系和格式版本，能在开发板上正常运行的可执行文件一般如图 10.2 所示。

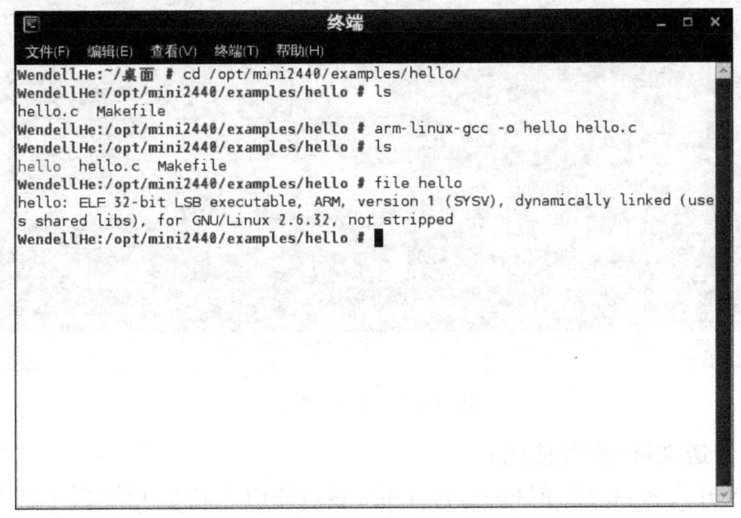


图 10.2　查看 hello 文件

(3) 把 Hello，World 下载到开发板运行。

将编译好的可执行文件下载到开发板目前主要四种方式：

第一种：复制到介质(如 U 盘)；

第二种：通过网络传送文件到开发板(推荐使用)；

第三种：通过串口传送文件到开发板；

第四种：通过 NFS(网络文件系统)直接运行。

下面分别进行介绍。

① 使用优盘。

先把编译好的可执行程序复制到优盘，再把优盘插到目标板上并挂载它，然后把程序复制到目标板上并执行。

步骤：

步骤 1：复制程序到优盘。

把优盘插到 PC 的 USB 接口，通过虚拟机共享目录或将优盘挂接到虚拟机上，将 hello 程序复制到优盘。

步骤 2：把程序从优盘复制到目标板并执行。

把优盘插入到开发板的 USB Host 接口，优盘会自动挂载到/udisk 目录，执行以下命令就可以运行 hello 程序了(图 10.3)。

#cd/udisk

#./hello;执行 hello 程序

如果此时强制拔出优盘,需要退回到根目录,再执行 umount/udisk 方可为下一次做好自动挂载的准备。

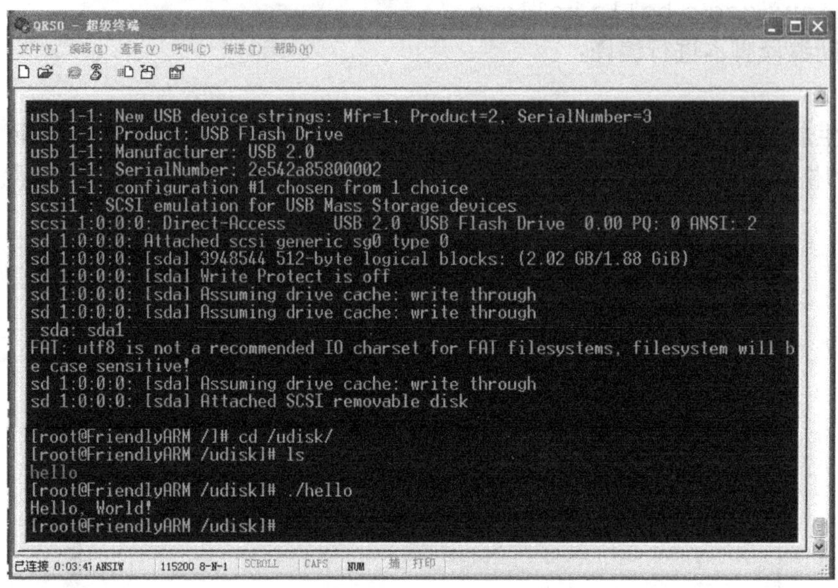


图 10.3　使用优盘

② 使用 ftp 传送文件(推荐使用)。

使用 ftp 登录开发板,把编译好的程序上传;然后修改上传后开发板上的程序的可执行属性,并执行。

首先,在 PC 端执行,如图 10.4 所示。

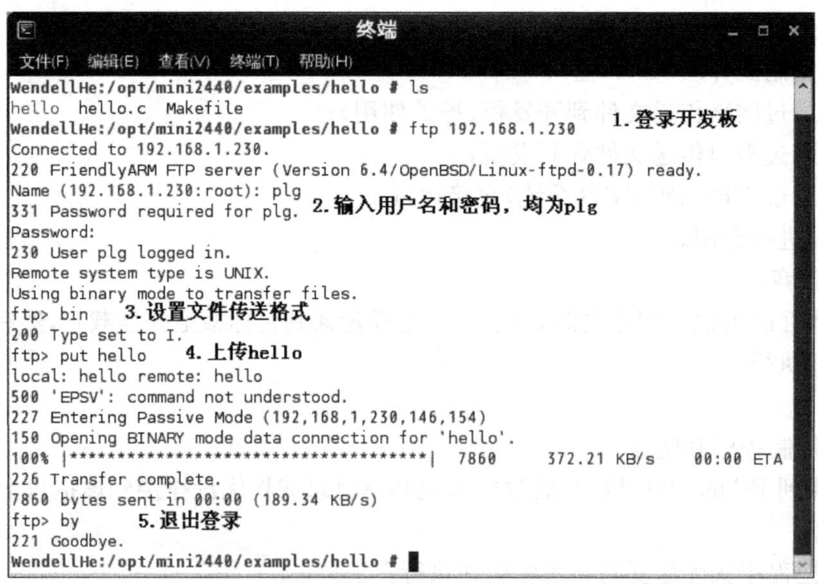


图 10.4　使用 FTP

然后,在开发板一端执行,如图 10.5 所示。

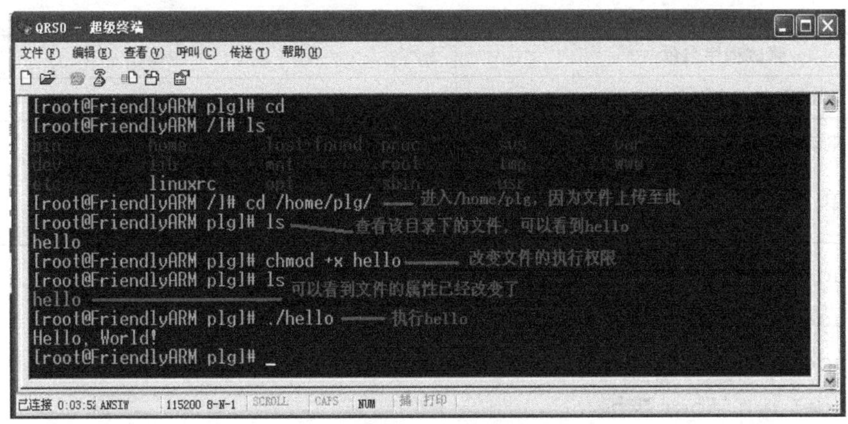


图 10.5　使用 FTP

③ 通过串口传送文件到开发板。

6.2.1.2 小节讲述了如何通过串口从 PC 上的 Windows XP 传送文件到开发板。可以通过相同的方法传送 hello 可执行程序，具体步骤在此不再详细描述。记住文件传送完毕后，要使用下面的命令把文件的属性改为可执行才能正常运行：

```
#chmod+x hello
```

④ 通过网络文件系统 NFS 执行。

Linux 中最常用的方法就是采用 NFS 来执行各种程序，这样可以不必花费很多时间下载程序，虽然在此下载 hello 程序用不了多久，一旦应用程序变得越来越大，就会发现使用 NFS 运行的方便所在。

搭建好 NFS 服务器系统后，在超级终端中输入以下命令（假定服务器的 IP 地址为 192.168.1.10)：

```
#mount-t nfs-o nolock 192.168.1.10:/opt/mini2440/root_qtopia_qt4/mnt
```

挂接成功，就可以进入/mnt 目录进行操作，在 PC Linux 终端把 hello 复制到 opt/mini2440/root_qtopia_qt4 目录，然后在开发板的串口终端执行命令：

```
#cd/mnt
#./hello
```

操作完毕，一般使用下面的命令卸载/mnt 目录进行：

```
#umount -l /mnt
```

### 10.1.2　LED 测试

使用与 10.1.1 节相同的方法，编译出 Led 可执行文件，然后下载到开发板上运行。其程序如表 10.1 及代码清单 10.2 所示。

**表 10.1　LED 程序源代码说明**

| | |
|---|---|
| 驱动源代码所在目录 | /opt/mini2440/linux-2.6.32.2/drivers/char |
| 驱动程序名称 | mini2440_leds.c |
| 设备类型 | Misc |
| 设备名 | /dev/leds |
| 测试程序源代码目录 | /opt/mini2440/examples/leds |

续表

| 测试程序名称 | led. c |
|---|---|
| 测试程序可执行文件名称 | Led |

说明:LED驱动已经被编译到缺省内核中,因此不能再使用 insmod 方式加载。

代码清单 10.2　LED测试源代码

```
#include<stdio.h>
#include<stdlib.h>
#include<unistd.h>
#include<sys/ioctl.h>
int main(int argc, char** argv)
{
    int on;
    int led_no;
    int fd;
/*检查 led 控制的两个参数,如果没有参数输入则退出。*/
    if(argc !=3 ||sscanf(argv[1],"% d", &led_no)!=1||sscanf(argv
    [2],"% d",&on)!=1||
    on<0||on>1||led_no<0||led_no>3) {
       fprintf(stderr,"Usage:leds led_no 0|1\n");
       exit(1);
  }
/*打开/dev/leds 设备文件*/
    fd=open("/dev/leds0",0);
    if(fd<0){
        fd=open("/dev/leds",0);
  }
if(fd<0){
    perror("open device leds");
    exit(1);
  }
/*通过系统调用 ioctl 和输入的参数控制 led*/
  ioctl(fd,on,led_no);
/*关闭设备句柄*/
  close(fd);
  return 0;
}
```

### 10.1.3　串口测试

使用与 10.1.1 节相同的方法，编译出 armcomtest 可执行文件，然后下载到开发板上运行。其程序如表 10.2 及代码清单 10.3 所示。

表 10.2　串口程序源代码说明

| | |
|---|---|
| 驱动源代码所在目录 | /opt/mini2440/linux-2.6.32.2/drivers/serial/ |
| 驱动程序名称 | S3c2440.c |
| 设备名 | /dev/ttySAC0,1,2 |
| 测试程序源代码目录 | /opt/mini2440/examples/comtest |
| 测试程序名称 | comtest.c |
| 测试程序可执行文件名称 | armcomtest |

说明：测试程序编译后可得到 x86 版本和 arm 版本，其源代码是完全一样的。

comtest 程序是一个串口测试程序，它其实是一个十分简易的串口终端程序，类似于 Linux 中的 minicom，该程序与硬件无关，因此相同的代码不仅适用于任何 Arm-Linux 开发板平台，也可以在 PC Linux 上运行使用，方法都是完全一样的。通过该程序你可以了解串口编程的一些常见关键设置，对于 Linux 下串口编程很有帮助和借鉴意义，该程序虽然十分短小，但设计极为严谨巧妙。

代码清单 10.3　串口测试程序源代码

```
# include<stdio.h>
# include<stdlib.h>
# include<termio.h>
# include<unistd.h>
# include<fcntl.h>
# include<getopt.h>
# include<time.h>
# include<errno.h>
# include<string.h>
static void Error(const char * Msg)
{
    fprintf(stderr,"% s\n",Msg);
    fprintf(stderr,"strerror()is % s\n",strerror(errno));
    exit(1);
}
static void Warning(const char * Msg)
{
    fprintf(stderr,"Warning:% s\n",Msg);
}

static int SerialSpeed(const char * SpeedString)
```

```
{
    int SpeedNumber=atoi(SpeedString);
#   define TestSpeed(Speed) if(SpeedNumber == Speed) return B##Speed
    TestSpeed(1200);
    TestSpeed(2400);
    TestSpeed(4800);
    TestSpeed(9600);
    TestSpeed(19200);
    TestSpeed(38400);
    TestSpeed(57600);
    TestSpeed(115200);
    TestSpeed(230400);
    Error("Bad speed");
    return -1;
}
static void PrintUsage(void)
{
    fprintf(stderr,"comtest -interactive program of comm port\n");
    fprintf(stderr,"press[ESC]3 times to quit\n\n");
    fprintf(stderr,"Usage:comtest[-d device][-t tty][-s speed][-7][-c]
[-x][-o][-h]\n");
    fprintf(stderr,"-7 7 bit\n");
    fprintf(stderr,"-x hex mode\n");
    fprintf(stderr,"-o output to stdout too\n");
    fprintf(stderr,"-c stdout output use color\n");
    fprintf(stderr,"-h print this help\n");
    exit(-1);
}
static inline void WaitFdWriteable(int Fd)
{
    fd_set WriteSetFD;
    FD_ZERO(&WriteSetFD);
    FD_SET(Fd,&WriteSetFD);
    if (select(Fd+1,NULL,&WriteSetFD,NULL,NULL)<0){
    Error(strerror(errno));
    }
}
int main(int argc,char* * argv)
{
    int CommFd,TtyFd;
```

```
struct termios TtyAttr;
struct termios BackupTtyAttr;
int DeviceSpeed=B115200;
int TtySpeed=B115200;
int ByteBits=CS8;
const char *DeviceName="/dev/ttyS0";
const char *TtyName="/dev/tty";
int OutputHex=0;
int OutputToStdout=0;
int UseColor=0;
opterr=0;
for(;;){
    int c=getopt(argc,argv,"d:s:t:7xoch");
    if(c==-1)
        break;
switch(c){
case 'd':
          DeviceName=optarg;
          break;
case 't':
          TtyName=optarg;
          break;
case 's':
          if(optarg[0]=='d') {
              DeviceSpeed= SerialSpeed(optarg+1);
        } else if (optarg[0]=='t') {
            TtySpeed=SerialSpeed(optarg+1);
        } else
          TtySpeed=DeviceSpeed=SerialSpeed(optarg);
        break;
case 'o':
          OutputToStdout=1;
          break;
case '7':
          ByteBits=CS7;
          break;
case 'x':
          OutputHex=1;
          break;
case 'c':
```

```
            UseColor=1;
            break;
    case '? ':
    case 'h':
    default:
            PrintUsage();
      }
    }
    if(optind !=argc)
        PrintUsage();
    CommFd=open(DeviceName,O_RDWR,0);
    if(CommFd<0)
        Error("Unable to open device");
    if(fcntl(CommFd,F_SETFL,O_NONBLOCK)<0)
        Error("Unable set to NONBLOCK mode");

    memset(&TtyAttr,0,sizeof(struct termios));
    TtyAttr.c_iflag=IGNPAR;
    TtyAttr.c_cflag=DeviceSpeed | HUPCL | ByteBits | CREAD | CLOCAL;
    TtyAttr.c_cc[VMIN]=1;
    if(tcsetattr(CommFd,TCSANOW,&TtyAttr)<0)
        Warning("Unable to set comm port");
    TtyFd=open(TtyName,O_RDWR|O_NDELAY,0);
    if(TtyFd<0)
        Error("Unable to open tty");
    TtyAttr.c_cflag=TtySpeed | HUPCL | ByteBits | CREAD | CLOCAL;
    if(tcgetattr(TtyFd,&BackupTtyAttr)<0)
      Error("Unable to get tty");
    if(tcsetattr(TtyFd,TCSANOW,&TtyAttr)<0)
      Error("Unable to set tty");
    for(;;){
      unsigned char Char=0;
      fd_set ReadSetFD;
      void OutputStdChar(FILE * File){
          char Buffer[10];
          int Len=sprintf(Buffer,OutputHex? "% .2X":"% c",Char);
          fwrite(Buffer,1,Len,File);
      }
      FD_ZERO(&ReadSetFD);
      FD_SET(CommFd,&ReadSetFD);
```

```
        FD_SET(TtyFd,&ReadSetFD);
#       define max(x,y) (((x)>=(y))?(x):(y))
        if(select(max(CommFd,TtyFd)+1,&ReadSetFD,NULL,NULL,NULL)<0)
        {
          Error(strerror(errno));
        }
#       undef max
        if(FD_ISSET(CommFd,&ReadSetFD)){
            while(read(CommFd,&Char,1)==1){
                WaitFdWriteable(TtyFd);
                if(write(TtyFd,&Char,1)<0){
                  Error(strerror(errno));
                }
                if(OutputToStdout){
                   if(UseColor)
                      fwrite("\x1b[01;34m",1,8,stdout);
                   OutputStdChar(stdout);
                   if(UseColor)
                      fwrite("\x1b[00m",1,8,stdout);
                   fflush(stdout);
                }
            }
        }
        if(FD_ISSET(TtyFd,&ReadSetFD)) {
            while(read(TtyFd,&Char,1)==1) {
                    static int EscKeyCount=0;
                WaitFdWriteable(CommFd);
                    if(write(CommFd,&Char,1)<0) {
                  Error(strerror(errno));
                  }
                  if(OutputToStdout) {
                      if(UseColor)
                          fwrite("\x1b[01;31m",1,8,stderr);
                      OutputStdChar(stderr);
                      if(UseColor)
                          fwrite("\x1b[00m",1,8,stderr);
                      fflush(stderr);
                  }
                  if(Char=='\x1b') {
                        EscKeyCount++;
                        if(EscKeyCount>=3)
```

```
                    goto ExitLabel;
                } else
                    EscKeyCount=0;
            }
        }
    }
ExitLabel:
    if(tcsetattr(TtyFd,TCSANOW,&BackupTtyAttr)<0)
        Error("Unable to set tty");
    return 0;
}
```

## 10.2 编写 Linux 驱动模块

10.1 节介绍了一个简单的 Linux 程序 HelloWorld，它是运行于用户态的应用程序，现在我们再介绍一个运行于内核态的 HelloWorld 程序，它其实是一个最简单的驱动程序模块。

(1) Hello 模块源代码。

Hello 程序如表 10.3 及代码清单 10.4 所示。

**表 10.3 Hello 程序源代码说明**

| | |
|---|---|
| 源代码所在目录 | /opt/mini2440/linux-2.6.32.2/drivers/char |
| 源代码文件名称 | mini2440_hello_module.c |

说明：读驱动装载后不会在 dev 目录下创建任何设备节点。

代码清单 10.4 Hello 程序源代码

```
#include<linux/kernel.h>
#include<linux/module.h>
static int __init mini2440_hello_module_init(void)
{
    printk("Hello,Mini2440 module is installed ! \n");
    return 0;
}
static void __exit mini2440_hello_module_cleanup(void)
{
    printk("Good-bye, Mini2440 module was removed! \n");
}
module_init(mini2440_hello_module_init);
module_exit(mini2440_hello_module_cleanup);
MODULE_LICENSE("GPL");
```

(2) 把 Hello 模块加入内核代码树。

一般编译 2.6.x 版本的驱动模块需要把驱动代码加入内核代码树，并做相应的配置，如下步骤(实际上以下步骤均已经做好，你只需要打开检查一下直接编译就可以了)。

步骤 1：编辑配置文件 Kconfig，加入驱动选项，使之在 make menuconfig 的时候出现。打开 linux-2.6.32.2/drivers/char/Kconfig 文件，添加如图 10.6 所示内容。

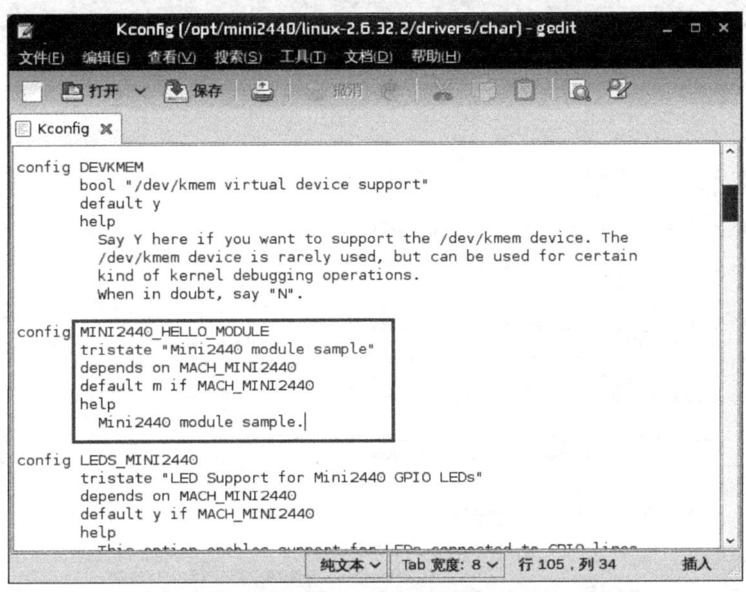


图 10.6　Hello 模块添加

保存退出，这时在 linux-2.6.32.2 目录位置运行一下 make menuconfig 就可以在 Device Drivers>Character devices 菜单中看到刚才所添加的选项了，按下空格键将会选择为〈M〉，此意为要把该选项编译为模块方式；再按下空格会变为〈*〉，意为要把该选项编译到内核中，在此我们选择〈M〉，如图 10.7 所示。

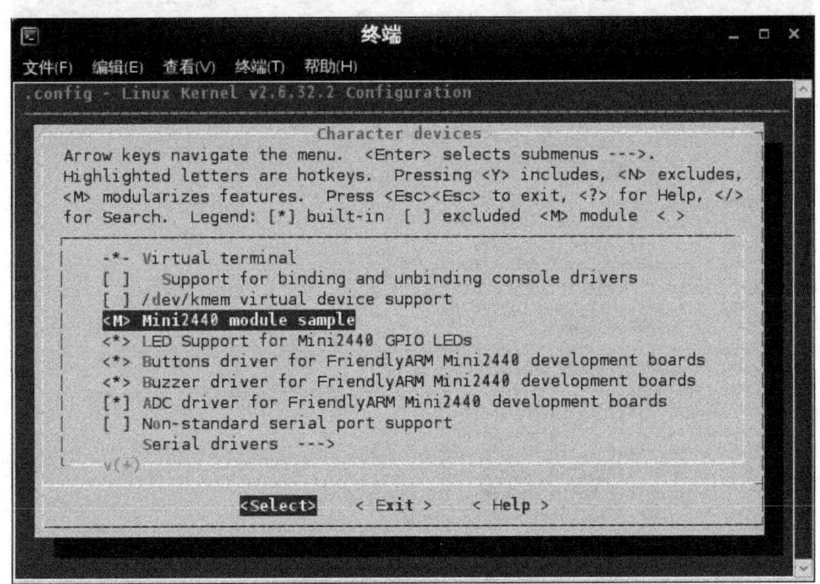


图 10.7　Hello 模块添加

步骤 2:通过上一步,我们虽然可以在配置内核的时候进行选择,但实际上此时执行编译内核还是不能把 mini2440_hello_module.c 编译进去的,还需要在 Makefile 中把内核配置选项和真正的源代码联系起来,打开 linux-2.6.32.2/drivers/char/Makefile,如图 10.8 所示添加并保存退出。

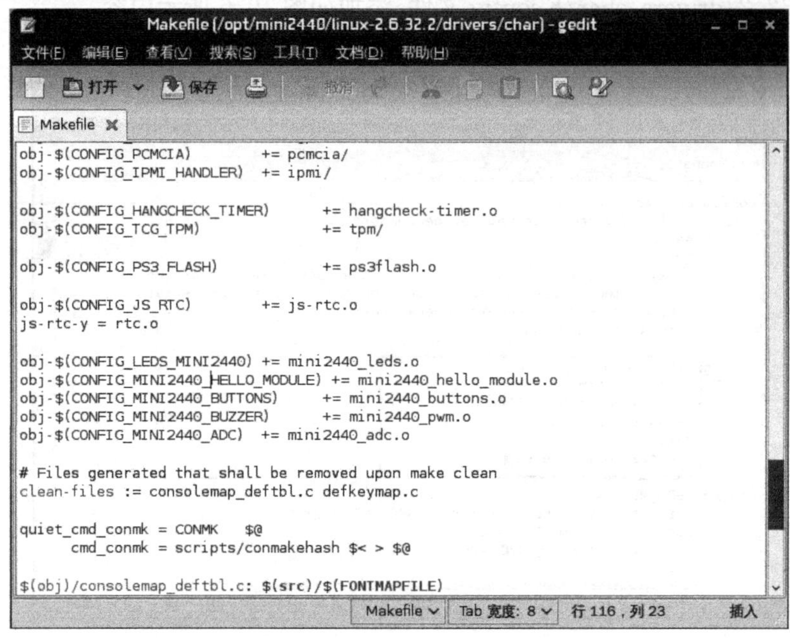

图 10.8 Hello 模块添加

步骤 3:这时回到 linux-2.6.32.2 源代码根目录位置,执行 make modules,就可以生成所需要的内核模块文件 mini2440_hello_module.ko 了,如图 10.9 所示。至此,已经完成了模块驱动的编译。

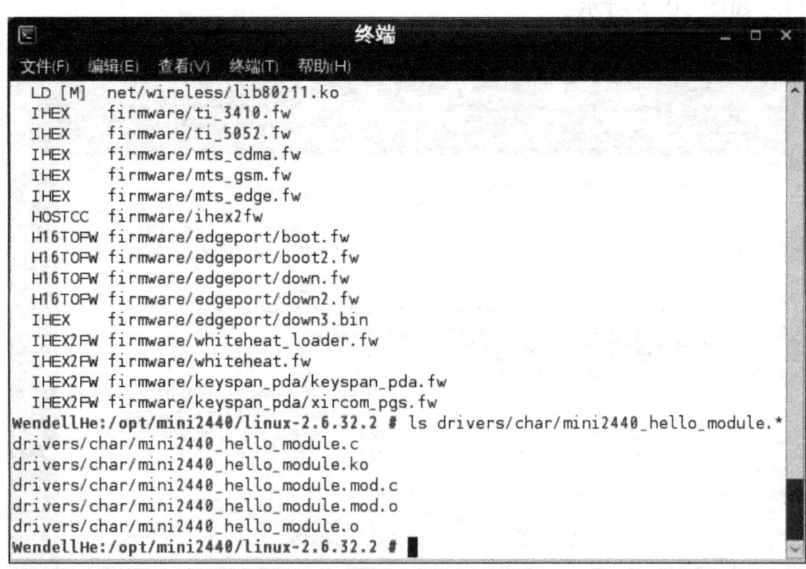

图 10.9 Hello 模块添加

(3) 把 Hello 模块下载到开发板并安装使用。

在此使用 rz 命令把编译出的 mini2440_hello_module. ko 下载到开发板中，并把它移动到/lib/modules/2. 6. 32. 2-FriendlyARM 目录然后在板子中现在执行

```
#modprobe mini2440_hello_module
```

可以看到该模块已经被装载了(注意:使用 modprobe 命令加载模块不需要加“ko”尾缀)，再执行以下命令，可以看到该模块被卸载:

```
#rmmod mini2440_hello_module
```

要能够正常卸载模块，必须把模块放入开发板的/lib/modules/2. 6. 32. 2- FriendlyARM 目录。

另外需要注意的是:因为我们的内核有时会升级更新，如果内核版本已经改变，请依照具体的内核版本重新建立一个模块存放目录，在此/lib/modules/2. 6. 32. 2-FriendlyARM 整个过程如图 10. 10 所示。

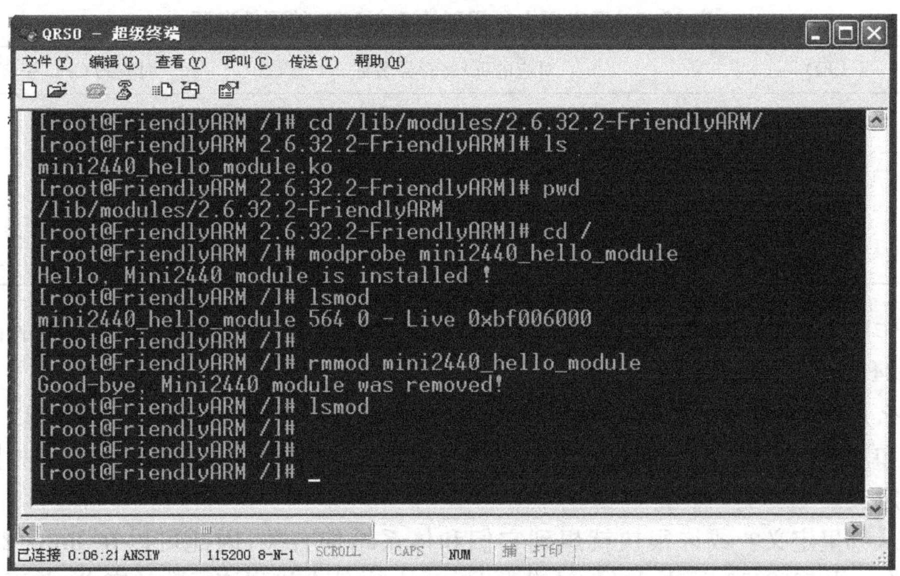


图 10. 10　Hello 模块下载

## 10. 3　编写 Linux 驱动程序

在 10. 2 节，介绍了最简单的 Hello 驱动程序模块，它只是从串口输出一些信息，并未对开发板上的硬件进行操作。下面的几个例子都是和硬件密切相关的实际驱动，在嵌入式 Linux 系统中，大部分的硬件都需要类似的驱动才能操作，如触摸屏、网卡、音频等，这里介绍的是一些简单典型的例子，实际上复杂的驱动都有参考代码，不必从头写驱动。

在本节中，不介绍驱动程序理论概念之类的内容，那些在网上或者书籍中都有比较系统的描述。

LED 程序源代码如表 10. 4 所示。

**表 10.4　LED 程序源代码说明**

| | |
|---|---|
| 驱动源代码所在目录 | /opt/mini2440/linux-2.6.32.2/drivers/char |
| 驱动程序名称 | mini2440_leds.c |
| 设备号 | Led 属于 misc 设备,设备自动生成 |
| 设备名 | /dev/leds |
| 测试程序源代码目录 | /opt/mini2440/examples/leds |
| 测试程序名称 | led.c |
| 测试程序可执行文件名称 | Led |

说明:LED 驱动已经被编译到缺省内核中,因此不能再使用 insmod 方式加载。

要写实际的驱动,就必须了解相关的硬件资源,如用到的寄存器、物理地址、中断等。在这里,LED 是一个很简单的例子,它用到了如下硬件资源(表 10.5)。

**表 10.5　开发板上所用到的 4 个 LED 的硬件资源**

| LED | 对应的 IO 寄存器名称 | 对应的 CPU 引脚 |
|---|---|---|
| LED1 | GPB5 | K2 |
| LED2 | GPB6 | L5 |
| LED3 | GPB7 | K7 |
| LED4 | GPB8 | K5 |

要操作所用到的 IO 口,就要设置它们所用到的寄存器,需要调用一些现成的函数或者宏,如 s3c2410_gpio_cfgpin。

为什么是 S3C2410 的呢?因为三星出品的 S3C2440 芯片所用的寄存器名称以及资源分配大部分和 S3C2410 是相同的,在目前各个版本的 Linux 系统中,也大都采用了相同的函数定义和宏定义。

它们从哪里定义?或许很快就想到它们和体系结构有关,因此可以在 linux-2.6.32.2/arch/arm/mach-s3c2410/include/mach/hardware.h 文件中找到该函数的定义,关于该函数的实际实现则可以在 linux-2.6.32.2/arch/arm/plat-s3c24xx/gpio.c 中找到,它的具体内容这里就不再赘述了,请参看 mini2440 用户手册。

实际上,我们并不需要关心这些,写驱动时只要会使用他们就可以了,除非你所使用的 CPU 体系平台尚没有被 Linux 所支持,因为大部分常见的嵌入式平台都已经有了很完善的类似定义,不需要自己去编写。

## 10.4　集成环境 Qtopia-2.2.0

因为配置编译 Qtopia-2.2.0 的过程比较复杂,为了便于初学者学习和使用方便,这里把配置和编译的步骤制作成一个 build 脚本,只要执行该脚本即可编译整个 Qtopia 平台和应其自带的各个小程序;通过"run"脚本则可以运行它们,x86 和 arm 版本的步骤基本相同,而脚本内容则有稍微不同,下面是详细的步骤。

### 10.4.1　解压安装源代码

具体操作请参见 8.2.1 小节。

### 10.4.2　编译和运行 x86 版本的 Qtopia-2.2.0

此过程需要 gcc-c＋＋、libqt4-devel、xorg-x11-devel、libcurl-devel 等软件环境支持，若 openSUSE 未安装此软件，请按照第一篇中 1.3.2 小节方法安装，这里不再赘述。

进入工作目录，执行以下命令：

#cd/opt/mini2440/x86-qtopia

#./build-all(该过程比较长，需要运行大概 30 分钟左右)

./build-all 将自动编译完整的 Qtopia 和嵌入式浏览器。还可以先后执行 ./build 和 ./build-konq脚本命令分别编译它们。

要运行刚刚编译出的 Qtopia 系统十分简单，在刚刚编译完的命令终端下输入如下命令：

#./run;注意，“/”前面有个“.”，这表示在当前目录执行

这时，可以看到如图 10.11 所示界面。

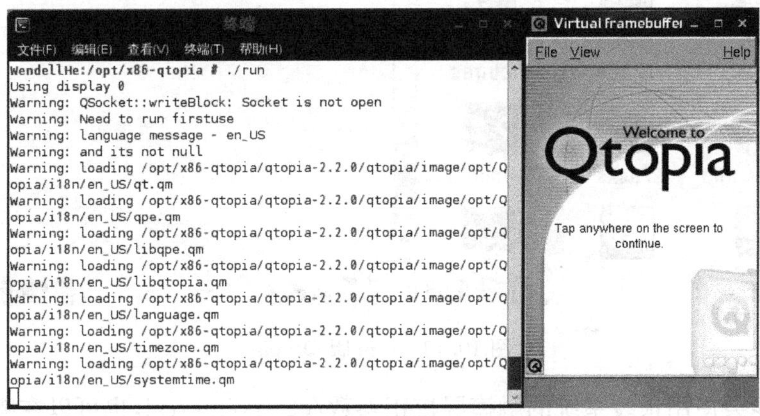


图 10.11　x86 Qtopia

按照提示点击运行就可以看到 Qtopia 系统了，如图 10.12 所示。

这里没有制作 x86 版本的中文系统。

### 10.4.3　编译和运行 arm 版本的 Qtopia-2.2.0

请确认所使用的编译器版本为 arm-linux-gcc-4.4.3，运行平台为 openSUSE Linux，执行以下命令：

#cd/opt/mini2440/arm-qtopia

#./build-all(该过程比较长，需要运行大概 30 分钟左右)

#./mktarget(制作适用于根文件系统的目标板二进制映像文件包，将生成 target-qtopia-konq.tgz)

./build-all 将自动编译完整的 Qtopia 和嵌入式浏览器，并且编译生成的系统支持 Jpeg、GIF、PNG 等格式的图片，也可以

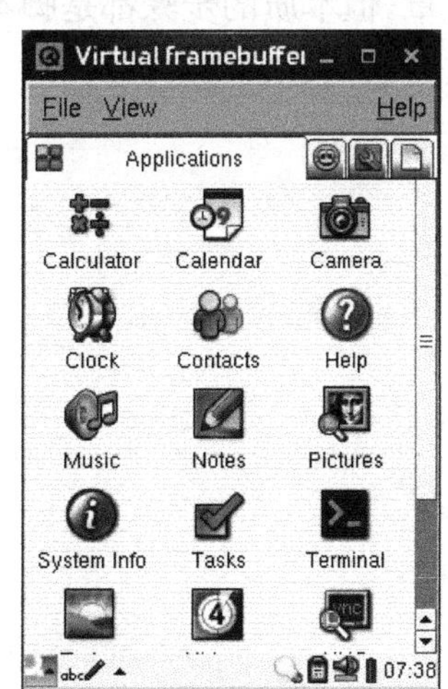


图 10.12　x86 Qtopia

先后执行./build 和./build-konq 脚本命令分别编译它们。

可以删除开发板中原有的 Qtopia 系统，只要把/opt 目录下的所有文件都删除就可以了。然后把刚刚生成的 target-qtopia-konq.tgz 通过 U 盘或者其他方式解压到开发板的根目录，假定已经通过 ftp 把它传到了/home/plg 目录下，然后在开发板命令终端执行：

```
#tar xvzf /home/plg/target-qtopia-konq.tgz -C/
```

其中“C”是 Change 的意思，“C”后面的“/”代表要解压到根目录下，执行完毕，重启开发板，就可以看到所有的界面都已经变为英文的，并且“FriendlyARM”标签下只有一个浏览器程序，这就是自己编译得到的整个 Qtopia 系统了，如图 10.13 所示。

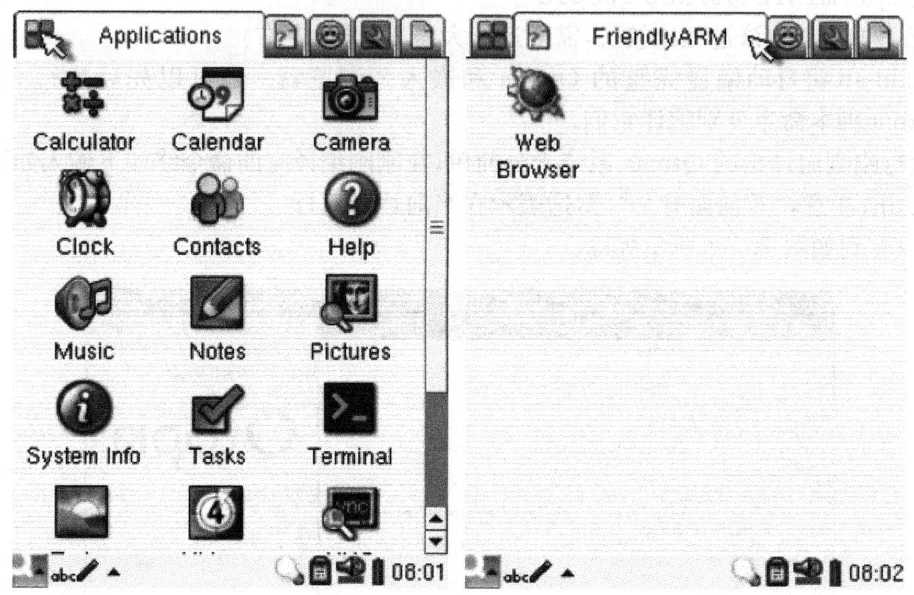


图 10.13 arm 版 Qtopia

新系统可能会使用预装系统的触摸屏校正参数/etc/pointercal，也可以在删除旧系统的时候一并删除它，这样开机后就会进入校正界面了。

上面的过程看似很简单，其实所有的秘密都在 build-all 脚本中，网上也有很多关于移植的文章，但本质的步骤都是脚本所记录的那些，可以使用记事本工具打开自行查看一下。

# 第 11 章　常见 bootloader 的配置和编译

在 S3C2440/2410 系统中，常见的 bootloader 一般有如下几种。

Vivi：由三星提供，韩国 mizi 公司原创，开放源代码，必须使用 arm-linux-gcc 进行编译，目前已经基本停止发展，主要适用于三星 S3C24xx 系列 ARM 芯片，用以启动 Linux 系统，支持串口下载和网络文件系统启动等常用简易功能。

Supervivi：由友善之臂提供并维护，它基于 vivi 发展而来，不提供源代码，在保留原始 vivi 功能的基础上，整合了诸多其他实用功能，如支持 CRAMFS，YAFFS 文件系统，USB 下载，自动识别并启动 Linux、WinCE、uCos、Vxwork 等多种嵌入式操作系统，下载程序到内存中执行，并独创了系统备份和恢复功能，非常适合在批量生产中使用，是目前 2440/2410 系统中功能最强大最好用的 bootloader。

Vboot：由广州友善之臂制作并开源提供，它的功能很简单，只是启动 Linux 系统，vboot 可以自动适应支持 64M/128M Nand Flash 的 mini2440/micro2440 板。

YL-BIOS：深圳优龙基于三星的监控程序 24xxmon 改进而来，提供源代码，可以使用 ADS 进行编译，整合了 USB 下载功能，仅支持 CRAMFS 文件系统，并增加了手工设置启动 Linux 和 WinCE，下载到内存执行测试程序等多种实用功能。因其开源性，故该 bootloader 被诸多其他嵌入式开发板厂商所采用，需要注意的是大部分是未经优龙公司授权的。

U-Boot：一个开源的专门针对嵌入式 Linux 系统设计的最流行 bootloader，必须使用 arm-linux-gcc 进行编译，具有强大的网络功能，支持网络下载内核并通过网络启动系统，U-Boot 处于更加活跃的更新发展之中，但对于 2440/2410 系统来说，它尚未支持 Nand Flash 启动，国内已经有人为此自行加入了这些功能，本章节中的 U-Boot 即是如此。

Bootloader 以其本身的含义来讲就是下载和启动系统，它类似于 PC 中的 BIOS，大部分芯片厂商所提供的嵌入式系统都提供有这样的程序，而且都比较成熟，大可不必自行编写。所改进的 supervivi 目标是使之更加人性化，更加适合于批量生产需要。

## 11.1　配置和编译 vboot

如果在 8.2 节中已经解压安装好了 vivi 的源代码，它位于/opt/mini2440/vboot 目录中。

编译 vboot 十分简单，进入该目录，运行以下命令即可：

```
# cd/opt/mini2440/vboot
# make
```

这将会在当前目录下生成 vboot.bin，它和本书软件包中提供的是完全一样的目标文件，如图 11.1 所示。

此时已经在当前目录下生成了 vboot.bin，可以参考 7.2.2 小节把 vboot.bin 烧写到开发板的 Nand Flash 中，用以启动 Linux 系统。

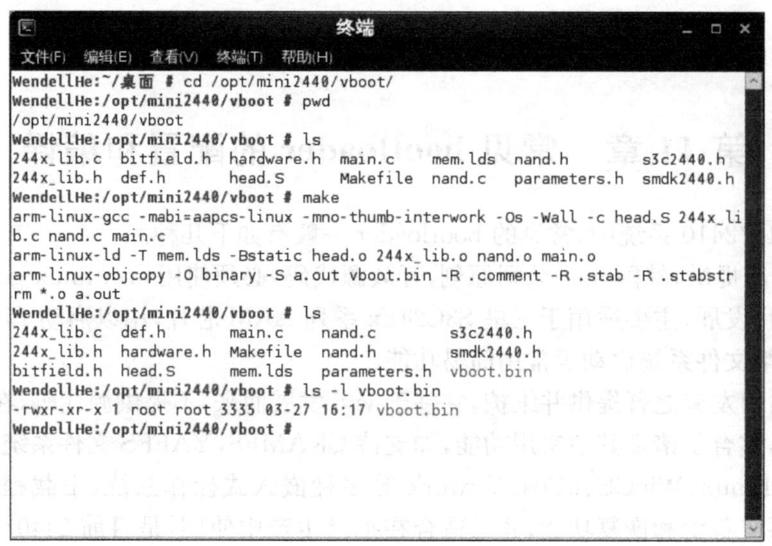


图 11.1　编译 vboot

## 11.2　配置和编译 vivi

在这节里，我们使用的交叉编译器为 arm-linux-gcc-2.95.3，由于交叉编译器从 3.4.1 版本后就取消了对-mapcs-32 和-mshort-load-bytes 的参数支持，所以在用高版本编译器编译 vivi 时，会导致编译出错。在本书所配带软件包 Part02/linux 目录下可以找到交叉编译器 arm-linux-gcc-2.95.3，将其复制到 linux 系统下，解压安装，再配置相应的环境变量并重启 linux 就可以成功安装 arm-linux-gcc-2.95.3 交叉编译器。本节的 vivi 仅适合于 64M Nand Flash 版本的 mini2440/micro2440。

交叉编译器安装命令：

//在这里，我们直接将交叉编译器复制到 linux 与 windows 的共享目录 shared 下。

#tar xvzf /mnt/hgfs/shared/arm-linux-gcc-2.95.3.tgz

通过命令交叉编译器就默认安装在/usr/local/arm/目录下，接下来就是配置环境变量。在 8.1 节中，我们已经建立了 arm-linux-gcc-4.4.3 交叉编译器的环境，在这里，我们只需将 4.4.3 的环境变量注释掉，在添加上 2.95.3 的环境变量。

在 linux 命令终端输入如下命令：

#gedit /root/.bashrc

打开/root 目录下的 .bashrc 文件，在 export PATH＝$PATH:/opt/4.4.3/bin 前面加上“#”。然后在最后一行添加：

export PATH=$PATH:/usr/local/arm/2.95.3/bin

如图 11.2 所示，配置完成后保存并退出。重启 linux，切换到 root 下，在终端输入 arm-linux-gcc -v 命令，查看交叉编译器是否为 arm-linux-gcc-2.95.3。

在 8.2 节中，已经解压安装好了 vivi 的源代码，位于/opt/mini2440/bootloader/s3c2440_vivi_rel 目录中。进入该目录，运行以下命令：

#cd/opt/mini2440/bootloader/s3c2440_vivi_rel

#make menuconfig

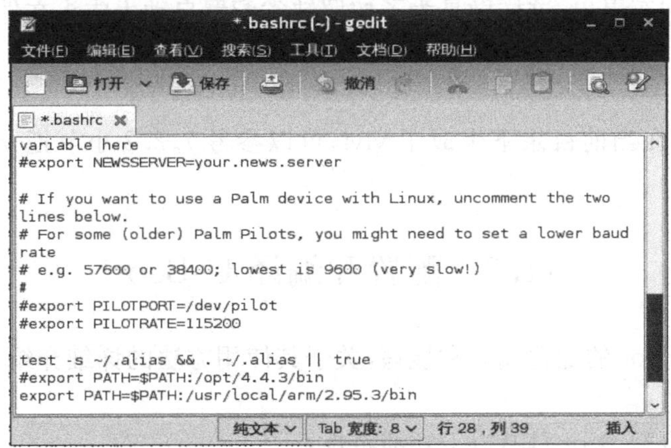


图 11.2　建立交叉编译器环境

出现图 11.3 所示界面。

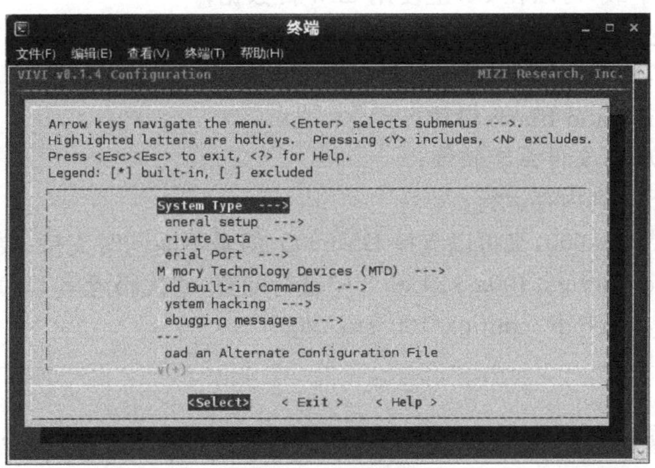


图 11.3　配置 vivi

不需要更改任何配置，按左右方向键，选择〈Exit〉，如图 11.4 所示。

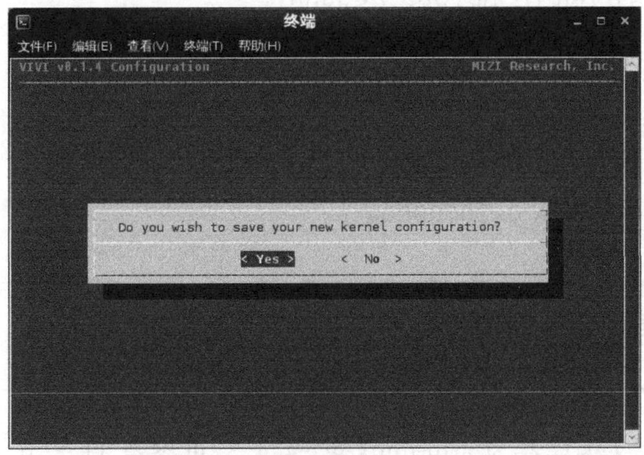


图 11.4　配置 vivi

选择〈Yes〉,按回车退出,这样做是为了按照缺省配置自动生成头文件。然后执行“make”开始编译。

```
#make
```

编译完成后,即在当前目录下生成了 vivi,可以参考 7.2.2 小节把 vivi 烧写到开发板的 Nand Flash 运行。

## 11.3 配置和编译 U-Boot

本节只介绍 U-Boot 的配置编译和烧写,关于其使用方法的详细介绍,可以自行到网上查找相关资料。

本书软件包中的 U-Boot 具有以下功能特性:

(1) 同时支持 S3C2410 和 S3C2440;

(2) 支持串口 xmodem 协议;

(3) 支持 USB 下载,可以在 PC 上使用 dnw 传数据;

(4) 支持网卡芯片 CS8900;

(5) 支持 NAND Flash 读写;

(6) 支持从 Nor/Nand Flash 启动;

(7) 支持烧写 yaffs 文件系统映像;

(8) 可以直接下载到内存运行;

(9) 既可以支持 CS8900,又可以支持 DM9000,但是不能同时支持;要选择支持哪个网卡芯片,需要在 include/configs/100ask24x0.h 中进行配置,如代码清单 11.1 所示:

代码清单 11.1　include/configs/100ask24x0.h

```
#if 0
#define CONFIG_DRIVER_CS8900 1 /* we have a CS8900 on-board */
#define CS8900_BASE 0x19000300
#define CS8900_BUS16 1/*  the Linux driver does accesses as shorts */
#endif
#if ! defined(CONFIG_DRIVER_CS8900)
#define CONFIG_DRIVER_DM9000 1
#define CONFIG_DM9000_USE_16BIT 1
#define CONFIG_DM9000_BASE 0x20000000
#define DM9000_IO 0x20000000
#define DM9000_DATA 0x20000004
#endif
```

下面是具体的编译方法和烧写步骤。

### 11.3.1 编译 U-Boot

本小节所用的交叉编译器为 arm-linux-gcc-4.4.3,可参考 11.2 节,将交叉编译器改为 arm-linux-gcc-4.4.3。在 8.2 节中已经解压安装好了 U-boot 的源代码,位于/opt/mini2440/

bootloader /u-boot-1. 1. 6 目录中。进入该目录,运行以下命令:

```
#cd/opt/mini2440/bootloader/u-boot-1.1.6
#make smdk2410_config;配置 U-Boot
#make
```

就可以开始编译了。编译完毕后,如图 11. 5 所示生成 u-boot. bin。

图 11. 5　编译 U-Boot

### 11. 3. 2　烧写 U-Boot

要在开发板中烧写 U-Boot,需要把开发板拨动开关 S2 设置为 Nor Flash 启动,连接好串口和 USB 线,打开超级终端,打开电源,串口超级终端显示如图 11. 6 所示。

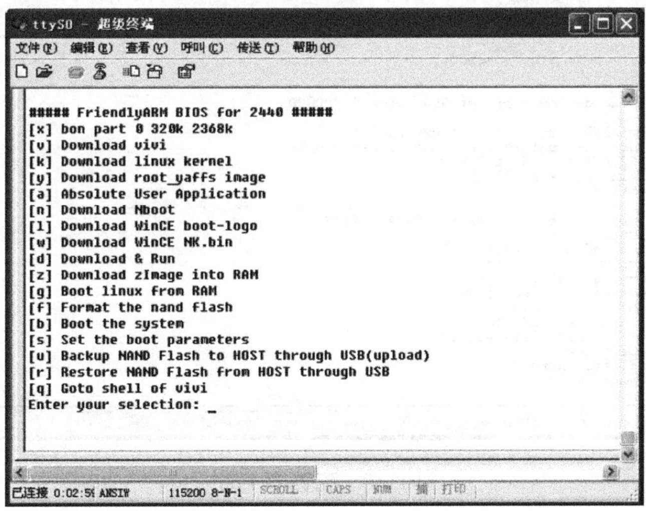


图 11. 6　配置 U-Boot

选择功能号[a],打开 DNW,确认 USB 连接正常 OK,点 UsbPort>Transmit/Restore,选择刚才所编译的 u-boot. bin,下载和烧写很快就会结束。

把开发板启动模式改为 Nand Flash 启动,重新复位或者重启开机电源开关,在串口超级终端可以看到如图 11. 7 所示信息。如果开发板中已经安装了 Linux 系统,U-Boot 将会自动启动它，否则会进入 U-Boot 的功能菜单(也可以根据提示，在开机后 3 秒内按任意键进入)。

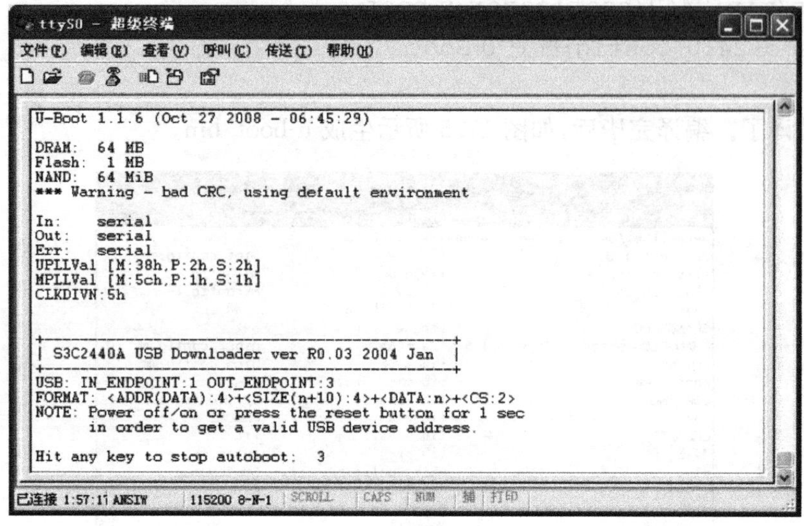


图 11.7　配置 U-Boot

U-Boot 的功能菜单如图 11.8 所示，可以按照功能选项进行测试，它和 supervivi 基本类似。

Mini2440 开发板提供的 linux 内核并不能直接用于 U-boot，因为友善公司不使用 U-boot，对其各个参数设置并不了解，关于 U-Boot 的使用方法可以参考网上的资料。

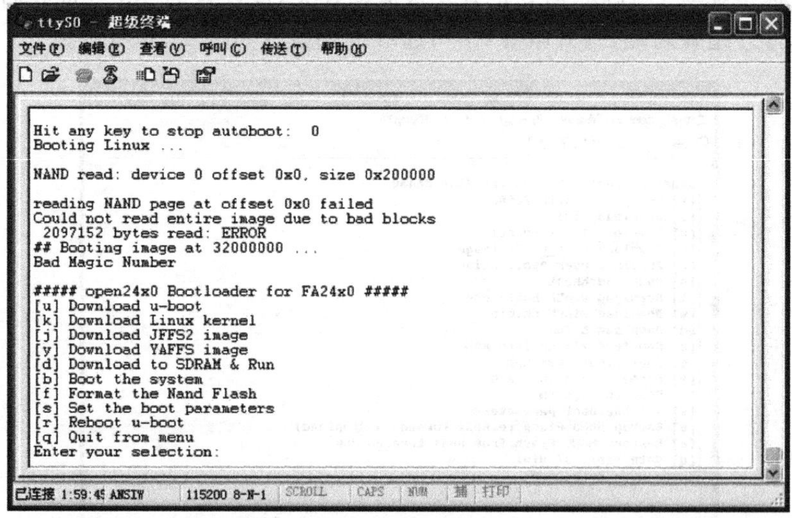


图 11.8　配置 U-Boot

# 思　考　题

1. 嵌入式系统的定义是什么?
2. 什么是实时系统? 根据实时性,嵌入式操作系统有哪些类型?
3. 选择嵌入式操作系统原则有哪些?
4. 列举一些常见的嵌入式操作系统。
5. 嵌入式系统有什么特点?
6. 简述 ARM 处理器种类及特点。
7. 什么是硬实时操作系统、软实时操作系统以及二者的区别?
8. 根据 ARM 体系架构,简述 ARM 系列处理器芯片的划分。
9. ARM 处理器中,引起异常的原因是什么?
10. 简述 Boot Loader 的主要功能。
11. 简述 Boot Loader 有何作用?
12. 简述 Boot Loader 的两种操作模式(operation mode)。
13. 简述 Linux 作为嵌入式操作系统的优势。
14. 简述嵌入式 Linux 系统的初始化过程。
15. 嵌入式 Linux 系统的根文件系统通常应该包括哪些内容?
16. 什么是交叉编译? 为什么要采用交叉编译?
17. ARM 常用编译器有哪些?
18. 什么是 JTAG?
19. 目前常见的调试方式有哪几种?
20. arm-linux-gcc 和 arm-elf-gcc 有什么不同?
21. 程序、进程、线程有何区别?
22. 多线程有几种实现方法,线程间同步有几种实现方法,都是什么?
23. 在 Linux 中编译 C 程序,使之成为可执行文件? 如何调试?
24. 简述嵌入式系统的开发流程。

# 第三篇　Qt 应用与开发

Qt 是 Trolltech 公司(中文名是“奇趣科技”)1994 年开始开发的软件产品,2008 被 NOKIA 公司收购。Qt 已被视为最新移动编程世界中功能强大的组件之一。Qt 在桌面系统中的使用最为令人瞩目,如 KDE、Opera、Skype 和 VirtualBox,最近也被移植到了诺基亚移动平台,如 S60 和 Maemo。自 1Trolltech 发布,Qt 以两种不同的许可证(开源许可证和商业许可证)发行,这使 Qt 不仅适合 GPL 的开源项目,同时也适合商业项目。

Qt 是一个跨平台的 C++应用程序开发框架,有时又被称为 C++部件工具箱;是基于 C++语言上的一种专门用来开发 GUI 界面的程序,里面包括了 button、label、frame 等很多的可以直接调用的东西,如图 1 所示。Qt 的好处就在于 Qt 本身可以被称作是一种 C++的延伸,其中有数百个类(class)都是用 C++写出来的,也就是说,Qt 本身就具备了 C++的快速、简易和面向对象编程(OOP)等优点。

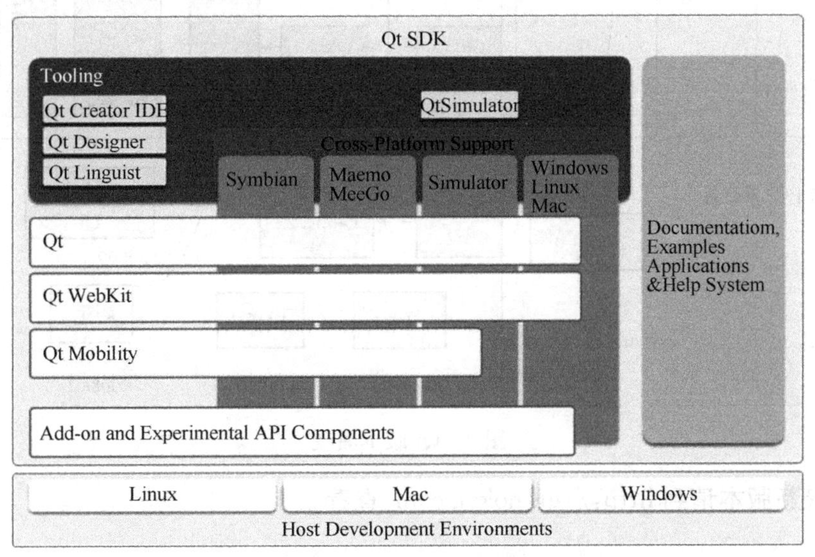


图 1　Qt SDK 层次结构

Qt 不只是可以在 Linux 中运行,也同样可以在 Microsoft Windows 中运行,这也就是说,利用 Qt 编写出来的程序,在几乎不修改的境况下就可以同时在 Linux 中和 Microsoft Windows 中运行。Qt 的应用非常广泛,从 Linux 到 Windows,从 x86 到 Embedded 都有 Qt 的影子。

Qt 系列产品有很多,如 Qt、Qt Embedded、Qtopia Core、Qtopia 等。下面总结一下这些版本之间的区别和联系。

Qt 泛指 Qt 的所有桌面版本,如 Qt/X11、Qt Windows、Qt Mac 等,如图 2 所示。由于 Qt 最早是在 Linux 中随着 KDE 流行开来的,因此通常很多人说的 Qt 都指用于 Linux/Unix 的

Qt/X11。

Qt Embedded(又可写作 Qt/E、Qt/Embedded 或 Qte)是用于嵌入式 Linux 系统的 Qt 版本。Qt/E 去掉了 X Lib 的依赖而直接工作于帧缓冲(frame buffer)上,因而效率更高,但它并不是 Qt 的子集,而应该是超集,部分机制(如 QCOP 等)不能用于 Qt/X11 中。

Qtopia 是一个构建于 Qt/E 之上的类似桌面系统的应用环境。相比之下,Qt/E 是基础类库。

Qtopia Core 就是原来的 Qt/E,从 Qt4 开始改名,把 Qtopia Core 并到 Qtopia 的产品线中去了,仍然作为基础类库。

Qt 的版本是按照不同的图形系统来划分的,目前分为 Win32、X11、Mac 和 Embedded 四个版本。Win32 版适用于 Windows 平台;X11 版适合于使用了 X 系统的各种 Linux 和 Unix 的平台;Mac 版适合于苹果 Mac OS 平台;Embedded 版适合于具有帧缓冲的 Linux 的平台。

本篇只讲述 Qt 4.0 以上的嵌入式应用软件开发环境。

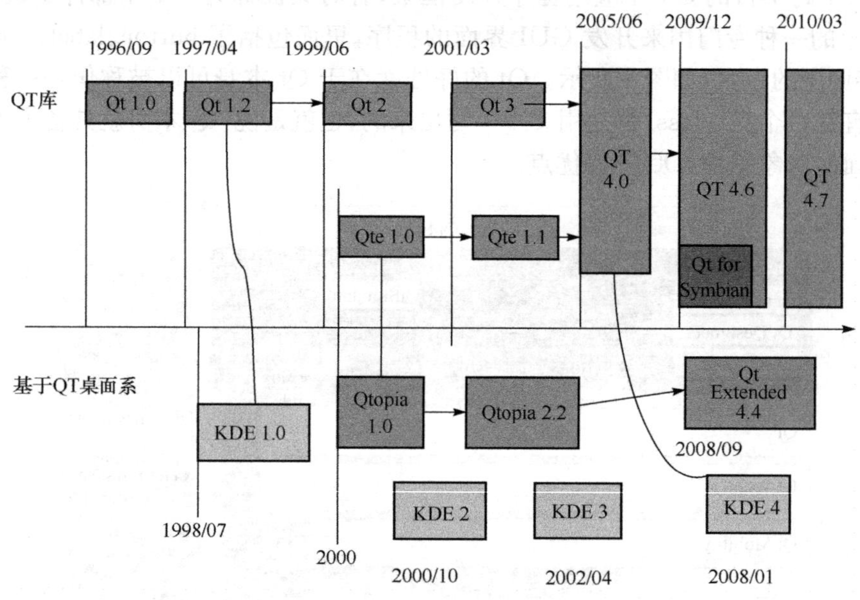


图 2　Qt 版本演变

QtE 的最新版本请到 http://qt.nokia.com/查看。

# 第 12 章　建立 Qt 桌面开发环境

## 12.1　编译 Qt/X11 环境

在 Trolltech 公司的网站上可以下载该公司所提供的 Qt/Embedded 的免费版本。将其本书软件包中 Par03 中的 qt-x11-opensource-src-4. 5. 3. tar. gz 目录复制到 openSUSE 桌面文件系统的/home 目录下，在安装 Qt 前，需确定 Linux 系统中安装了 gcc-c＋＋和 xorg-x11-devel。安装交叉编译器 arm-linux-gcc-4. 4. 3. tar. gz，具体安装方法请参见 8. 1 节。之后进行以下操作：

```
# cd  /home
# mkdir for_pc
# cd for_pc
# mkdir qt-x11
# gedit  /root/.bashrc  //打开文件
```

在末尾添加 export PATH＝$PATH：/home/for_pc/qt－x11/bin，然后存盘退出。

```
# source /root/.bashrc
# cd /home
# tar xzvf qt-x11-opensource-src-4. 5. 3. tar.gz
# cd qt-x11-opensource- src- 4. 5. 3
# ./configure-prefix /home/for_pc/qt-x11  -qt-libpng  // 出现安装提示时选择 yes
# gmake-j4  //j4 为 2 核 CPU 可同时运行 4 个线程，加快编译速度
# gmake install
```

. /configure 是对 Qt 进行配置，它包括很多选项，如可以通过添加“-no-opengl”等，如果想要进一步了解可以通过键入. /configure –help 来获得更多的帮助信息。gmake 与 gmake in-sall 命令分别是编译与安装 Qt 环境。

如果上面各步都能够成功的编译通过，Qt 在 PC 机上的运行环境就搭建好了。下面就可以通过运行 Qt/Embedded 自带的 demo 来查看运行结果：

```
# cd /home/qt-x11-opensource-src-4. 5. 3/examples/widgets/wiggly/
# ./wiggly
```

运行结果如图 12. 1 所示。

将上面的步骤完成后，就已经建立好了在本机上开发 Qt 应用程序的环境，下面通过编写一个“Hello”的程序来了解 Qt 程序设计。

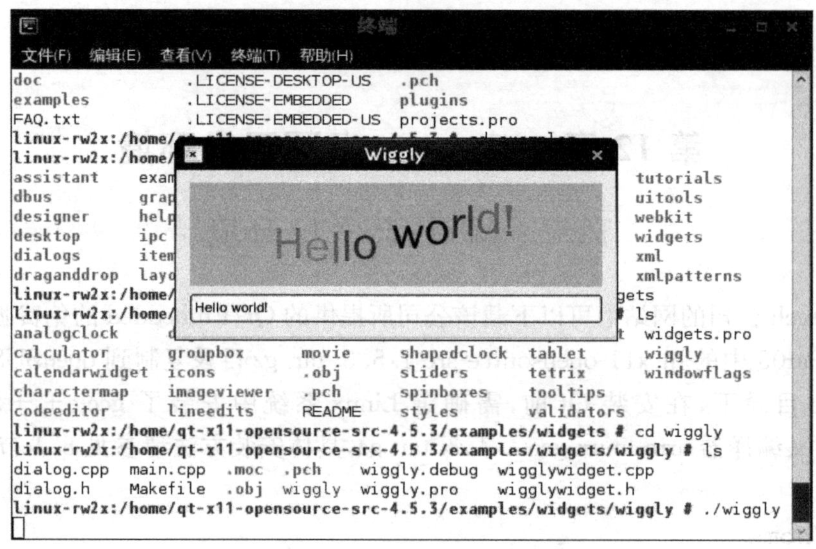


图 12.1　Qt/Embedded Demo 程序

## 12.2　Hello,Qt!

我们以一个非常简单的 Qt 程序开始 Qt 的学习。我们首先一行行的分析代码,然后我们将会看到怎样编译和运行这个程序如代码清单 12.1 所示。

代码清单 12.1　Hello,Qt!

```
1  # include<QApplication>
2  # include<QLabel>
3  int main (int argc, char * argv [])
4  {
5      QApplication app (argc, argv);
6      QLabel * label=new QLabel ("Hello Qt!");
7      label->show ();
8      return app. exec ();
9  }
```

第 1 行和第 2 行包含了两个类的定义:QApplication 和 QLabel。对于每一个 Qt 的类,都会有一个同名的头文件,头文件里包含了这个类的定义。因此,你如果在程序中使用了一个类的对象,那么在程序中就必须包括这个头文件。

第 3 行是程序的入口。几乎在使用 Qt 的所有情况下,main()函数只需要在把控制权转交给 Qt 库之前执行一些初始化,然后 Qt 库通过事件来向程序告知用户的行为。argc 是命令行变量的数量,argv 是命令行变量的数组。这是一个 C/C++特征。它不是 Qt 专有的,无论如何 Qt 需要处理这些变量。

第 5 行定义了一个 QApplication 对象 App。QApplication 管理了各种各样的应用程序的广泛资源,如默认的字体和光标。App 的创建需要 argc 和 argv 是因为 Qt 支持一些自己的命令行参数。在每一个使用 Qt 的应用程序中都必须使用一个 QApplication 对象,并且在任何 Qt 的窗口系统部件被使用之前创建此对象是必需的。App 在这里被创建并且处理后面的命令行变量(如在 X 窗口下的-display)。请注意,所有被 Qt 识别的命令行参数都会从 argv 中被移除(并且 argc 也因此而减少)。

第 6 行创建了一个 QLabel 窗口部件(widget),用来显示“Hello Qt!”。在 Qt 和 Unix 的术语中,一个窗口部件就是用户界面中一个可见的元素,它相当于 Windows 术语中的“容器”加上“控制器”。按钮(button)、菜单(menu)、滚动条(scroll bars)和框架(frame)都是窗口部件的例子。窗口部件可以包含其他的窗口部件。例如,一个应用程序界面通常就是一个包含了 QMenuBar、一些 QToolBar、一个 QStatusBar 和其他的一些部件的窗口。绝大多数应用程序使用一个 QMainWindow 或者一个 QDialog 作为程序界面,但是 Qt 允许任何窗口部件成为窗口。在这个例子中,QLabel 窗口部件就是作为应用程序主窗口的。

第 7 行使我们创建的 QLabel 可见。当窗口部件被创建的时候,它总是隐藏的,必须调用 show()来使它可见。通过这个特点我们可以在显示这些窗口部件之前定制它们,这样就不会出现闪烁的情况。

第 8 行就是 main()将控制权交给 Qt。在这里,程序进入了事件循环。事件循环是一种 stand-by 的模式,程序会等待用户的动作(如按下鼠标或者是键盘)。用户的动作将会产生程序可以做出反应的事件(也被称为“消息”)。程序对这些事件的反应通常是执行一个或几个函数。

为了简单起见,我们没有在 main()函数的结尾处调用 delete 来删除 QLabel 对象。这种内存泄露是无害的,因为像这样的小程序,在结束时操作系统将会释放程序占用的内存堆。下面我们来编译这个程序。建立一个名为 hello 的目录,在目录下建立一个名为 hello.cpp 的 C++源文件,将上面的代码写入文件中。

```
# cd /home/for_pc
# mkdir hello
# cd hello
# gedit hello.cpp          //编辑 hello.cpp 源文件,填入上述 9 行代码,编译程序
# /home/qt-x11-opensource-src-4.5.3/bin/qmake  -project
# /home/qt-x11-opensource-src-4.5.3/bin/qmake
# make
```

运行程序(图 12.2):

```
# ./hello
```

Qt 也支持 XML。我们可以把程序的第 6 行替换成下面的语句:

```
QLabel * label=new QLabel("<h2><i>Hello</i>" "<font color=red>Qt!
</font></h2>");
```

重新编译程序,我们发现界面拥有了简单的 HTML 风格。如图 12.3 所示。

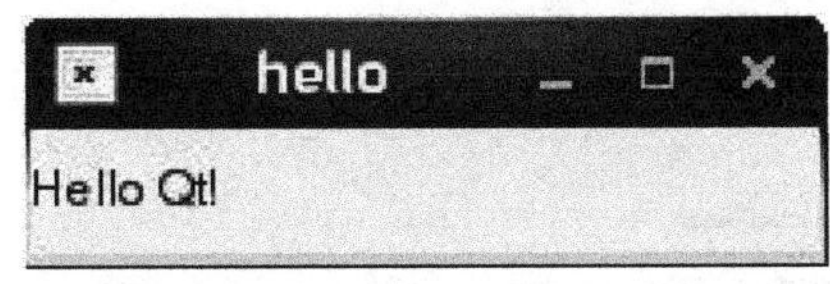

图 12.2　Hello Qt GUI

图 12.3　Hello Qt GUI

本例中编译工具 qmake 是采用全路径的方法使用,也可以把 qmake 的路径添加进 PATH 环境变量来使用,这样比较方便,无需敲出很烦琐的路径。

# 第 13 章 Qt GUI 及 Qt/E 移植

本章在第 12 章建立的开发环境基础上，继续讲述 Qt GUI 的创建。Qt 提供了非常强大的 GUI 编辑工具——Qt Designer(Qt 设计器)，它的操作界面类似于 Windows 下的 Visual Studio，而且它还提供了相当多的部件资源。

Qt 允许程序员不通过任何设计工具，以纯粹的 C++代码来设计一个程序。但是更多的程序员更加习惯于在一个可视化的环境中来设计程序，尤其是在界面设计的时候。这是因为这种设计方式更加符合人类思考的习惯，也比书写代码要快速的多。

Qt 也提供了这样一个可视化的界面设计工具：Qt Designer。其开始界面如图 13.1 所示。Qt 设计器可以用来开发一个应用程序全部或者部分的界面组件。以 Qt 设计器生成的界面组件最终被变成 C++代码，因此 Qt 设计器可以被用在一个传统的工具链中，并且它是编译器无关的。

默认情况下，Qt Designer 的用户界面是由几个顶级的窗口共同组成的。如果你更习惯于一个 MDI-style 的界面(由一个顶级窗口和几个子窗口组成的界面)，可以在菜单 Edit－> User Interface Mode 中选择 Docked Window 来切换界面。图 13.2 显示的就是 MDI-style 的界面风格。

不管我们是使用 Qt Designer 还是编码来实现一个对话框，都包括以下相同的步骤：

(1) 创建并初始化子窗口部件；

(2) 将子窗口部件放置到布局当中；

(3) 对 Tab 的顺序进行设置；

(4) 放置信号和槽的连接；

(5) 完成对话框的通用槽的功能。

Qt Designer 的启动可以通过命令行运行 designer 完成，启动界面如图 13.1 所示。

```
# /home/qt-x11-opensource-src-4.5.3/bin/designer
```

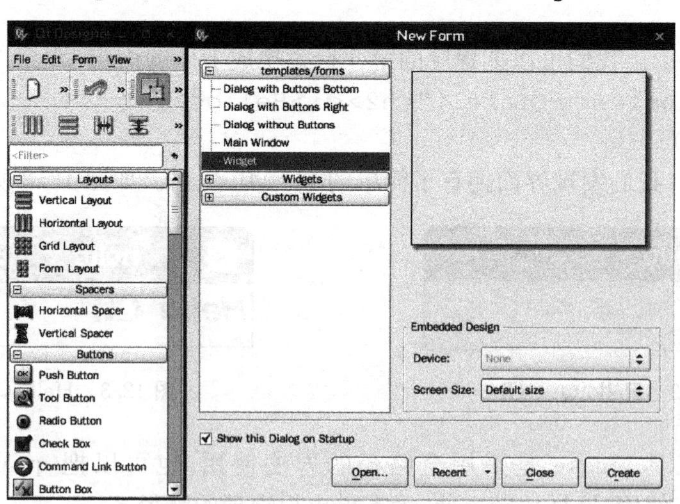


图 13.1　Qt Designer

将弹出的新建窗体关闭。用户可根据使用习惯，可在 View 的下拉式菜单中选择添加窗口组建。如图 13.2 所示。

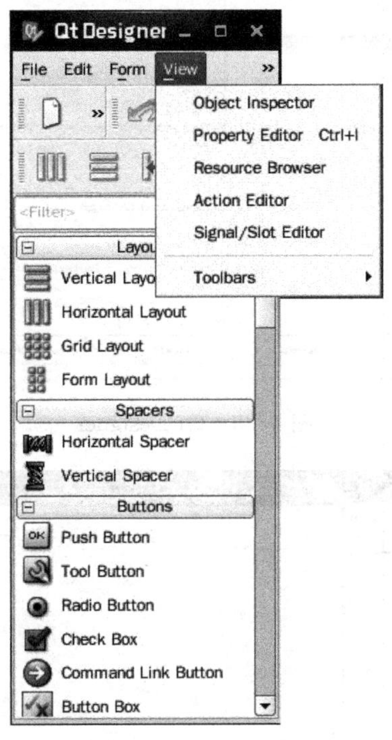


图 13.2　Qt Designer

## 13.1　编写 Qt/X11 程序

现在我们用 Designer 来编写一个程序。首先，进入/home/for-pc/目录中进行设计。

```
# cd /home/for_pc/
# mkdir testqt-x11                    //建立实验目录
# cd testqt-x11/
```

启动 Qt Designer:# /home/qt-x11-opensource-src-4.5.3/bin/designer 将弹出 designer 界面，在 Qt Designer 的菜单中选择“文件→新建”。可以看到在弹出的窗口左上方有一个“templates\forms”的菜单，下面有四个可供选择的模板。第一个和第二个都是对话框，区别在于对话框中按钮的位置不同。第三个是主窗口，第四个是窗口部件。选择 Widget，如图 13.3 所示。

点击创建，然后弹出 Form-untitled 窗口，如图 13.4 所示。

拖拽两个简单的控件(TextEdit、PushBotton)进行界面设计，在 Buttons 下找到 PushBotton，拖拽出来放入 Form-untitled 中，在 Input Widgets 找到 Text Edit 并拖拽放入 Form-untitled 中。如图 13.5 所示。

初始化控件及相关属性内容，在 Text Edit 控件里面输入文字，并把 PushButton 改为 show，如图 13.6 所示。

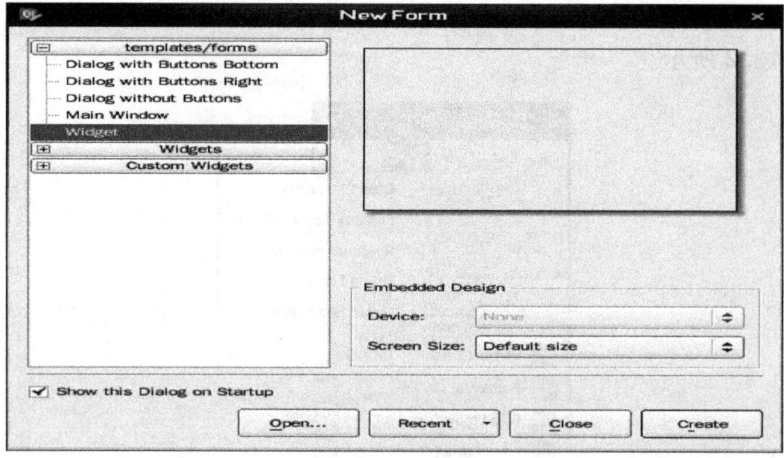


图 13.3　Qt Designer

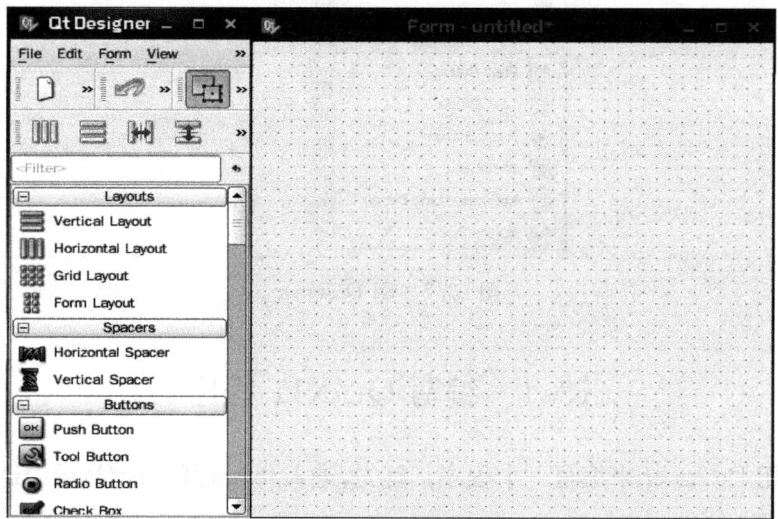


图 13.4　Qt Designer

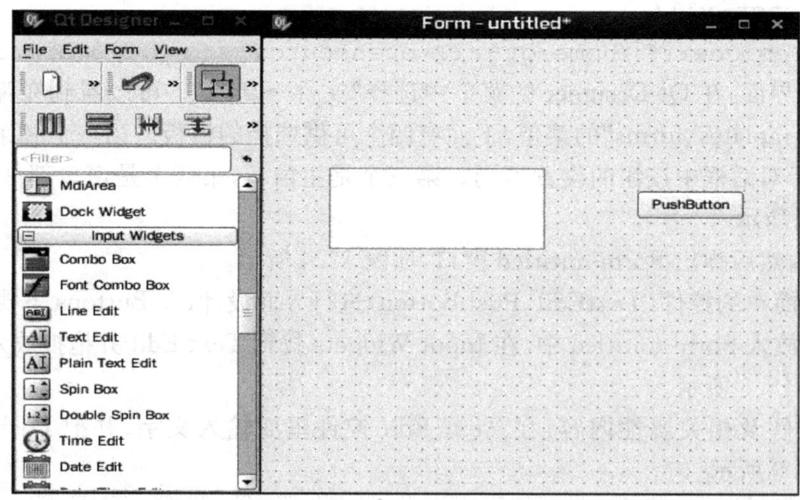


图 13.5　Qt Designer

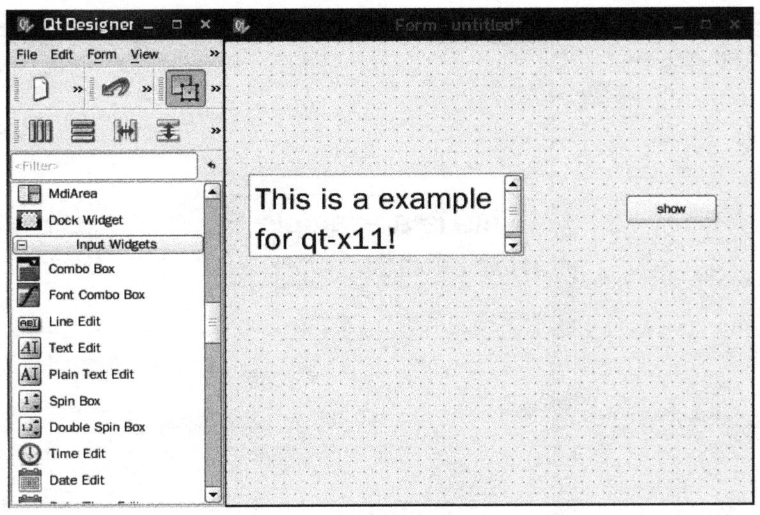


图 13.6　Qt Designer

建立信号与槽的连接，点击在编辑窗口右侧的下拉式菜单，在弹出的下拉式菜单中选择“编辑信号/槽”按钮。如图 13.7 所示。

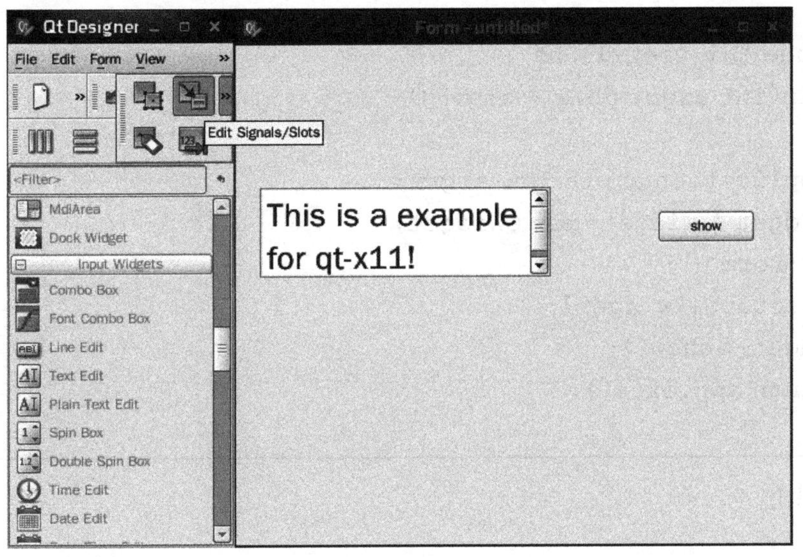


图 13.7　Qt Designer

将 show 按钮与文本编辑框连接，在弹出的配置连接窗口中，pushButton 下的窗口选择 clicked()，textEdit 的窗口下选择 clear()，然后单击确定，配置后如图 13.8 所示。

退出界面编辑保存为 UI 格式 testx11.ui。

```
# cd /home/for_pc/testqt- x11
# ls
testx11.ui
```

编辑 main.cpp 函数，如代码清单 13.1 所示。

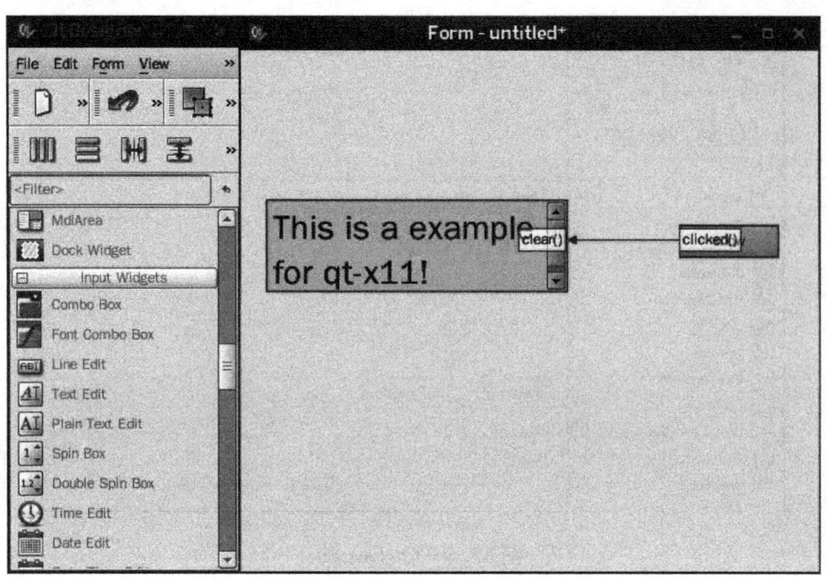


图 13.8　Qt Designer

代码清单 13.1　main.cpp 函数

```
# include "ui_testx11.h"
int main(int argc, char * argv[])
{
    QApplication app(argc, argv);
    QWidget * widget=new QWidget;
    Ui::Form ui;
    ui.setupUi(widget);
    widget->show();
    return app.exec();
}
```

保存并退出。

```
# ls
main.cpp testx11.ui
```

编译程序生成工程文件.pro：

```
# /home/qt-x11-opensource-src-4.5.3/bin/qmake-project
# ls
testqt-x11.pro testx11.ui main.cpp
```

编译生成 Makefile 文件：

```
# /home/qt-x11-opensource-src-4.5.3/bin/qmake
# ls
Makefile testqt-x11.pro testx11.ui main.cpp
```

编译生成可执行文件：

```
# make
# ls
main.cpp main.o Makefile testqt-x11 testqt-x11.pro testx11.ui
ui_testx11.h
```

程序编译成功了，执行编译好的程序测试下观察效果(图 13.9)。

```
# ./testqt-x11
```

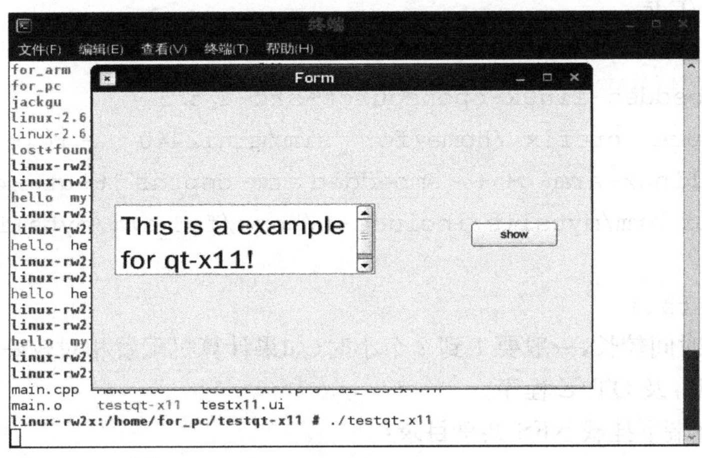

图 13.9　Qt Designer

## 13.2　移 植 Qt/E

本节使用内核为 ARM9 的 mini2440 开发板，交叉编译器 arm-linux-gcc-4.4.3。所用的源码包为 qt-embedded-linux-opensource-src-4.5.3.tar.gz，校正触摸屏用的程序包为 tslib-1.4.tar.gz。

在 Windows 下将 Part03 下的 qt-embedded-linux-opensource-src-4.5.3.tar.gz 和 tslibe-1.4.tar.gz 复制到 Windows 与 Linux 的共享目录 shared 下。

(1) 复制并解压 Qt/E 库及触摸屏库到/home 目录。

```
# cd /home
# cp /mnt/hgfs/shared/qt-embedded-linux-opensource-src-4.5.3.tar.gz ./
# tar xzvf qt-embedded-linux-opensource-src-4.5.3.tar.gz
# mkdir for_arm
# cd for_arm
# cp /mnt/hgfs/shared/tslib-1.4.tar.gz ./
# tar xzvf tslib-1.4.tar.gz
```

(2) 编译 tslib1.4 触摸屏库。

在编译触摸屏库前，需安装 3 个软件：autoconf、automake、libtool。

```
# cd tslib
# ./autogen.sh
```

```
# ./configure-prefix=/home/for_arm/mytslib/ --host=arm-linux
ac_cv_func_malloc_0_nonnull=yes
# make
# make install
```

编译完成后，可在/home/for_arm/目录下生产mytslib，进入mytslib可以看到与bin、include、lib、etc四个文件夹，这些文件在接下来的移植过程中都要用到。

(3) 编译QT/E库。

```
# cd /home
# cd qt-embedded-linux-opensource-src-4.5.3
# ./configure- prefix /home/for_arm/mini2440  - release - shared -
xplatform qws/linux-arm-g+ + -embedded arm-depths 16-qt-mouse-tslib
-I/home/for_arm/mytslib/include-L/home/for_arm/mytslib/lib
# gmake-j4
# gmake install
```

Qt/E的编译时间较长，一般要1到2个小时(如果计算机配置相对较好)。

(4) 测试触摸屏及QT/E程序。

从开发板的终端下挂载NFS共享目录：

```
# mount-o nolock 192.168.1.10:/home /mnt
```

在本书中，PC主机Linux的IP设置为192.168.1.10，子网掩码为255.255.255.0；虚拟机VM与网络的连接设为桥接(bridge)模式。PC主机Windows XP设为192.168.1.1，开发板为192.168.1.230。这里要注意的是IP地址要在同一网段上。

将我们在Linux下编译生成的mytslib文件夹复制到开发板上。在开发板的终端下执行：

```
# cd /home
# cp /mnt/for_arm/mytslib/ ./ -arf
```

在Linux下，将编译Qt/E生成的目录mini2440压缩成文件mini2440.tar.gz(推荐在图形界面下找到文件夹，压缩)。通过ftp传到开发板，当然也可以用U盘，但用NFS复制会出现NFS掉线的情况。如果用ftp传到开发板，可在开发板的/home下plg目录找到mini2440.tar.gz。

```
# cd /home
# cd plg
# ls
mini2440.tar.gz
# tar xzvf mini2440.tar.gz
# ls
mini2440 mini2440.tar.gz
```

接下来在开发板上配置环境变量：

```
# cd /etc
# vi profile
```

配置如下环境变量：

```
export  QTDIR=/home/plg/mini2440
```

```
export  T_ROOT=/home/mytslib
export  PATH=$ QTDIR/bin:$ PATH
export  TSLIB_CONSOLEDEVICE=none
export  TSLIB_FBDEVICE=/dev/fb0
export  TSLIB_TSDEVICE=/dev/ event0
export  TSLIB_PLUGINDIR=$T_ROOT/lib/ts
export  TSLIB_CONFFILE=$T_ROOT/etc/ts.conf
export  TSLIB_CALIBFILE=/etc/pointercal
export  QWS_MOUSE_PROTO=tslib:/dev/event0
export  QT_QWS_FONTDIR=$QTDIR/lib/fonts
export  LD_LIBRARY_PATH=$T_ROOT/lib:$QTDIR/lib
```

保存退出。

注意:在设置环境变量时,要具体视所配目录下有没有相应设备。例如,有的 fb0、event0 设备在/dev 下,而有的在/dev/input 目录下。所以要根据自己的文件系统的实际情况来设置环境变量。

在开发板终端上执行 # source /etc/profile 使系统更新一遍刚设置的系统环境变量。

验证变量设置是否成功,在开发板终端下执行 # echo $QTDIR;如果显示 #/home/plg/mini2440 ,则说明设置成功了。

接下来设置一下触摸屏的配置文件 ts.conf,在开发板终端执行:

```
# cd /home/mytslib/etc
# vi ts.conf
```

把 #module_raw input 前面的"#"号去掉,然后把改行移至行首,修改配置文件为

```
module_raw input
module pthres pmin=1
module variance delta=30
module dejitter delta=100
module linear
```

执行触摸屏校准程序(在开发板下):

```
# cd /home/mytslib/bin
# ./ts_calibrate        --------  触摸校正程序
```

此时如无错误则进入 5 点触摸屏校准程序并存储配置文件,还可以进行其他触摸屏测试程序 ts_test、ts_print 等。

(1) 执行 QT/E 带触摸屏的例子程序。

在开发板终端进入编译移植到开发板的目录,找一个列子程序。

```
# cd /home/plg/mini2440/examples/widgets/digitalclock/
```

在 ARM 开发板端执行程序

```
# ./digitalclock -qws
```

(2) 编译 Qt/E 程序。

可以将上一节中的 Qt 代码直接复制过来编译:

```
# cd /home/for_arm/
```

```
# cp /home/for_pc/testqt-x11/ . -arf
# cd testqt-x11/
```

在编译之前，将 qt-x11-opensource-src-4.5.3 编译出来的文件删除，然后进行下面的操作：

```
# /home/qt-embedded-linux-opensource-src-4.5.3/bin/qmake-project
# /home/qt-embedded-linux-opensource-src-4.5.3/bin/qmake
# make
```

复制编译好的 QT/E 程序到 NFS 共享目录下：

```
# cp testqt-x11 /home
```

在 ARM 端用 NFS 方法挂载实验目录并设置相应环境变量后执行 Qt/E 程序，在开发板终端执行：

```
# mount-o nolock 10.10.178.159:/home /mnt
# cd /mnt/for_arm/testqt-x11
# ./testqt-x11-qws
```

# 第 14 章　Qt Creator 集成开发环境

Qt Creator 正式迈入 2.0 时代，在保持原来桌面开发内容的基础下，更考虑到未来移动开发的趋势，增加了 Symbian 开发环境，并且拥有了中文的界面，这是令许多中国开发者高兴的。

从 Qt 4.0 版本 UI 只需转换为.h 文件。从 Qt 4.5 版本，就有了 Qt Creator 开发环境。在 Windows XP 上安装 Qt Creator。

(1) 先安装 qt-creator-win-opensource-2.1.0.exe；

(2) 然后再安装 qt-win-opensource-4.7.3-mingw.exe，这一步选择的 mingw 编译器，恰好上一步安装 Qt Creator 后已经安装了 mingw，浏览到 Qt Creator 安装目录下的 mingw 目录，这里是 C:\Qt\qtcreator-2.1.0\mingw；

(3) 启动 Qt Creator，打开菜单“工具/选项”，在“Qt4”中添加 Qt 版本：如图 14.1 所示。

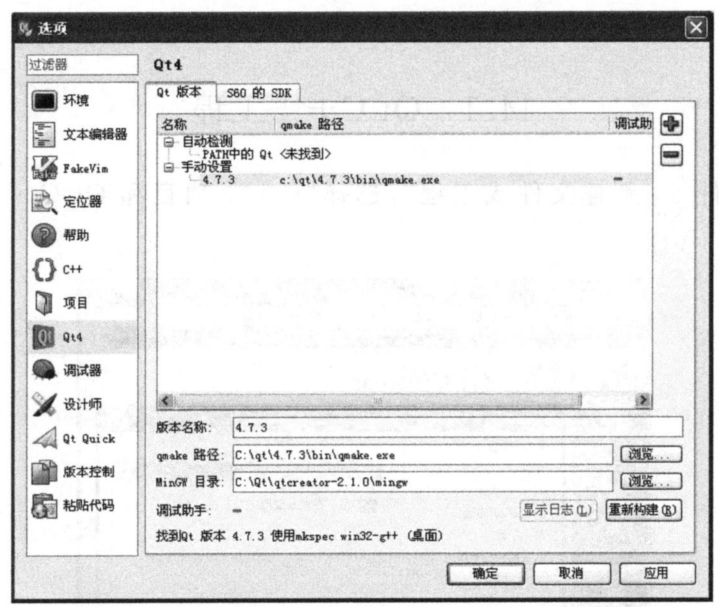


图 14.1　在 Windows XP 下配置 Qt Creator 2.1

这样就建立起 Windows XP 下的 Qt 软件开发环境，通过不同的编译器可以开发出桌面和嵌入式应用软件。

如果碰到错误：jom.exe 1.03-empower you cores，就取消选项“使用 jom 替代 nmake”(图 14.2)。

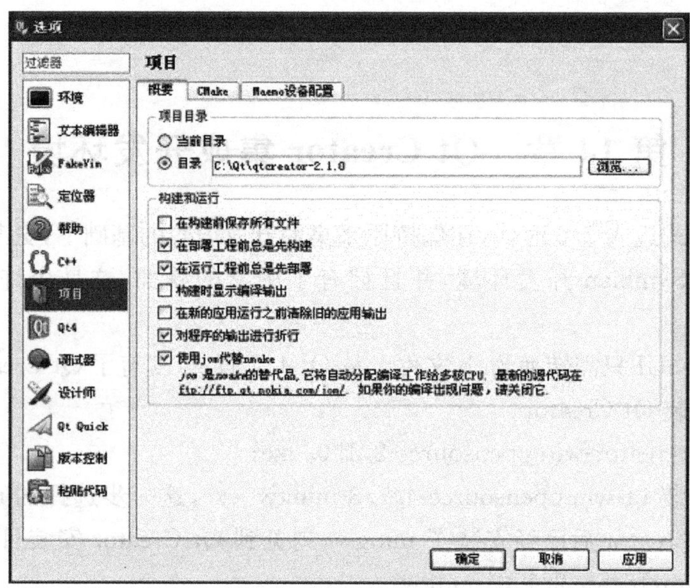

图 14.2　在 Windows XP 配置 Qt Creator 2.1

## 14.1　Qt C++工程

1. 点击“文件 > 新建文件或工程”，选择“C++项目和 Qt Gui 应用”，点击“选择”(图 14.3)。

图 14.3　Qt Creator 2.1

2. 输入工程名为 helloworld 和要保存的路径名为 C:\Qt\qtcreator-2.1.0\，点击“下一步”(图 14.4)。

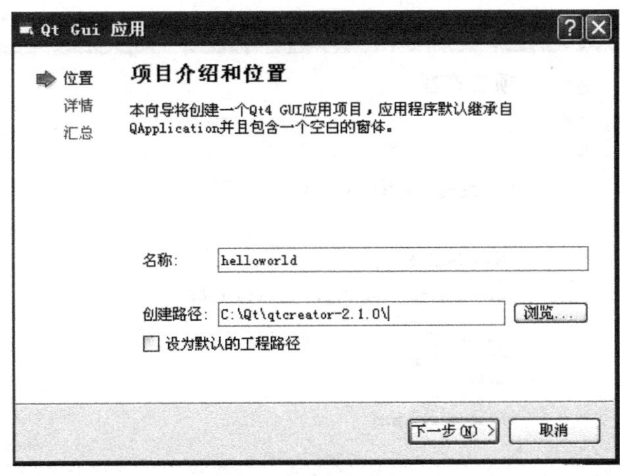


图 14.4　Qt GUI 应用

3. 将“基类”选为 QDialog 对话框类。然后点击“下一步”(图 14.5)。

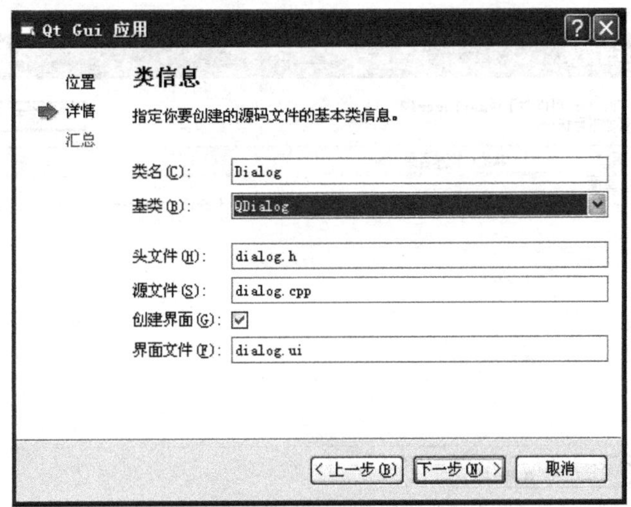


图 14.5　Qt GUI 应用

4. 这时软件自动添加基本的头文件等，点击“下一步”，直到点击“完成”，helloworld 工程就建立成功了(图 14.6 和图 14.7)。

5. 可以看见工程中的所有文件都出现在列表中了，我们可以直接按下左列中的运行按钮或者按下 Ctrl+R 快捷键运行程序(图 14.8)。

6. 程序运行会出现空白的对话框，如图 14.9 所示。

7. 关闭 Dialog 空白对话框，双击文件列表的 dialog.ui 文件，便出现了如图 14.10 所示的图形界面编辑界面。

8. 在右边的器件栏里找到 Label 标签器件。

9. 按着鼠标左键将其拖到设计窗口上。

10. 双击它，并将其内容改为 Hello world! (图 14.11)。

11. 在右下角的属性栏里将字体大小由 9 改为 20。

12. 拖动标签一角的蓝点，将全部文字显示出来。

图 14.6　Qt GUI 应用

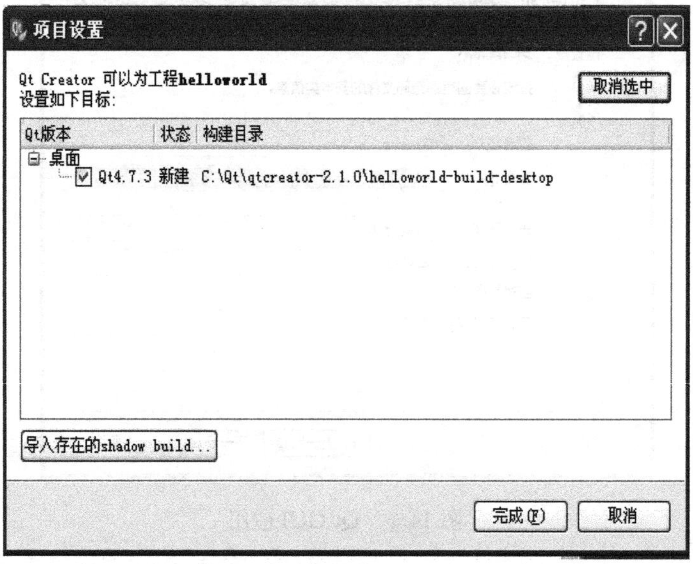

图 14.7　Qt GUI 应用

13. 再次按下运行按钮，便会出现 hello world。到这里 hello world 程序便完成了。

Qt Creator 编译的程序，在其工程文件夹下(C:\Qt\qtcreator-2.1.0 /helloworld-build-desktop/)会有一个 debug 文件夹，其中有程序的. exe 可执行文件。但 Qt Creator 默认是用动态链接的，就是可执行程序在运行时需要相应的. dll 文件。我们点击生成的. exe 文件，首先可能显示“没有找到 mingwm10. dll，因此这个应用程序未能启动。重新安装应用程序可能会修复此问题。”这表示缺少 mingwm10. dll 文件。

解决这个问题我们可以将相应的. dll 文件放到系统中。在 Qt Creator 的安装目录的 qt 文件下的 bin 文件夹下(这里安装的路径是 C:\Qt\4. 7. 3\bin\)，可以找到所有的相关. dll 文件。在这里找到 mingwm10. dll 文件，将其复制到 C:\WINDOWS\system 文件夹下，即可。下面再提示缺少什么 dll 文件，都像这样解决就可以了。

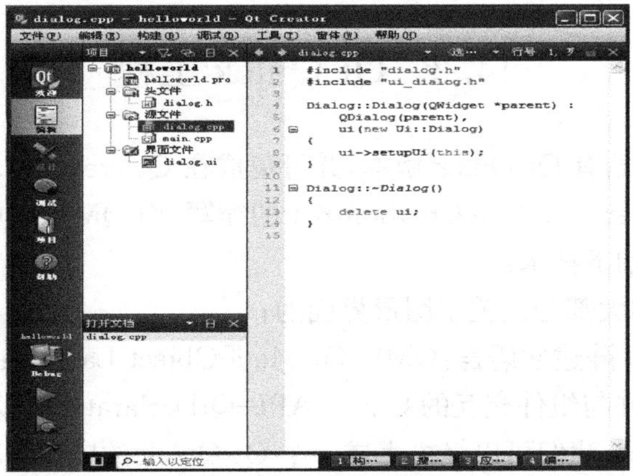


图 14.8　Qt GUI 应用

图 14.9　Qt GUI 应用

图 14.10　Qt GUI 应用

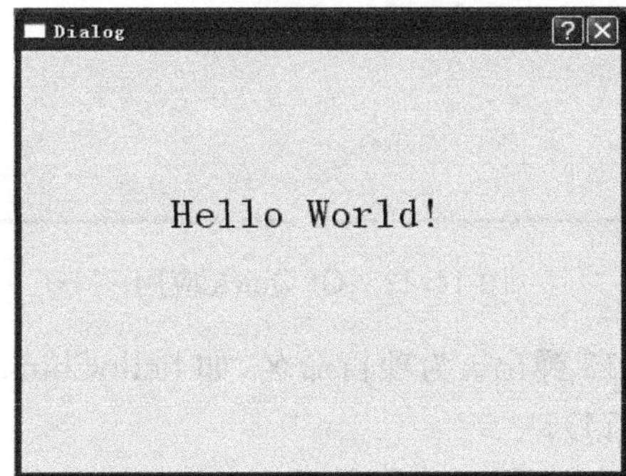


图 14.11　Qt GUI 应用

## 14.2　Qt Quick 工程

从 Qt4.7 版本就开始有 Qt Quick 版本，并可集成在 Qt creator 2.1 开发环境中。

Qt Quick 是 Qt User Interface Creation Kit 的缩写，而 QML 是 Qt Quick 最重要的组成部分，Qt Quick 结合了如下技术：

(1) 组件集合，其中大部分是关于图形界面的；

(2) 基于 JavaScript 陈述性语言：QML(Qt Meta-Object Language 的缩写)；

(3) 用于管理组件并与组件交互的 C++ API--QtDeclarative 模块；

(4) 通过 Qt Creator，我们可以轻松生成一个 Qt Quick 的应用工程，从而为 QML 生成应用程序框架。

QML 是一种描诉性的脚本语言，文件格式以.qml 结尾。语法格式非常像 CSS，但又支持 JavaScript 形式的编程控制。它结合了 Qt Designer UI 和 QtScript 的优点。Qt Designer 可以设计出.ui 界面文件，但是不支持和 Qt 原生 C++代码的交互。QtScript 可以和 Qt 原生代码进行交互，但是有一个缺点，如果要在脚本中创建一个继承于 QObject 的图形对象非常不方便，只能在 Qt 代码中创建图形对象，然后从 QtScript 中进行访问。而 QML 可以在脚本里创建图形对象，并且支持各种图形特效以及状态机等，同时又能跟 Qt 写的 C++代码进行方便的交互，使用起来非常方便。

下面介绍如何创建 Qt Quick(qml)应用程序。

我们便可通过 Creator 的向导非常便捷的生成基于 QML 的应用程序，步骤如下：

1. 菜单项 File > New File or Projects… ，图 14.12 弹出，选择“Qt Quick 项目”及“Qt Quick 应用程序”。

注意：这里 Qt Quick UI 将生成 qml 而非 exe 项目。

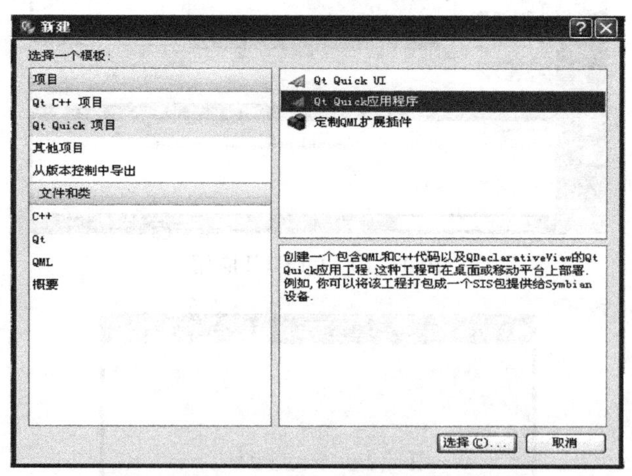


图 14.12　Qt Quick 应用

2. 选择“下一步”，图 14.13 弹出。为项目命名，如 helloChina。

3. 继续“下一步”(图 14.14)。

4. 接下来的步骤均选择默认“下一步”，最后，一个名叫 helloChina 的 qml 应用程序就成功生成了(图 14.15)。

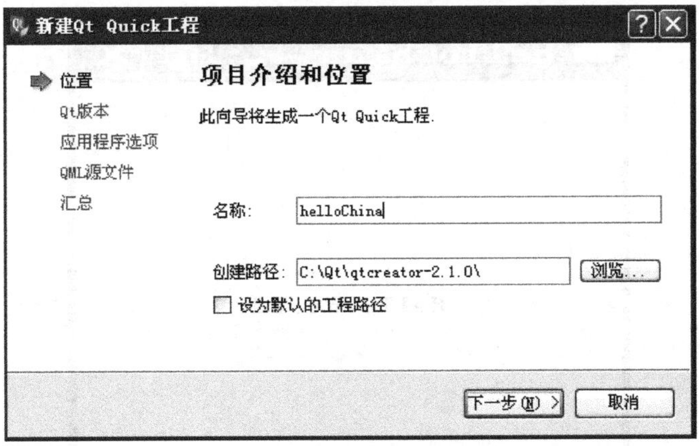

图 14.13　Qt Quick 应用

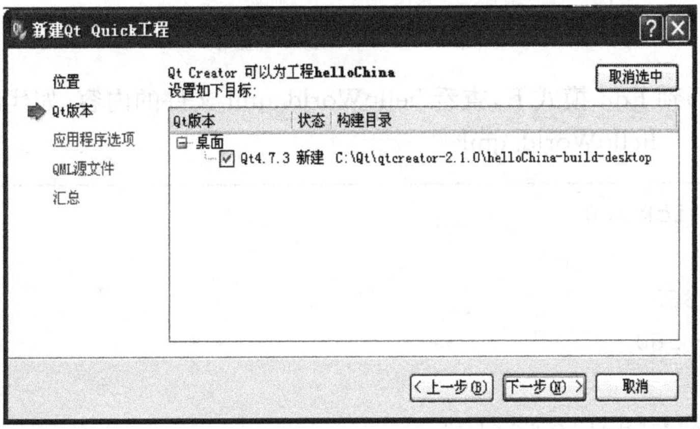

图 14.14　Qt Quick 应用

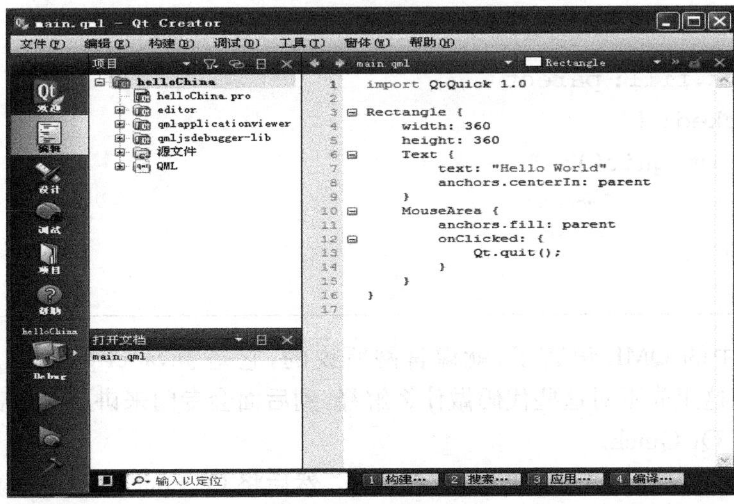


图 14.15　Qt Quick 应用

5. 可以,Ctrl+R 编译并运行一下,helloChina.exe 生成在当前目录的 debug 子目录中(图 14.16)。

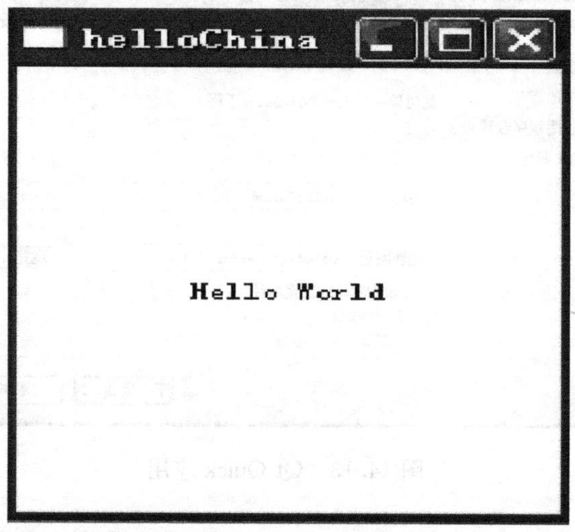


图 14.16　Qt Quick 应用

6. 我们再次回到 Edit 模式下，查看 helloWorld. qml 文件的内容，如代码清单 14.1 所示。

代码清单 14.1　helloWorld. qml

```
import QtQuick 1.0
Rectangle {
    width: 360
    height: 360
    Text {
         text: "Hello World"
         anchors.centerIn: parent
}
MouseArea {
    anchors.fill: parent
    onClicked: {
           Qt.quit();
    }
  }
}
```

这就是传说中的 QML 语言了，就像官网所说的，它是 JavaScript 的扩展，所以它很像 JavaScript。我们这里先不对这些代码做什么解释，到后面会专门来讲这个语言的。

7. 关于停用 Qt Quick。

打开 Help 菜单，进入 About Plugins 子菜单。然后将 Qt Quick 项的对钩去掉即可。

到这里，一个最简单的 Qt Quick 程序就完成了。我们可以看到，这是一个全新的体验，它与以前的 Qt 应用是完全不同的。在以后的教程里我们会对 Qt Quick 及其包含的 QML 语言进行全面的讲解。

## 思　考　题

1. 什么是 Qt？目前几种流行的嵌入式 GUI 是哪些？

2. Qt-embedded 和 Qtopia 的关系是什么？

3. Qt/Embeded 的主要特点是什么？

4. Qt/Embedded 的底层图形引擎基于什么接口技术？

5. Qt/Embedded 对嵌入式 GUI 提供了强大的支持，信号和插槽机制是 QT 的核心机制，使用 QT 实现如下界面的登录程序，其原代码如代码清单 14.2 所示，请回答如下问题：

(1) 什么是 Qt 中的信号插槽机制？

(2) 应用程序中用到了哪些控件？列举 2 个并说明该控件的特点？

(3) 根据注释完成程序中相应的语句？

代码清单 14.2

---

```
# include<QtGui/QtGui>
# include "window.h"
CWinDlg::CWinDlg(QWidget* parent) : QDialog(parent)
{
setWindowTitle("Example");        /* 设置窗口的标题* /
Edit1    =new QLineEdit;          /* 创建一个 Edit1 和一个 Buttion1* /
Button1  =new QPushButton("OK");
Edit1->setEchoMode(QLineEdit::Password);
QVBoxLayout* Layout1=new QVBoxLayout; /* 创建一个布局对像 Layout1* /
Layout1->addWidget(Edit1);        /* 把 Edit1 加入到 Layout1* /
Layout1->addWidget(Button1);      /* 把 Button1 加入到 Layout1* /
(1)_______________ ;              /* 应用 Layout1 布局* /
(2)______________ ;               /* 建立 Signal-Slot，使 button1 与 function()
相关联* / } CWinDlg::~CWinDlg()
{
  delete Edit1;                   /* 删除 Edit1 与 Button1 对象* /
  delete Button1;
}
void CWinDlg::function()
{
  if(Edit1->text()=="example")   /* 如果 Edit1 输入"example"* /
  {                               /* 显示"Pass!"消息框* /
  QMessageBox::warning(this, "warning", "Pass!", QMessageBox::Yes);
  }
```

```
  else
  {                            /* 显示"Error!"消息框* /
  QMessageBox::warning(this, "warning", "Error!", QMessageBox::Yes);
  }
}

# include <QtGui/QtGui>
# include "window.h"
int main(int argc, char* argv[])
{
  QApplication app(argc, argv); /* 创建 QT 应用程序* /
  CWinDlg dlg;                  /* 创建窗口* /
  return dlg.exec(); /* 运行程序* /
}
```

# 附录 2　匈牙利命名法及其实用规则

## 1. 匈牙利命名法

Windows 编程中用到的变量(还包括宏)的命名规则匈牙利命名法,这种命名技术是由一位能干的 Microsoft 程序员查尔斯·西蒙尼(Charles Simonyi)提出的。

### 1) 基本原则

变量名=属性+类型+对象描述

(1) 属性部分。

全局变量:g_;

常量:c_;

类成员变量:m_。

(2) 类型部分。

| 类型 | 表达形式 | 类型 | 表达形式 |
|---|---|---|---|
| 数组 | a | 文本内容 | tm |
| 布尔型 | b | 无符号 | u |
| 字符型(char) | c | Word | w |
| 字符串(string) | s | 坐标 | x,y |
| 双字(DWORD) | dw | byte | by |
| 浮点型 | f | 字节计数 | cb |
| 句柄 | h | 函数 | fn |
| 整数(integer) | i | long 型指针 | lp |
| 长整形(long) | l | near 指针 | np |
| 短整型 | n | 用'\0'终止的字符串 | sz |
| 指针 | p | | |

(3) 描述部分:

初始化:Init;

临时变量:Tmp;

目的对象:Dst;

源对象:Src;

窗口:Wnd。

例如,

Hwnd:h 表示句柄,wnd 表示窗口,合起来为"窗口句柄"。

m_bFlag:m 表示成员变量,b 表示布尔,合起来为:"某个类的成员变量,布尔型,是一个状态标识"。

**2）常见命名**

(1) 变量命名；
(2) 常量命名、宏定义；
(3) 资源名字定义格式；
(4) 函数命名和命名空间、类的命名、接口的命名；
(5) 结构体命名；
(6) 控件的命名；
(7) 注释。

匈牙利命名法通过在变量名前加上相应的小写字母的符号标识作为前缀，标识出变量的作用域，类型等。这些符号可以多个同时使用，顺序是先 m_(成员变量)，再指针，再简单数据类型，再其他。例如，m_lpszStr，表示指向一个以 0 字符结尾的字符串的长指针成员变量。

匈牙利命名法的关键是：标识符的名字以一个或者多个小写字母开头作为前缀；前缀之后的是首字母大写的一个单词或多个单词组合，该单词要指明变量的用途。

匈牙利命名法中常用的小写字母的前缀：

| 前缀类型 | 命名对象 |
|---|---|
| a | 数组(array) |
| b | 布尔值(boolean) |
| by | 字节(byte) |
| c | 有符号字符(char) |
| cb | 无符号字符(char byte，使用频率较低) |
| cr | 颜色参考值(color ref) |
| cx,cy | 坐标差(长度 short int) |
| dw | Double Word |
| fn | 函数 |
| h | Handle(句柄) |
| i | 整型 |
| l | 长整型(long int) |
| lp | Long Pointer |
| m_ | 类的成员 |

## 2. 骆驼命名法

骆驼式命名法，正如它的名称所表示的那样，是指混合使用大小写字母来构成变量和函数的名字。例如，下面是分别用骆驼式命名法和下划线法命名的同一个函数：

```
printEmployeePaychecks();
print_employee_paychecks();
```

第一个函数名使用了骆驼式命名法——函数名中的每一个逻辑断点都有一个大写字母来标记；

第二个函数名使用了下划线法——函数名中的每一个逻辑断点都有一个下划线来标记。

骆驼式命名法近年来越来越流行了，在许多新的函数库和 Microsoft Windows 这样的环境中，它的使用较为频繁。另一方面，下划线法是 c 出现后开始流行起来的，在许多旧的程序和 Unix 这样的环境中，它的使用非常普遍。

## 3. 帕斯卡(Pascal)命名法

帕斯卡(Pascal)命名法与骆驼命名法类似。只不过骆驼命名法是首字母小写，而帕斯卡命名法是首字母大写，例如，

```
public void DisplayInfo();
string UserName;
```

二者都是采用了帕斯卡命名法。

比较著名的命名规则当推 Microsoft 公司的"匈牙利"法，该命名规则的主要思想是"在变量和函数名中加入前缀以增进人们对程序的理解"。例如，所有的字符变量均以 ch 为前缀，若指针变量则追加前缀 p。如果一个变量由 ppch 开头，则表示它是指向字符指针的指针。

### 1) "匈牙利" 法最大的缺点

"匈牙利" 法最大的缺点是烦琐。例如，

```
int I,J,K;
float x,y,z;
```

倘若采用"匈牙利"命名规则，则应当写成：

```
int iI,iJ,iK;     //前缀 i 表示 int 类型
float fX,fY,fZ;   //前缀 f 表示 float 类型;
```

如此烦琐的程序会让大多数程序员无法忍受。

据考察，没有一种命名规则可以让所有的程序员赞同，程序设计教科书一般都不指定命名规则。命名规则对软件产品而言并不是"成败攸关"的事，不要花太多精力试图发明世界上最好的命名规则，而应当指定一种可读性较好的命名规则，并在程序编写中贯彻实施。

### 2) 共性规则

本节论述的共性规则是被大多数程序员采纳的，我们应当在遵循这些共性原则的前提下，再扩充特定的规则，如下述规则。

【规则 1】标识符应当直观且可以拼读，可望文知意，不必进行"解码"。

标识符最好采用英文单词或其组合，便于记忆和阅读。切忌使用汉语拼音来命名。程序中英文单词一般不会太复杂，用词应当准确。例如，不要把 CurrentValue 写成 NowValue。

【规则 2】标识符的长度应该符合"mni-length&&max-information"原则。

几十年前老 ANSIC 规定名字不准超过 6 个字符，现今的 C++/C 不再有此限制。一般来说，名字能更好地表达含义，所以函数名、变量名、类名长度达几十个字符不足为怪。那么 maxValueUntileOverflow 好用。单字符的名字也是有用的，常见的如 i、j、k、m、n、x、y、z 等，它们通常可以作为函数的局部变量。

【规则 3】命名规则尽量与所采用的操作系统或开发工具的风格保持一致。

例如，Windows 应用程序的标志符通常采用“大小写”混排的方式，如 AddChild。而在 Unix 应用程序的标识符通常采用“小写加下划线”的方式，如 add_child。别把这两类风格混在一起用。

【规则 4】程序中不要出现紧靠大小写区分的相似的标志符。

例如：
```
int x,X;   //变量 x 与 X 容易混淆
void foo(int x);  //函数 foo 与 FOO 容易混淆
void FOO(float x);
```

【规则 5】程序中不要出现与标志符完全相同的局部变量和全局变量，尽管两者的作用域不同并且不会发生语法错误，但是会使人产生误解。

【规则 6】变量的名字应但使用“名词”或者“形容词＋名词”。

例如：
```
float value;
float oldValue;
float newValue;
```

【规则 7】全局函数的名字应当使用“动词”或者“动词＋名词”(动宾词组)。类的成员函数应当只使用“动词”，被省略掉的名词就是对象本身。

例如：
```
DrawBox();  //全局函数
Box-> -Draw();  //类的成员函数
```

【规则 8】用正确的反义词组命名具有互斥意义的变量或相反动作的函数等。

例如：
```
int min Value;
int max Value;
int Set Value(…);
int Get Value(…);
```

建议：尽量避免名字中出现数字编号，如 Vlue1、Value2 等，除非逻辑上确实需要编号。这是为了防止程序员偷懒，不肯为命名而动脑筋而导致产生无意义的名字(因为用数字编号最省事)。

**3) 简单的 Windows 应用程序的命名规则**

作者对于“匈牙利”命名规则做了合理的简化，下述命名规则简单易用，比较适合于 Windows 应用软件的开发。

【规则 9】类名和函数名应用大写字母开头的单词组合而成。

例如：
```
class Node;  //类名
class LeafNode; //类名
class Draw(void);  //函数名
class SetValue(int value);  //函数名
```

【规则 10】变量和参数用小写字母开头的单词组合而成。

例如：
```
BOOL flag;
int drawMode;
```

【规则 11】常量全用大写字母，用下划线分割单词。

例如：
```
const int MAX=100;
const int MAX_LENGTH=100;
```

【规则 12】静态变量家前缀 s_(表示 static)。

例如：
```
void Init(…)
{
static int s_init Value;   //静态变量
…
}
```

【规则 13】如果不得已需要全局变量,则使全局变量加前缀 g_(表示 global).

例如：
```
int g_howManyPeople;    //全局变量
int g_howMuchMoney;    //全局变量
```

【规则 14】类的数据成员加前缀 m_(表示 member),这样可以避免数据成员与成员函数的参数名同名。

例如：
```
void Object::SetValue(int width,int height)
{
m_width=width;
m_height=height;
}
```

【规则 15】为了防止某一软件库中的一些标志符和其他软件库中的冲突,可以为各种标识符加上能反应软件性质的前缀。例如,三维图形标准 OpenGL 的所有库函数均以 gl 开头,所有常量(或宏定义)均以 GL 开头。

# 第四篇　Android 应用与开发

Android 系统是开源的，它的一个比较大的优势是可移植到各个不同的硬件平台上。“移植”是 Android 的价值所在，也是 Android 在应用与开发中的难点兼重点。本篇基于 ARM11 阐述 Android 在嵌入式系统中的开发过程，为将来扩展到其他 ARM Cortex-Ax 系列的开发奠定基础。

# 第 15 章　基于 ARM 11 的嵌入式 Android 移植

Android 平台重要性之一就是手机厂商和无线运营商能为其产品和服务提供合适的 Android 版本。该特性将对成本降低及产品创新产生直接影响。于是，Android 就被视为智能手机移动平台中的崭新而具潜力的选择。

Android 应用使用 Java 编程语言(Dalvik 虚拟机)开发，而诸如触摸屏和各种存储功能等终端服务则可通过 Google services API 访问。用 C 或其他任何语言所编写的应用也有可能运行，不过需要先将这些应用编译成本地代码后才行，然而这种开发路径并不获 Google 的正式支持。

自 2008 年 10 月起 Android 已作为开源项目(使用 Apache 许可证)供大家使用。此后，手机生产商和无线运营商可以自由地向其产品中添加各种封闭性的和专属性的扩展。

尽管 Android 是基于 Linux 内核，但按 Google 的说法，它却不是一个 Linux 操作系统。此外，它没有本地窗口系统，也不支持全套标准 Linux 库，包括 GNU C 库。这个特点就使现有 Linux 应用或库的重用变得很困难。Android 也不使用诸如 J2SE 和 J2ME 那样的标准 Java APIs。其结果是为这些平台所编写的应用与为 Android 平台所编写的应用不能兼容。Android 仅重用 Java 语言语法，却并不提供与 J2SE 或 J2ME 绑定的完整类库和 APIs。图 15.1说明了目前的 Android 架构。

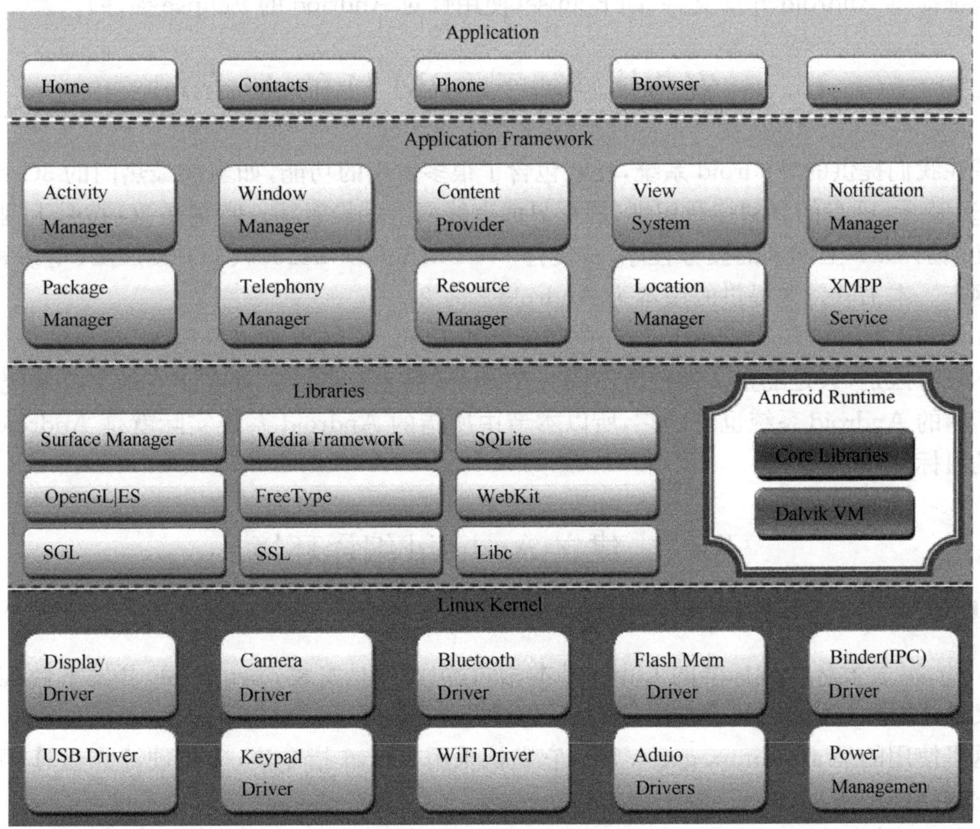


图 15.1　Android 架构

系统通过一些系统驱动程序(如照相机、显示屏、WiFi 和键盘等)访问移动电话的各项资源;之上的一层则由 Andriod 库和运行系统(tun time)组成;最后一层 Android 提供了一套应用框架库,使库扩展和新应用创建均成为可能。

Android 可以重用其他应用的其他一些组件。例如,你需要重用适合的滚动条组件,并使其也能用于其他系统,同时可以调用这样的组件来为自己工作。为此 Android 系统被设计为:在需要用到系统的任何部分时,系统就会启动一个应用进程,并针对那个部分的 Java 对象进行实例化。这样 Android 并不提供如 main 函数这样一个入口,而只提供了一些基本组件,如 activity(活动)、services(服务)、broadcast receives(广播接收器)和 content providers(内容提供器)。

Activities 代表 Android 应用的屏幕。从某个活动中你可以显示按钮、标签、菜单等。所有的活动都是 android. app. Activity 类的子类。Services 不可见,但却在后台运行。例如,一个服务能在用户执行其他任务时播放音乐。每个服务都继承自 android. app. Service 基类。Broadcast receives 是一些组件,它们可以接收并响应不同的广播告示,如电量低这样的消息。所有的接收器都继承自 android. content. BroadcastReceive 基类。content provider 负责提供可供其他应用使用的应用数据。有了内容提供器,在不同应用之间共享数据就变为可能。所有的内容提供器都继承自 android. content. ContentProvider 基类。

Android 开发环境包括 Android SDK、Android 源代码和有助于快速编制 Android 应用的一些可选的集成开发环境。Android 软件开发工具包(SDK)由一些库和工具组成,包括一个能运行应用的模拟器。Android SDK 可用于 Windows、Mac OS X 和 Linux。很多种集成开发环境都提供 Android 开发支持,如 Eclipse(使用针对 Andriod 的 Eclipse 插件)。

## 15.1　安装体验基于 ARM 11 的 Android

现在我们提供的 Android 系统,已经包含了很多常用的功能,如当前最热门的 3G 无线上网,USB 蓝牙,U 盘的自动挂载识别,图形界面有线网卡的设置等。特别是 3G 拨号上网,它可以自动识别 USB 上网卡的拨号程序,并支持 WCDMA、CDMA2000、TD-SCDMA 等多种制式的上网卡。本书软件包提供的版本为 Android-2. 3. 2。

Android 所用的 BootLoader 与内核和传统的 Linux 系统差别不是很大,编译的方法和步骤基本没有区别,只是配置文件稍微不同。Android 的主要奥妙之处在于它的文件系统部分,我们所指的 Android 系统也将是它,所以本节中所指的 Android 系统实际就是 Android 系统所用的目标文件系统。

## 15.2　建立 Android 编译环境

### 15.2.1　安装交叉编译器

Android 开发环境和标准的 Linux 基本相同,主要就是安装 openSUSE 开发平台,以及安装交叉编译器和 mktools 工具链。

这里使用的是 arm-linux-gcc-4. 5. 1,它默认采用 armv6 指令集,支持硬浮点运算,下面是安装它的详细步骤。

步骤 1:将软件包“Part04/Android/arm-linux-gcc-4. 5. 1-v6-vfp-20101103. tgz”复制到

openSUSE 某个目录下如/tmp,然后进入到该目录,执行解压命令:

```
# cd /tmp
# tar xvzf arm-linux-gcc-4.5.1-v6-vfp-20101103.tgz-C /
```

C 后面有个空格,并且 C 是大写的,它是英文单词"Change"的第一个字母,在此是改变目录的意思。执行该命令,将把 arm-linux-gcc 安装到/opt/FriendlyARM/toolschain/4.5.1 目录。

步骤 2:把编译器路径加入系统环境变量,运行命令:

```
# gedit /root/.bashrc
```

编辑/root/.bashrc 文件,注意"bashrc"前面有一个".",修改最后一行为 export PATH=$PATH:/opt/FriendlyARM/toolschain/4.5.1/bin,注意路径一定要写对,否则将不会有效(图 15.2)。保存退出。

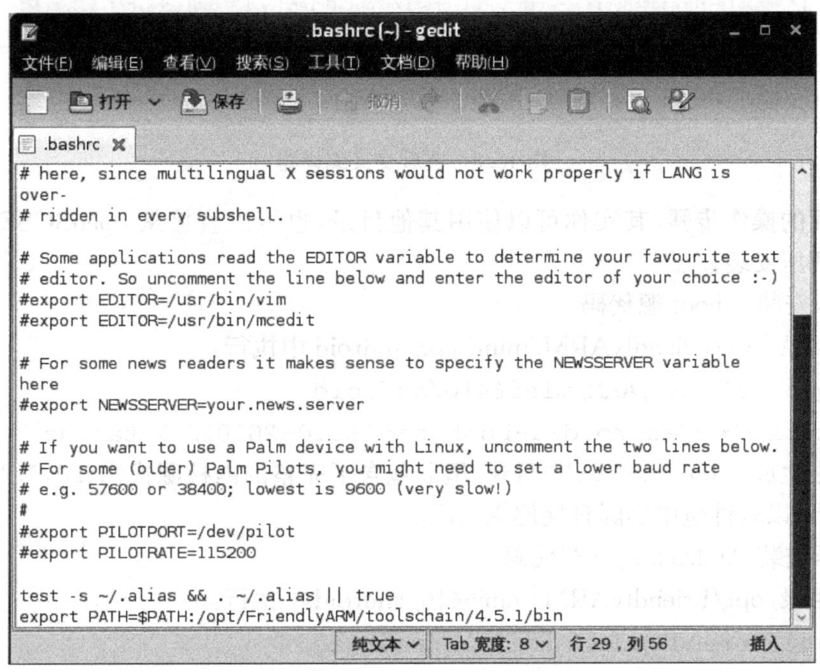


图 15.2　安装 ARM 交叉编译器

重新登录系统,使以上设置生效,在命令行输入 arm-linux-gcc-v,会出现如图 15.3 所示信息,这说明交叉编译环境已经成功安装。

### 15.2.2　解压安装源代码

首先创建工作目录/opt/FriendlyARM/mini6410/android,在命令行执行:

```
# mkdir-p /opt/FriendlyARM/mini6410/android
```

后面步骤的所有源代码都会解压安装到此目录中,目前它里面是空的。

(1) 准备好 android 源代码包。

在 openSUSE 系统中/tmp 目录中创建一个临时目录/tmp/android:

```
# mkdir /tmp/android
```

把软件包 Part04 中 Android 目录下的所有文件都复制到/tmp/android 目录中,这样做是

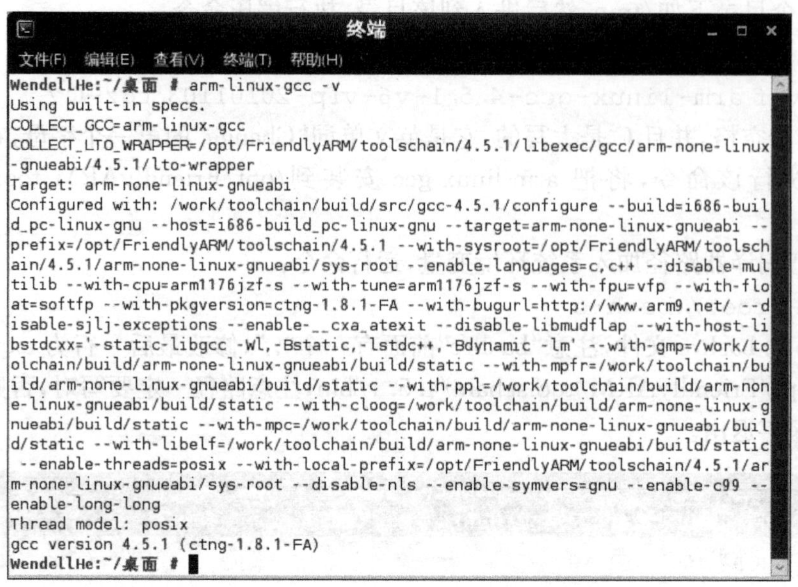


图 15.3　查看交叉编译器

为了统一下面的操作步骤，其实你可以使用其他目录，也可以直接从 openSUSE 与 windows 的共享目录解压安装。

(2) 解压安装 u-boot 源代码。

在工作目录/opt/FriendlyARM/mini6410/android 中执行：

```
# cd /opt/FriendlyARM/mini6410/android
# tar xvzf /tmp/android/u-boot-mini6410-20101231.tar.gz
```

这将创建生成 u-boot-mini6410 目录，里面包含了完整的内核源代码，20101231 是发行更新日期标志，请以软件包中实际日期尾缀为准。

(3) 解压安装 Android 内核源代码。

在工作目录/opt/FriendlyARM/mini6410/android 中执行：

```
# cd /opt/FriendlyARM/mini6410/android
# tar xvzf /tmp/android/android-kernel-2.6.36-20110216.tar.gz
```

将创建生成 linux-2.6.36-android 目录，里面包含了完整的内核源代码。

(4) 解压安装 Android 系统源代码包。

在工作目录/opt/FriendlyARM/mini6410/android 中执行：

```
# cd /opt/FriendlyARM/mini6410/android
# tar xvzf /tmp/android/android-2.3-fs-20110217.tar.gz
```

这将创建 Android-2.3 目录；源代码包中也包含了编译创建 Android-2.3 系统所需的所有源代码和脚本。

(5) 解压 Android 系统。

从源代码编译的方式创建文件系统需要很久的时间，有时可能不需要从头编译，rootfs_android 就是我们已经编译好的 android 系统包。在工作目录/opt/FriendlyARM/mini6410/android 中执行：

```
# cd /opt/FriendlyARM/mini6410/android
```

```
# tar xvzf /tmp/android/rootfs_android-20110217.tar.gz
```

这将创建 rootfs_android 目录。

## 15.3　配置和编译 U-BOOT

Android 所用的 U-boot 其实和标准 Linux 是一样的，根据开发板不同的内存(DDR RAM)容量，需要使用不同的 U-boot 配置项。

要编译适合于 128M 内存的 U-boot，请按照以下步骤。

进入 U-boot 源代码目录，执行：

```
# cd /opt/FriendlyARM/mini6410/android/u-boot-mini6410
# make mini6410_nand_config-ram128;make
```

这将会在当前目录配置并编译生成支持 Nand 启动的 128M 内存的 U-boot. bin，使用 SD 卡或者 USB 下载到 Nand Flash 即可使用。要编译适合于 256M 内存的 U-boot，请按照以下步骤。

进入 U-boot 源代码目录，执行：

```
# cd /opt/FriendlyARM/mini6410/linux/u-boot-mini6410
# make mini6410_nand_config-ram256;make
```

这将会在当前目录配置并编译生成支持 Nand 启动的 U-boot. bin，使用 SD 卡或者 USB 下载到 Nand Flash 即可使用。

## 15.4　配置和编译 Linux 内核

Android 所用的 Linux 内核和标准的 Linux 内核有所不同，但使用的方法和步骤是相似的；如果对配置 Linux 内核不熟悉，建议使用本身提供的缺省内核配置。

要编译适用于 N43 型号 LCD 的内核，请这样使用缺省内核配置：

```
# cd /opt/FriendlyARM/mini6410/android/linux-2.6.36-android
# cp config_android_n43 .config ;注意 config 前面有个"."
# make
```

最后会在 arch/arm/boot 目录下生成 zImage。要编译适用于 A70 型号 LCD 的内核，请这样使用缺省内核配置：

```
# cd /opt/FriendlyARM/mini6410/android/linux-2.6.36-android
# cp config_android_a70 .config ;注意 config 前面有个"."
# make
```

最后会在 arch/arm/boot 目录下生成相应的 zImage。

## 15.5　从源代码开始创建 Android

在编译之前，建议在 openSUSE 下用系统盘先安装一些必要软件，构建软件环境。这些软件大致包括 gcc-c++、gcc、make、patch、texinfo、git、flex、bison、gperf、libSDL-devel、libesd-devel、patterns-openSUSE-devel_C_C++、build、curl、libcurl-devel、valgrind、ncurses-devel、 tgt、python、python-wxGTK。在软件开发过程中，如果还缺少请按提示自行安装。另需注意的是，虚拟机中编译 Android 系统处理器至少需配置为双核。

正如大家所看到的，Android 系统十分庞大，很多初学者都不能顺利的成功编译它，而且编译一次所需的时间很长(1.5～4 小时，甚至更长)，为了方便大家使用，这里特意准备好了现成的源代码包，并且制作了 2 个脚本分别用来编译和创建 Andoid 系统：build-android、genrootfs.sh。命令行执行：

```
# cd /opt/FriendlyARM/mini6410/android/Android-2.3
# ./build-android
```

就开始编译 Android-2.3 系统，这需要等待很长的时间，建议开发 Android 系统不要使用虚拟机编译，使用多核的 CPU 加真实的 Linux 系统会快一些。然后，再执行脚本：

```
# ./genrootfs.sh
```

这就可以从编译完的 Android 系统提取出我们需要的目标文件系统了，最后会生成 rootfs_dir 目录，如图 15.4 所示，它和上面提到的 rootfs_android 内容是完全相同的。

使用 genrootfs-s.sh 脚本，可以编译出适用于串口触摸屏控制器的 LCD 套餐。

图 15.4　Android 编译

至此，本章已经从源代码开始，创建了在开发板上运行运行 Android 所需的所有核心系统文件：Bootloader，内核和文件系统。

## 15.6　制作安装文件系统映像

要在开发板上安装 Android 系统，还需要把上面生成的各部分文件烧写到 Nand Flash 中才可以。其中，Bootloader 和内核已经是单文件映像形式，它们都可以很方便地通过 USB 下载烧写，或者复制到 SD 卡中；而文件系统部分则是一个目录，这就需要 mktools 系列工具先把它制作成单个映像文件，才能方便使用。mktools 系列工具安装步骤参考 8.2.3 小节。根据可选用的不同文件系统格式，下面分别介绍它们的制作方法。

### 15.6.1　制作 yaffs2 格式的文件系统映像

使用 mkyaffs2image-128M 工具，可以把目标文件系统目录制作成 yaffs2 格式的映像文件，当它被烧写入 Nand Flash 中启动时，整个根目录将会以 yaffs2 文件系统格式存在，缺省的 Android 内核已经支持该文件系统，在命令行输入：

```
# cd /opt/FriendlyARM/mini6410/android/Android-2.3
# mkyaffs2image-128M rootfs_dir rootfs_android.img
```

将会在当前目录下生成 rootfs_android.img 文件。如果你使用了串口触摸屏控制器，则需要使用 rootfs_android-s 目标文件系统包。

### 15.6.2　制作 UBIFS 格式文件系统映像

使用 mkubimage 工具，可以把目标文件系统目录制作成 UBIFS 格式的映像文件，当它被烧写入 Nand Flash 中启动时，整个根目录将会以 UBIFS 文件系统格式存在，缺省的 Android 内核已经支持该文件系统，在命令行输入：

```
# cd /opt/FriendlyARM/mini6410/android/Android-2.3
# mkubimage rootfs_dir rootfs_android.ubi
```

稍等片刻，将会在当前目录下生成 rootfs_android.ubi 文件。

UBIFS 格式文件系统具有一定的压缩性，因此制作出的映像会比 yaffs2 格式的小一些，这样也可以烧写的更快一些。如果你使用了串口触摸屏控制器，则需要使用 rootfs_android-s 目标文件系统包。

### 15.6.3　制作 ext3 格式的文件系统映像

使用 mkext3image 工具，可以把目标文件系统目录制作成 EXT3 格式的映像文件，把它复制到 SD 卡中，这样你就可以在 SD 卡中直接运行它了，而不必烧写入 Nand Flash 中，缺省的 Android 内核已经支持该文件系统，缺省的配置文件 FriendlyARM.ini 也已经支持启动 ext3 映像文件，在命令行输入：

```
# cd /opt/FriendlyARM/mini6410/android/Android-2.0
# mkext3image rootfs_dir rootfs_android.ext3
```

稍等片刻，将会在当前目录下生成 rootfs_android.ext3 文件，一般可以把它直接复制到 SD 卡中的 images/Android/目录中，并覆盖掉同名文件就可以使用它了。

EXT3 格式文件系统是可以保存数据的，使用 mkext3image 工具制作的映像文件一般比实际目录容量要大 30%，目的就是为了保存一些常用的配置文件，对于小于 64M 的目标文件系统，则以 64M 为基本容量计算，也就是说，最小的 ext3 文件映像为 64M×1.3=83.2M。

如果使用了串口触摸屏控制器，则需要使用 rootfs_android-s 目标文件系统包。

## 15.7　烧写 Android 到 ARM 11 开发板

本节通过超级终端和 USB 的配合介绍 Android 系统在 mini6410 ARM11 开发板上的烧写。在烧写之前，需要制作 SD 卡启动及安装 USB 驱动。关于 Mini6410 SD 卡启动制作及

USB 驱动安装，具体参考友善之臂 Mini6410 用户手册。

### 15.7.1　Andriod 系统烧写

安装 Android 系统主要有以下步骤：

(1) 对 Nand Flash 进行格式化，对应命令[f]；

(2) 安装 Bootloader，对应命令[v]；

(3) 安装内核文件，对应命令[k]；

(4) 安装目标文件系统(yaffs2 或 ubifs 格式)，对应命令[y]或[u]。

下面以在 4.3”LCD 套餐上安装 UBIFS 格式的 Linux 系统为例，介绍详细的安装步骤：

步骤 1：格式化 Nand Flash。

连接好串口，打开超级终端，上电启动开发板，进入 BIOS 功能菜单，选择功能号[f]开始对 Nand Flash 进行分区，如图 15.5 所示。

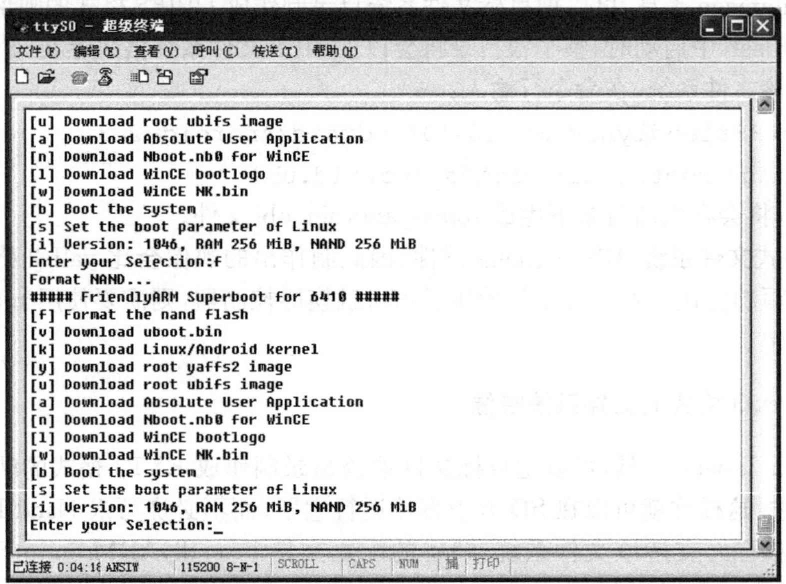


图 15.5　BIOS 软件下载主菜单

有的 Nand Flash 分区时会出现坏区报告提示，因为 Superboot 会对坏区做检测记录，因此这将不会影响板子的正常使用。

步骤 2：安装 Bootloader。

根据不同的开发板硬件配置，我们提供了不同的 u-boot 烧写文件(源代码中有相应的配置)。

此处安装的 Bootloader 具体文件名为 u-boot_nand-ram256.bin(以下简称项)：

u-boot_sd-ram128.bin：支持 SD 启动，适用于内存容量为 128M 的配置；

u-boot_sd-ram256.bin：支持 SD 启动，适用于内存容量为 256M 的配置；

u-boot_nand-ram128.bin：支持 NAND 启动，适用于内存容量为 128M 的配置；

u-boot_nand-ram256.bin：支持 NAND 启动，适用于内存容量为 256M 的配置。

此处安装的 Bootloader 具体文件名为 u-boot_nand-ram256.bin(以下简称 u-boot.bin)，它将被下载烧写到 Nand Flash 的 Block 0 位置，也就是起始位置。

(1) 打开 DNW 程序，接上 USB 电缆，如果 DNW 标题栏提示[USB:OK]，说明 USB 连接成功，这时根据菜单选择功能号[v]开始下载 u-boot. bin(图 15.6)。

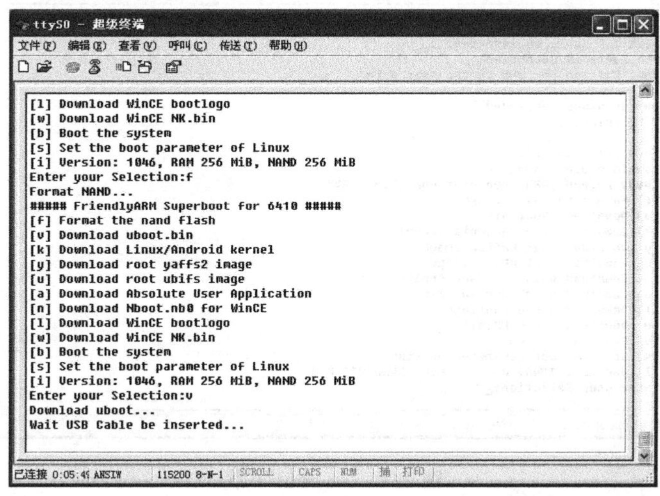


图 15.6　u-boot 下载

(2) 点击"USB Port＞Transmit/Restore"选项，并选择打开文件 u-boot. bin 开始下载(图 15.7)。

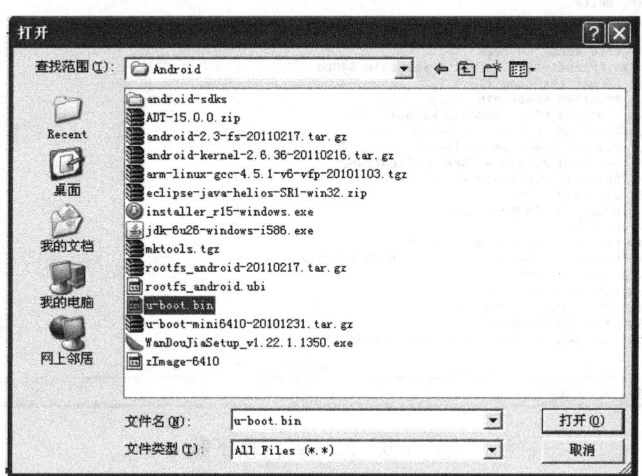


图 15.7　u-boot 下载

(3) 下载完毕，u-boot. bin 会被自动烧写入 Nand Flash 分区中，并返回到主菜单(图 15.8)。

步骤 3:安装 Linux 内核。

不同的 LCD 型号套餐，需要使用不同的内核文件，在后面的步骤我们把 Linux 内核统称为 zImage。

(1) 在 BIOS 主菜单中选择功能号[k]，开始下载 Linux 内核 zImage，如图 15.9 所示；

(2) 点击"USB Port＞Transmit"选项，并选择打开相应的内核文件 zImage 开始下载，如图 15.10 所示；

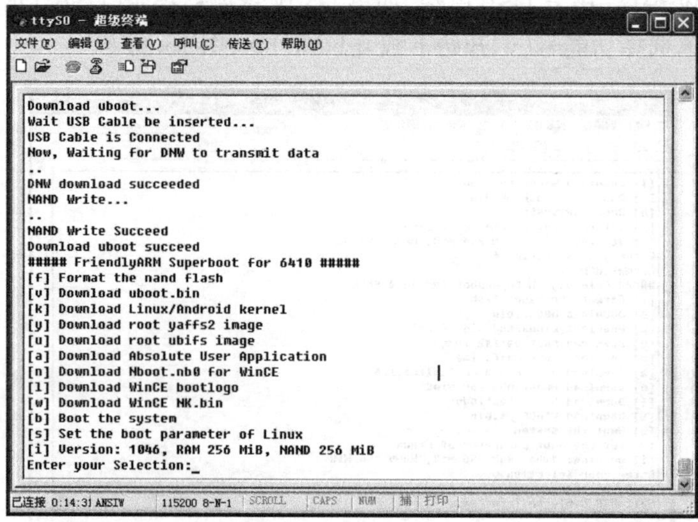


图 15.8　u-boot 下载

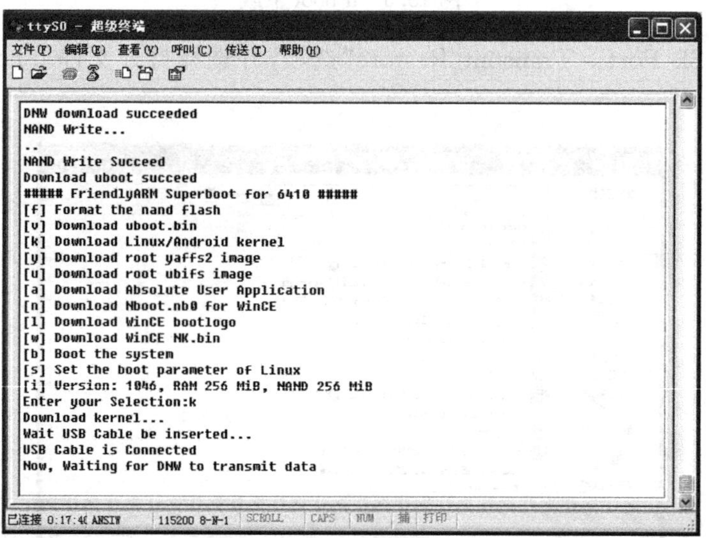


图 15.9　Kernel 内核下载

(3) 下载完毕，BIOS 会自动烧写内核到 Nand Flash 分区中，并返回到主菜单，如图 15.11 所示。

步骤 4：安装目标文件系统。

Mini6410 提供的目标文件系统包含 Qtopia-2.2.0，Qtopia4 和 QtE-4.7.0 三种嵌入式图形系统和 SMPlayer 播放器，并且包含了一些多媒体示例文件，因此映像文件比较大。

Superboot 可以支持 yaffs2 和 ubifs 两种格式的文件系统映像烧写，根据文件系统的压制类型，这里分别制作了以下几种映像文件，请根据自己的实际情况选择：

rootfs_qtopia_qt4.img：自动识别并支持 ARM 本身触摸屏接口，或一线精准触摸，采用 yaffs2 格式压制的文件系统映像，可以使用[y]命令烧写到 Nand Flash 中运行使用。

rootfs_qtopia_qt4.ubi ：自动识别并支持 ARM 本身触摸屏接口，或一线精准触摸，采用

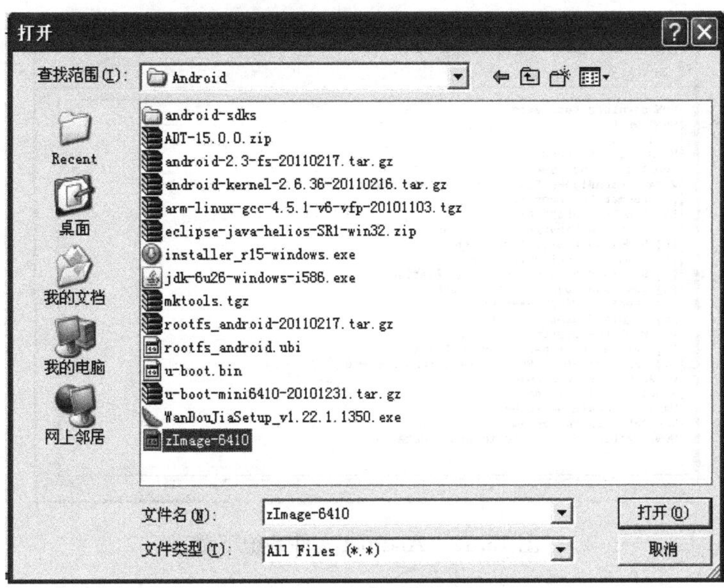


图 15.10　选择打开相应的内核文件

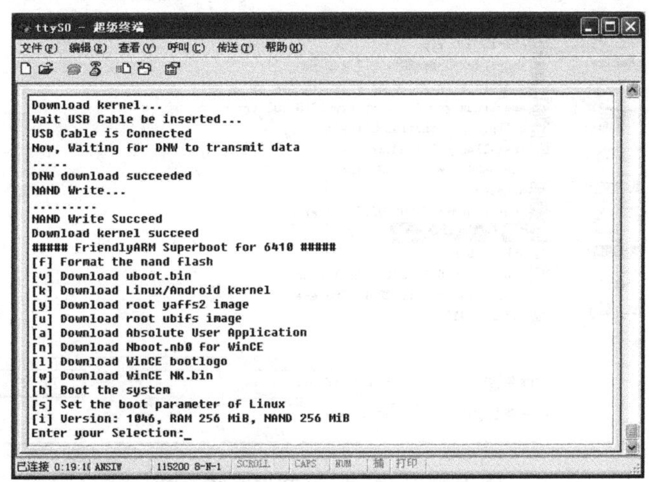


图 15.11　BIOS 自动烧写内核到 Nand Flash 分区中

UBIFS 格式压制的文件系统映像，可以使用[u]命令烧写到 Nand Flash 中运行使用。

rootfs_qtopia_qt4.ext3 ：自动识别并支持 ARM 本身触摸屏接口，或一线精准触摸，采用 EXT3 格式压制的文件系统映像，可以直接复制到 SD 中运行使用。

下面以烧写 UBIFS 格式的文件系统映像为例，介绍一下烧写的步骤，对于烧写 yaffs2 格式的文件系统，只要更改一下命令和烧写的文件名就可以了。

(1) 在 BIOS 主菜单中选择功能号[u]，开始下载 UBIFS 根文件系统映像文件(图 15.12)。

(2) 点击“USB Port＞Transmit/Restore”选项，并选择打开相应的文件系统映像文件 rootfs_android.ubi开始下载(图 15.13)。

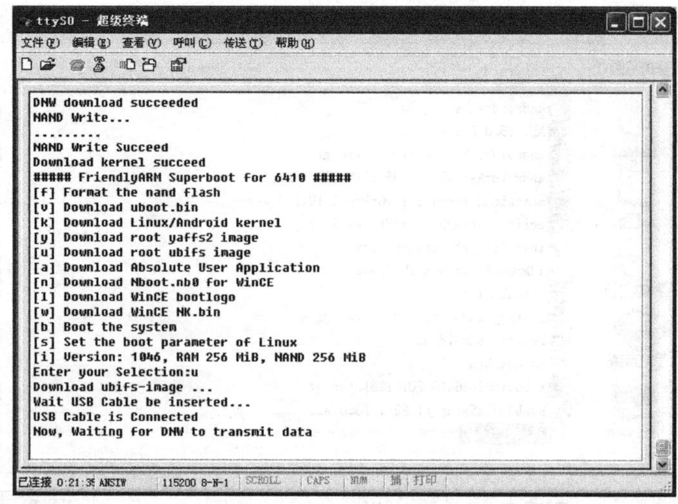


图 15.12　Android 文件系统下载

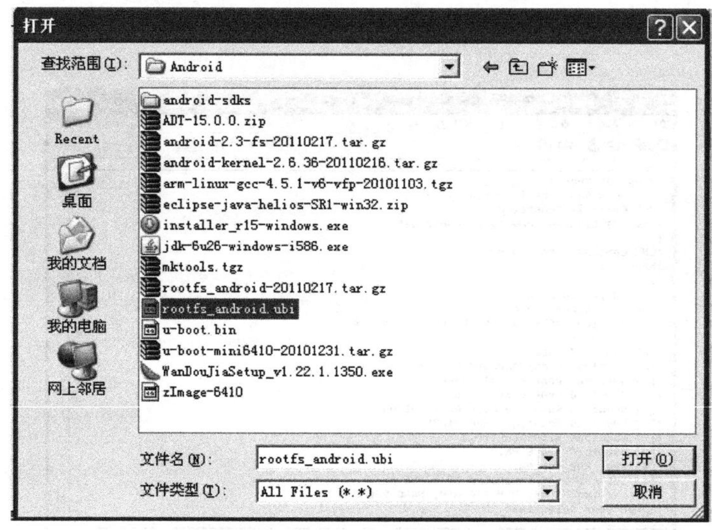


图 15.13　Android 文件系统下载

(3) 下载完毕，BIOS 会自动烧写文件系统映像到 Nand Flash 分区中，同时 Linux 启动参数也被修改，以便启动 UBIFS 系统(图 15.14)。

下载完毕，拔下 USB 连接线，如果不取下来，有可能在复位或者启动系统的时候导致的电脑死机。

在 BIOS 主菜单中选择功能号[b]，将会启动系统。也把开发板的启动模式设置为 Nand Flash 启动，则系统会在上电后自动启动。

### 15.7.2　下载并运行裸机程序

Mini6410 提供了一个裸机程序的范例，位于软件包“Part04/裸机程序/”目录下，其中 demo.bin 是可执行程序，demo.zip 是该程序的源代码，该范例程序运行时会在终端上打印“Hello, Mini6410”并有规律地闪烁 LED 灯。

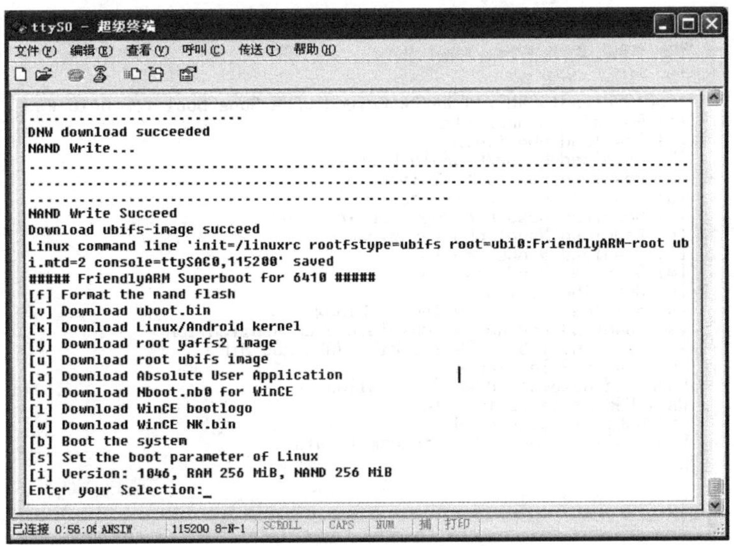


图 15.14　启动系统

连接好串口，打开超级终端，上电启动开发板，进入 BIOS 功能菜单，选择功能号[d]启动 Download & Run 功能，超级终端将显示“Download Absolute User Application...”，如果 USB 线没有插上，会提示“Wait USB Cable be inserted…”，如图 15.15 所示。

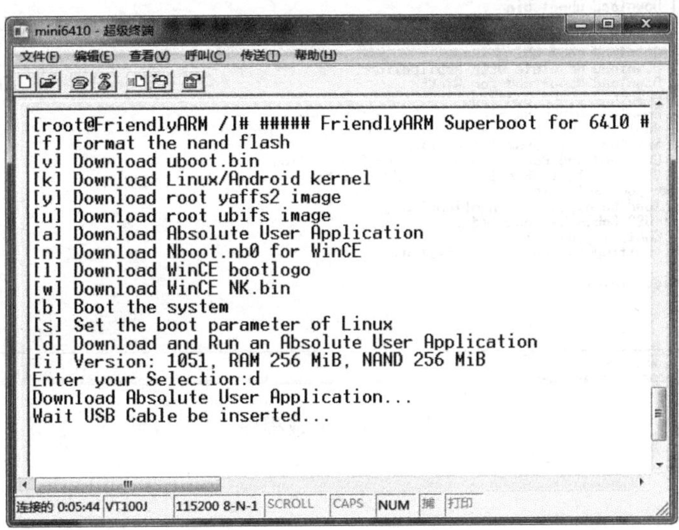


图 15.15　下载程序

插上 USB 线后，屏幕将显示“Now, Waiting for DNW to transmit data”，这时 Mini6410 端处理等待状态，等待 PC 将裸机程序传送过来，效果如图 15.16 所示。

在 PC 上启动 DNW 软件，在 DNW 软件上点击“USB Port”下的“Transmit/Restore”菜单，将会弹出文件打开对话框，在对话框中定位到你存放 demo. bin 文件的目录，然后选择 demo. bin 打开，demo. bin 会被传输到 Mini6410 端，并加载到 RAM 的开始位置(0x50000000)执行，程序运行效果如图 15.17 所示。

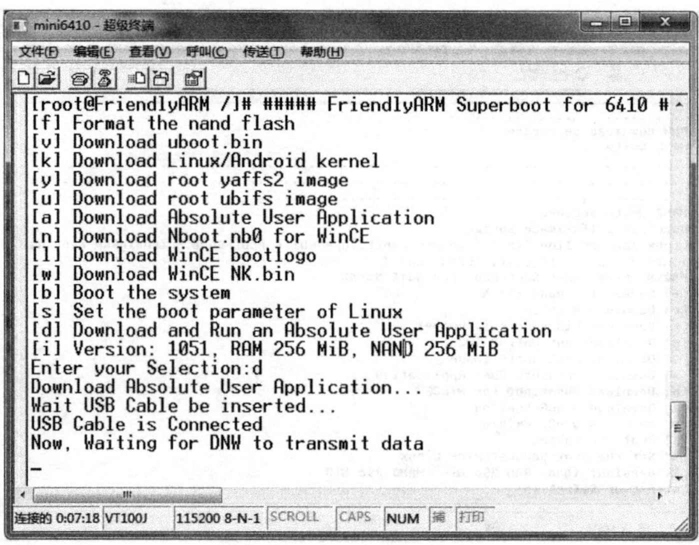


图 15.16　下载程序

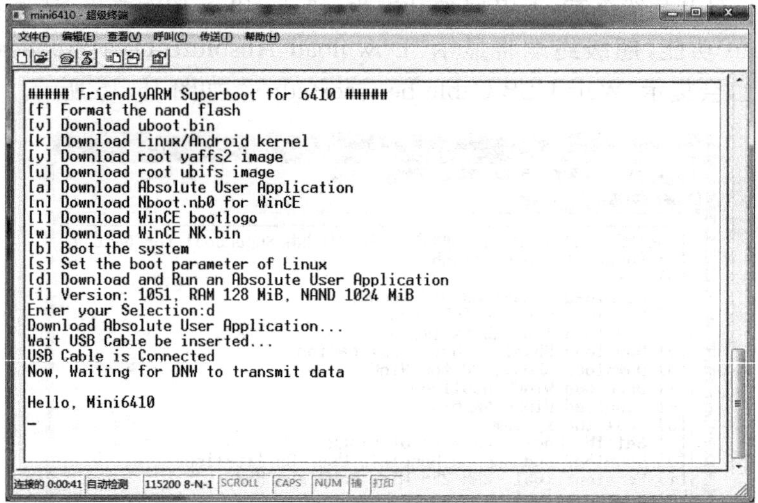


图 15.17　下载程序

# 第16章　基于 Windows XP 的 Android 开发环境

## 16.1　Android 开发环境搭建

### 16.1.1　下载必备的软件

（1）下载 JAVA JDK1.6：jdk-6u26-windows-i586.exe。

可到 http://www.oracle.com/technetwork/java/javase/downloads/index.html 网站下载。在该网站主页面下，点击 Java SE，就可下载 JDK 6 Update xx（jdk-6u26-windows-i586.exe 是 Update 26 版本）。

（2）下载 google 公司开发的手机软件 Android SDK：installer_r15-windows.exe。

对于 Android SDK，可以去官方网下载最新的版本，这里选择 Windows 版本。下载地址为 http://developer.android.com/sdk/index.html。

（3）下载 ADT（Android Development Tool）开发插件。

可以从 http://developer.android.com/sdk/eclipse-adt.html 下载最新的 ADT 插件版本，软件包内版本为 15.0.0。Android SDK 可作为一个插件安装到 eclipse 中。

（4）下载 eclipse 开发平台：eclipse-java-helios-SR1-win32.zip。

本开发使用绿色版 eclipse-java-helios-SR1-win32.zip，解压后即可使用。下载网站为 http://www.eclipse.org/downloads/，选择下载 Eclipse IDE for Java Developers。

### 16.1.2　软件的安装

#### 16.1.2.1　JDK 的安装

（1）安装 JAVA JDK1.6。

用鼠标双击 jdk-6u26-windows-i586.exe，按默认提示一步一步安装。默认的安装路径为 C:\Program Files\Java\jdk1.6.0_26\bin。

（2）配置 JDK 的环境变量。

我的电脑＞右击＞属性＞高级＞环境变量＞在系统变量窗口选择 path 项＞编辑＞增加 JDK 安装路径。JDK 默认的安装路径是 C:\Program Files\Java\jdk1.6.0_26\bin。

（3）测试 JDK 的环境变量是否配好。

开始＞运行＞cmd＞确定，出现 cmd.exe 窗口，用 Java 或 javac 命令可测试出有关 java 的信息。例如，通过 java-version 命令查看 JDK 的版本，显示 java version"1.6.0_26"。

#### 16.1.2.2　Android SDK 的安装

双击下载得到的安装程序 installer_r15-windows.exe，根据安装向导的提示安装即可，默认将安装在 C:\Program Files\Android\android-sdk 目录下，安装完成后，SDK Manager 默认会自动启动。

SDK Manager 启动时，由于我们还没有下载任何的 Packages，因此会弹出一个 Choose Packages to Install 的对话框，询问你是否安装所有可用的 Packages，由于你只想安装 Android 2.3 相关的 Packages，因此，这里你点击 Cancel 关闭对话框，回到 Android SDK Manager 的主界面。

以后可以通过在开始菜单中找到 Android SDK Tools，然后点击 SDK Manager 来启动 SDK Manager。

16.1.2.3　Eclipse 的安装

解压 eclipse-java-helios-SR1-win32.zip 在当前文件夹，生成 eclipse 文件夹。进入eclipse，双击 eclipse.exe，即打开 Java-Eclipse 开发环境，如图 16.1 所示。

### 16.1.3　Eclipse 入门

16.1.3.1　Eclipse 介绍

1. 打开 Eclipse。

Eclipse 不需要安装，只要把下载好的 eclipse 压缩包解压到你想存放的路径，然后打开eclipse 文件夹，双击 eclipse.exe 图标即可。打开 eclipse 后出现的是 Welcome 界面，如图 16.1 所示。

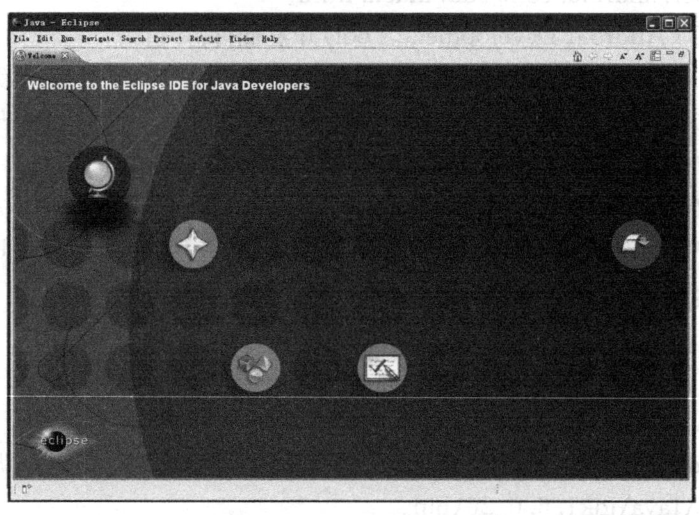


图 16.1　Welcome 界面

点击图 16.1 中 Welcome 后面的小"x"，关闭 Welcome 界面，得到图 16.2 的程序开发工作界面。选择 Help>Welcome 可再次打开 Welcome 界面。

2. 在 Eclipse 中学习编写 java 应用程序：Hello world。

(1) 如图 16.3 所示，点击 File >New>Java Project。

(2) 在图 16.4 中 Project name 后面的文字框内填上：HelloProject，点击 Next。

(3) 然后点击 Finish，就建好了 HelloProject 工程。

(4) 下面学习在 HelloProject 工程下新建一个 Hello 类(类的概念在 Java 中很重要)。

在 Package Explorer 窗口中选择 HelloProject，点击右键进入 HelloProject>New>Class，如图 16.5 所示。

(5) 如图 16.6 所示，在 Name 后面的文字框内填入 Hello，选中 public static void main (String[] args)前面的小方框，然后点击 Finish 就可以了。

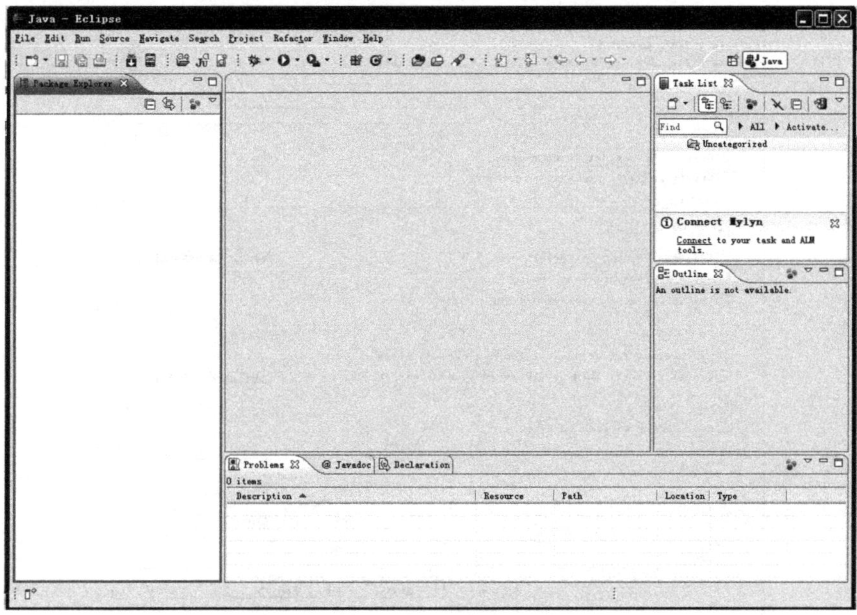


图 16.2　程序开发工作界面

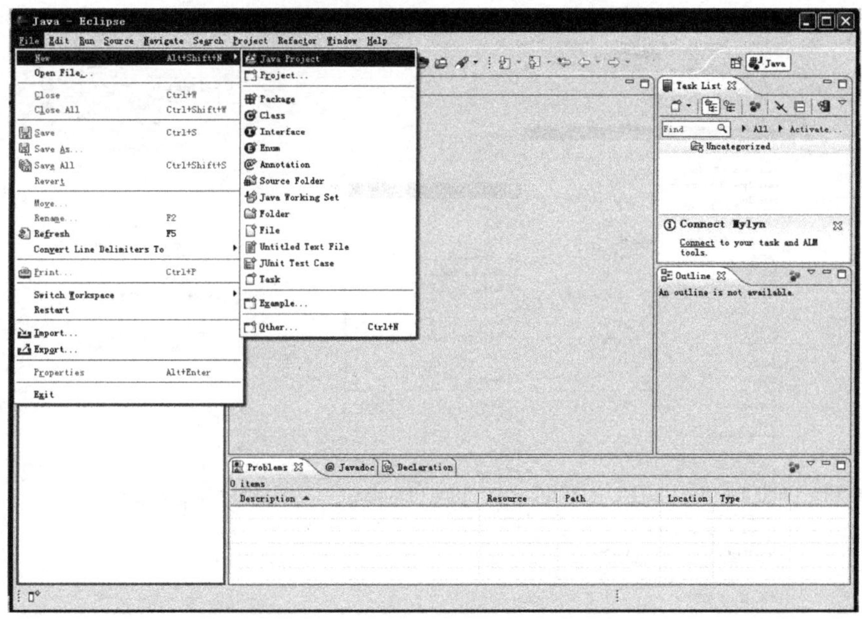


图 16.3　创建 Java Project

(6) 现在可以认真看一下建好后的界面，如图 16.7 所示。

注意：Eclipse 中 /* 与 */ 中间和 // 之后的内容都是注释，这里程序简单，注释可以删去，如图 16.8 所示，以后建大工程做注释很有必要。

(7) 在 main 函数中输入要让 HelloProject 工程实现功能的代码：System. out. println("Hello, world!");，运行后即可看到控制台上会输出 Hello, world! 如图 16.9 所示。

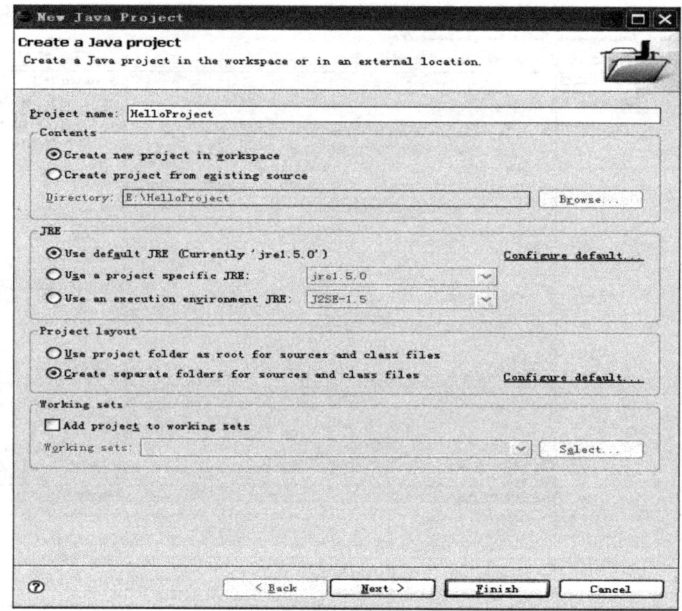


图 16.4　创建 Java Project

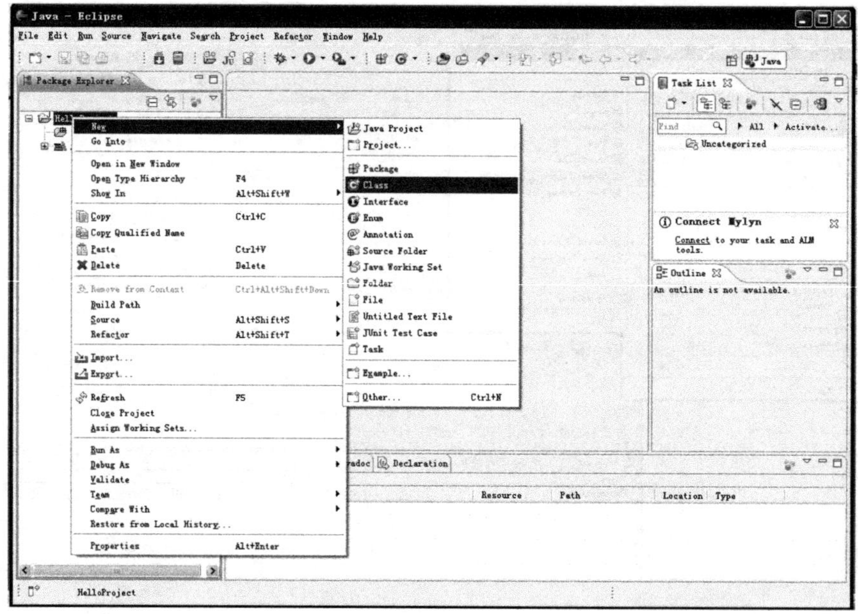


图 16.5　创建 Java Project

3. 在 Eclipse 中通过 awt 包来实现窗口创建和绘图功能。

**例 1**　创建窗口。

(1) 新建一个 draw 工程，创建一个 draw 类，输入图 16.10 所示的代码。

(2) 运行之后如图 16.11 所示。

**例 2**　用 Paint 方法画图。

(1) 新建一个 Graphics 工程，创建一个 GraphicsDemo 类，输入如下代码，如图 16.12 所示。

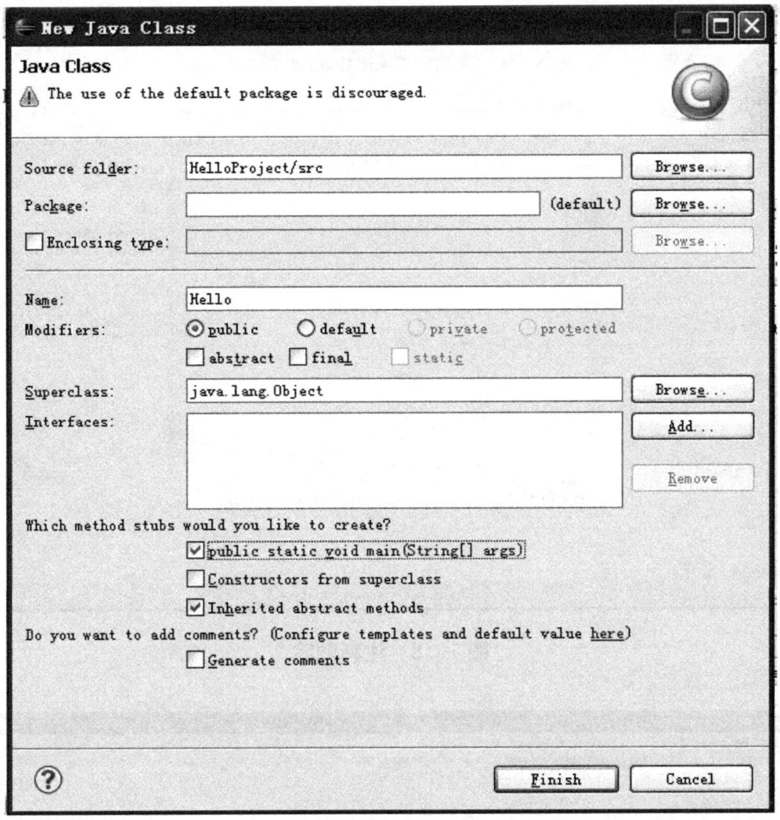

New Java Class

Java Class

The use of the default package is discouraged.

Source folder: HelloProject/src　Browse...

Package: (default)　Browse...

Enclosing type:　Browse...

Name: Hello

Modifiers: public　default　private　protected

abstract　final　static

Superclass: java.lang.Object　Browse...

Interfaces:　Add...

Remove

Which method stubs would you like to create?

public static void main(String[] args)

Constructors from superclass

Inherited abstract methods

Do you want to add comments? (Configure templates and default value here)

Generate comments

Finish　Cancel

图 16.6　创建 Java Project

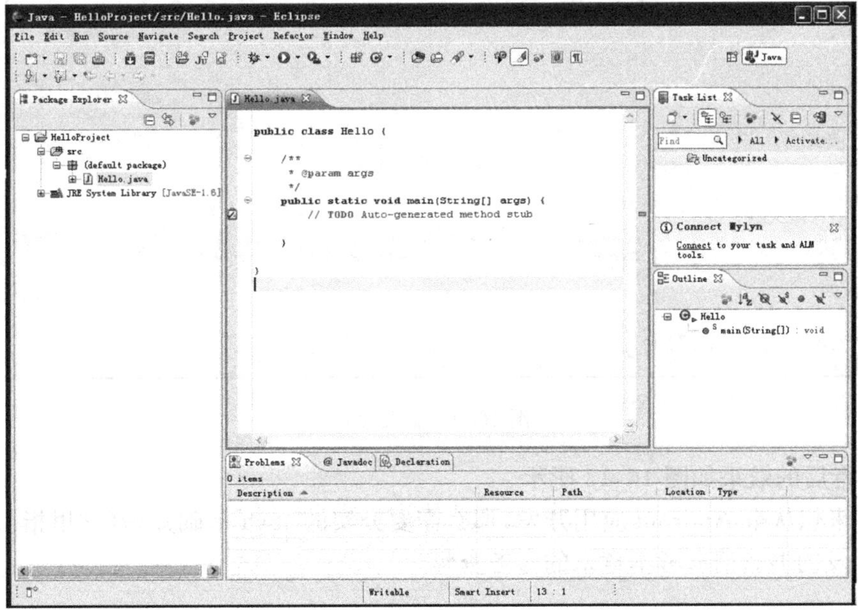


图 16.7　建立 Java Project 后的界面

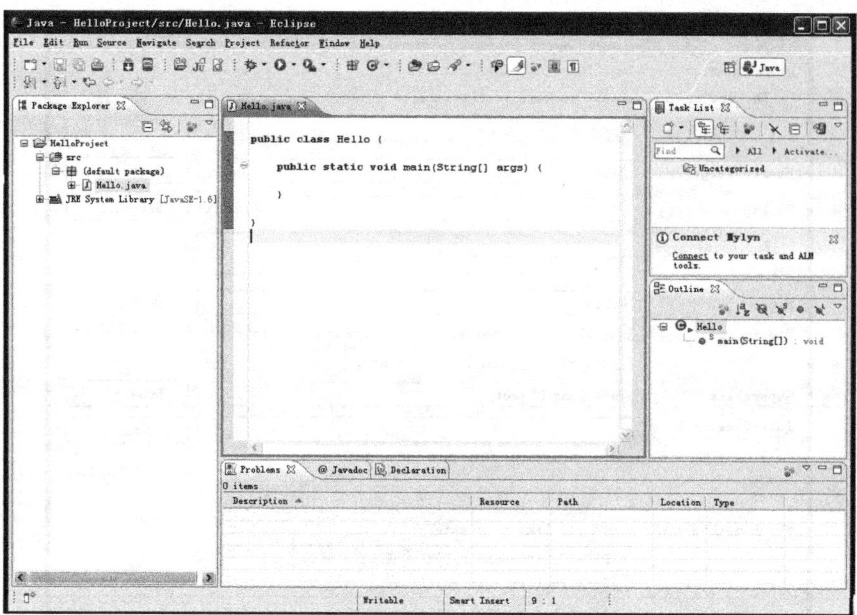


图 16.8　注释删除

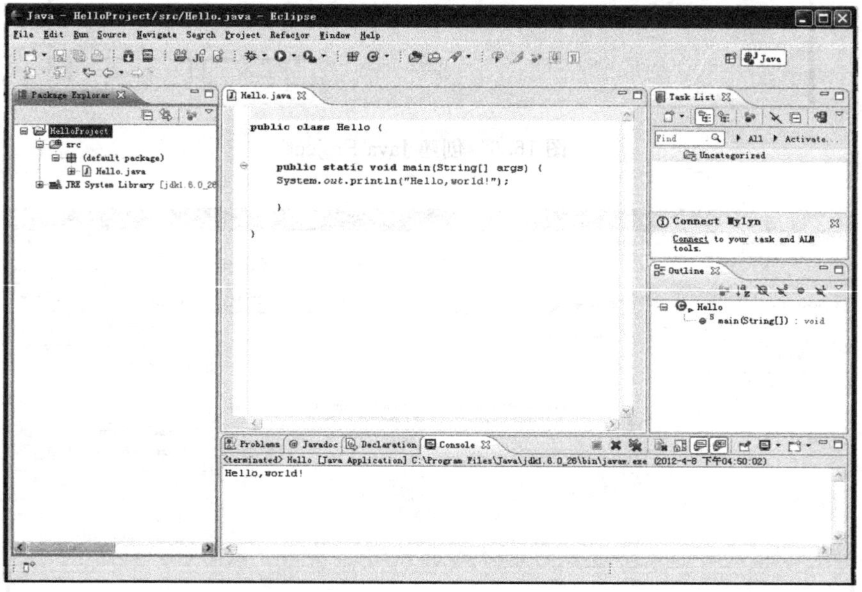


图 16.9　输入代码

(2) 运行后的效果如图 16.13 所示。

如果将来想从事 Android 应用开发，那么需要夯实的 Java 基础知识(这里指 J2SE)，有关 Java 应用开发的书籍请参考本章末的参考资料。

16.1.3.2　在 Eclipse 上安装 ADT 插件

(1) 在 Eclipse 中点击 Help>Install New Software 出现如图 16.14 所示。

(2) 点击>Add 出现如图 16.15 所示。

```
import java.awt.*;          //引进awt包
public class draw {
Frame frame;                //声明一个名为frame的窗口对象
public draw(){              //构造方法
    frame=new Frame("First window in java"); //创建frame对象
    frame.setSize(320,320);                  //设置frame对象
    frame.setVisible(true);                  //frame置为可见
}

    public static void main(String[] args) { //创建draw类实例
    draw object=new draw();

    }

}
```

图 16.10 输入代码

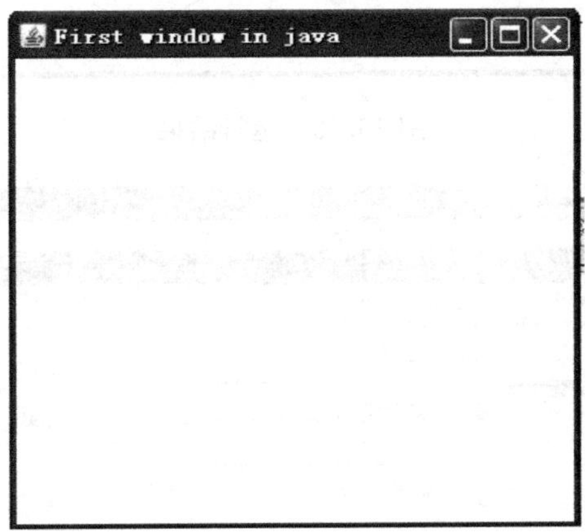


图 16.11 运行结果

```
//GraphicsDemo.java
import java.awt.*;
public class GraphicsDemo extends Frame{
    //构造方法
    public GraphicsDemo(){
        super("The use of Graphics");
    }
    //main方法
    public static void main(String[] args){
        GraphicsDemo gd=new GraphicsDemo();
        gd.setSize(300, 300);
        gd.setVisible(true);
    }
    //paint方法
    public void paint(Graphics g){
        //画直线
        g.drawLine(20, 160, 280, 160);
        g.drawLine(160,20,160,280);
        //画矩形
        g.drawRect(40,40,100,100);
        //画多边形
        int x[]={175,257,225,257,175};
        int y[]={40,40,90,140,140};
        g.drawPolygon(x,y,5);
        //画弧
        g.drawArc(10, 175, 100, 100, 0, 90);
        //画椭圆
        g.drawOval(175, 180, 90, 90);
        }
}
```

图 16.12 输入代码

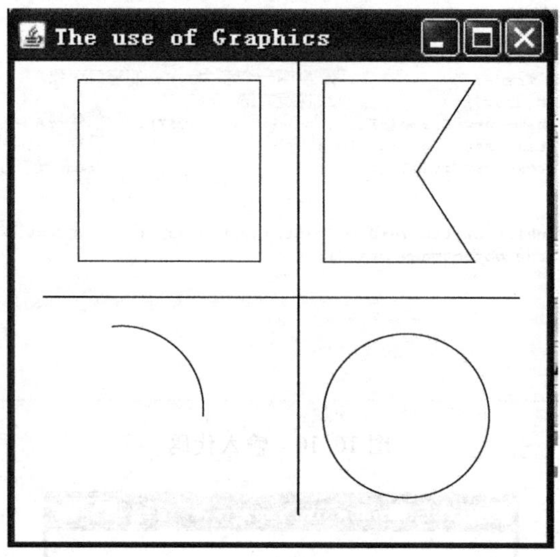


图 16.13　运行结果

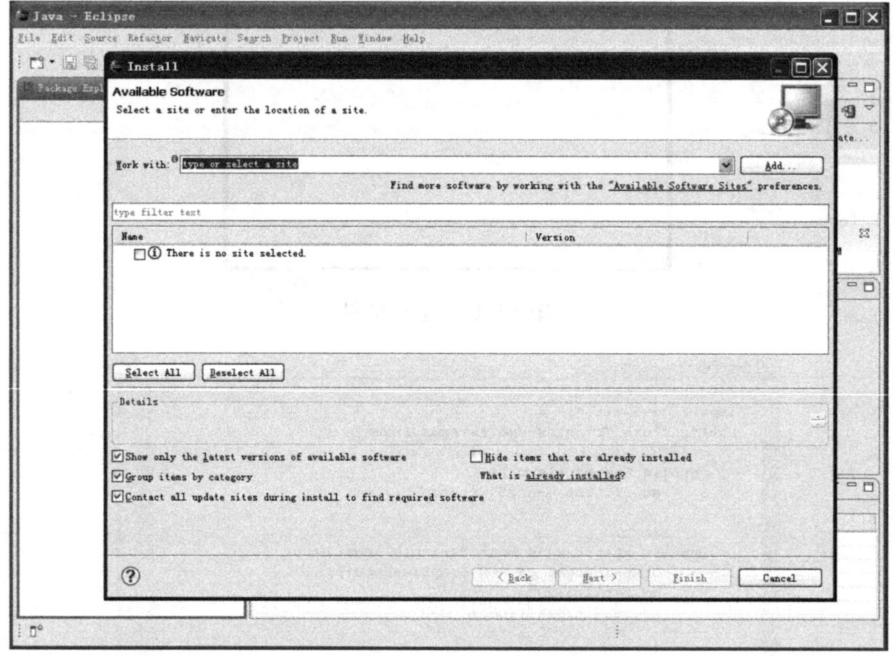


图 16.14　Eclipse 安装插件

(3) 在 Name 项填入要添加 ADT 的名称，如 ADT1。

(4) 在 Archive 中选择 ADT 所在的路径。

如图 16.16 所示，ADT 存放路径是 D:\ADT-15.0.0.zip，进入之后点击 OK。

选择 Select All 后单击 Next，就可以看到开始加载 ADT 插件了，如图 16.17 所示。

稍等片刻后，完成 ADT 加载单击 Next，如图 16.18 所示。

选择 I accept the terms of the license agreements，并选择 Finish。如图 16.19 所示。

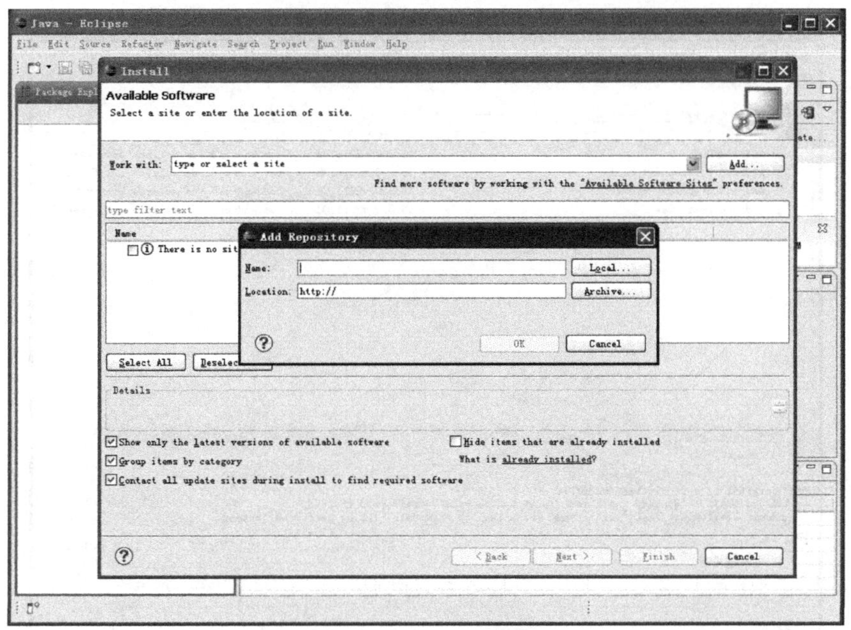


图 16.15　Eclipse 安装插件

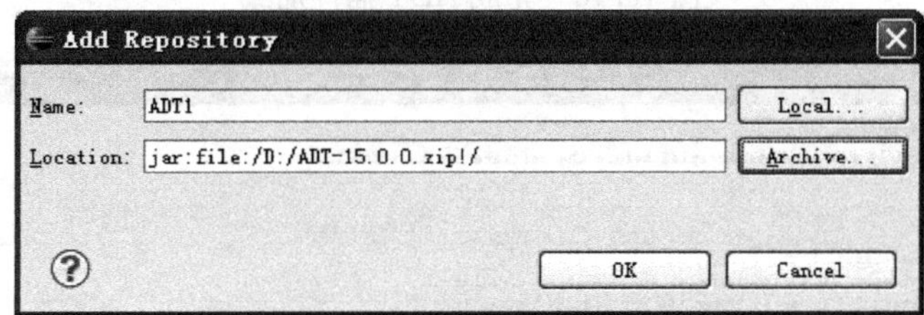


图 16.16　设置 ADT 插件

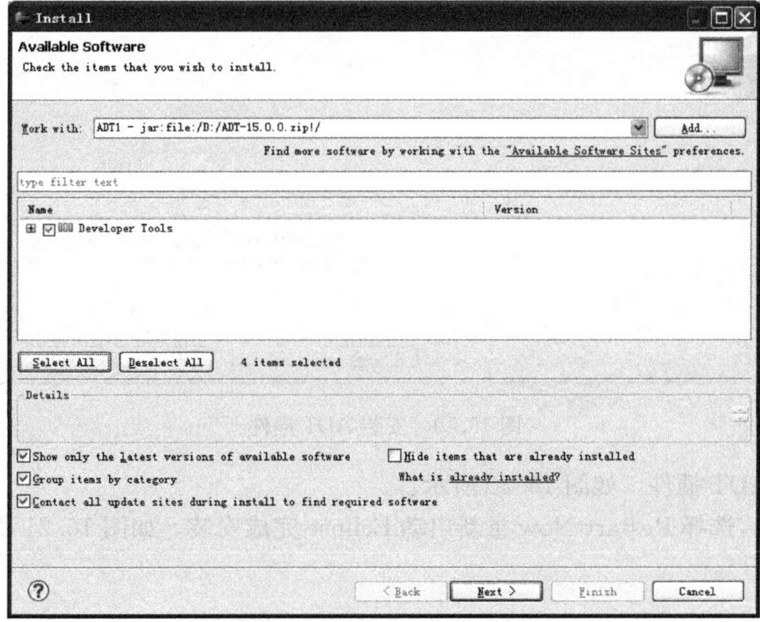


图 16.17　加载 ADT 插件

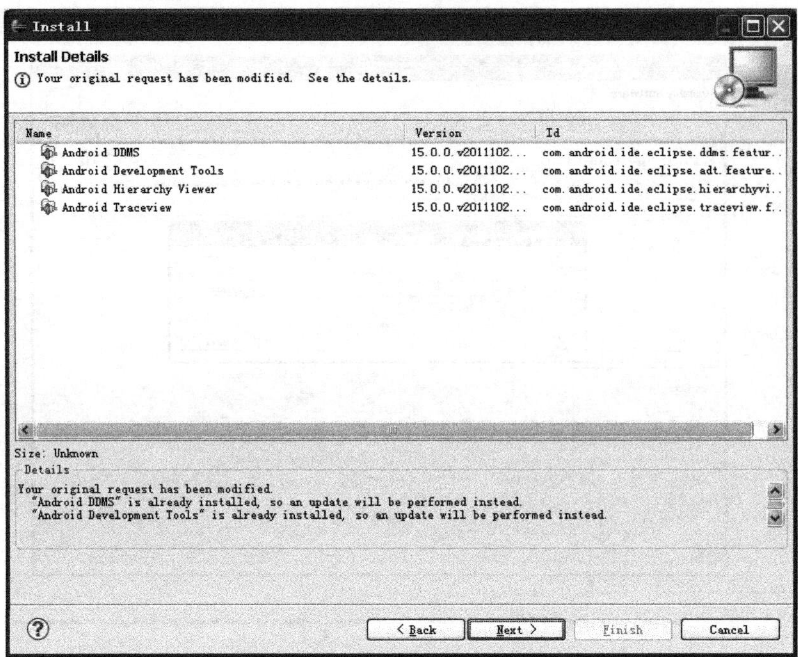


图 16.18　完成 ADT 插件加载

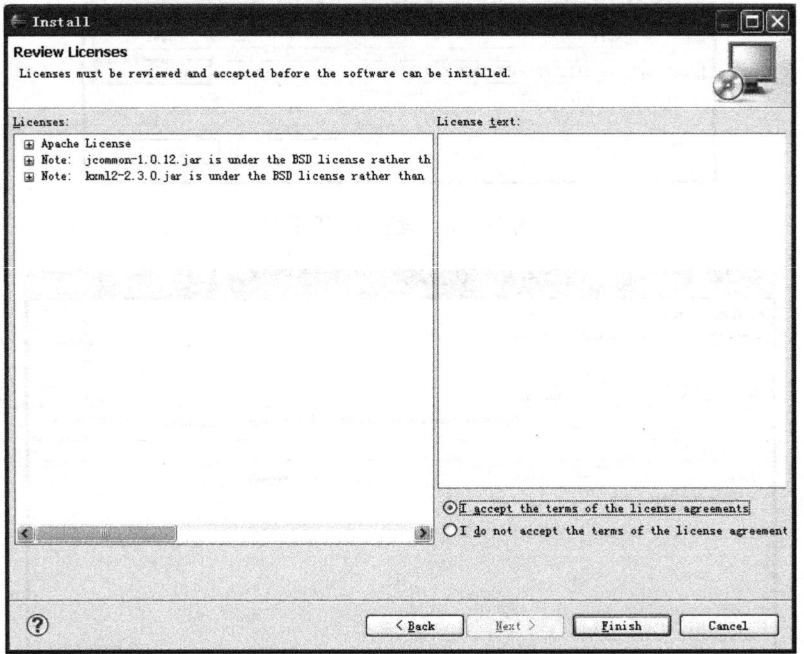


图 16.19　安装 ADT 插件

开始安装 ADT 插件。如图 16.20 所示。

完成安装后，选择 Restart Now 重新启动 Eclipse 完成安装。如图 16.21 所示。

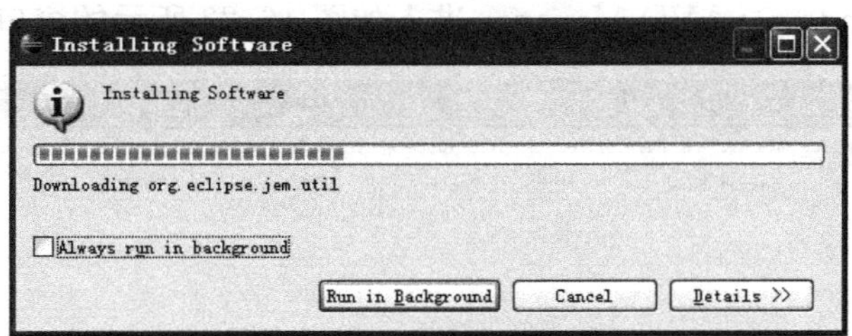


图 16.20　安装 ADT 插件

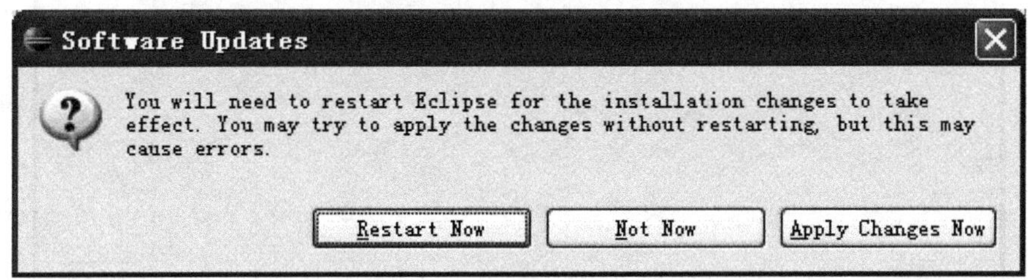


图 16.21　重新启动 Eclipse

#### 16.1.3.3　AVD 设备的配置

AVD(Android virtual device)虚拟设备的配置就是配置一个手机模拟器，用来代替真实手机模拟运行开发的应用程序，是运行 Android 程序必备的，其手动创建 AVD 虚拟设备的方法如下。

(1) Eclipse>Window>Preferences，如图 16.22 所示，选择界面左边的 Android 项，在右边的 SDK Location 中添加 Android SDK 的目录，点击 OK。

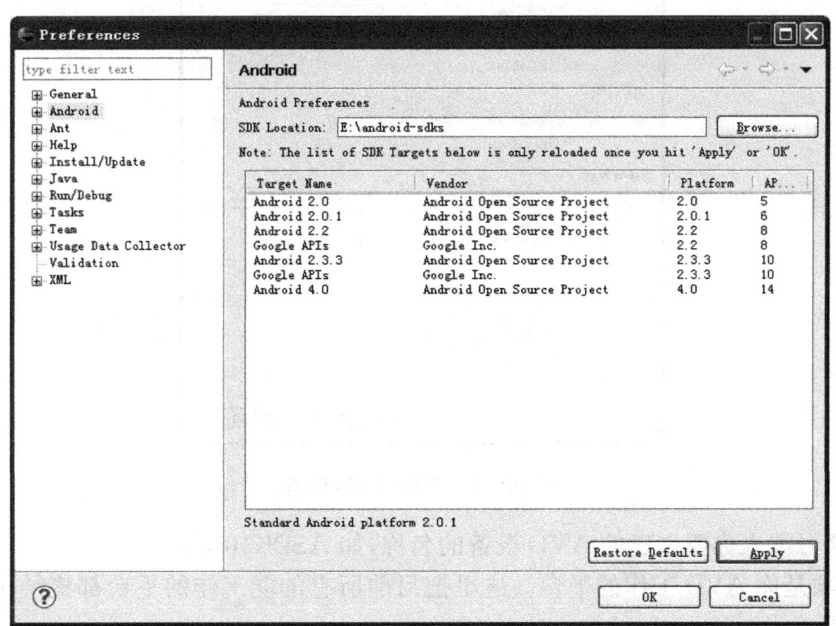


图 16.22　添加 Android SDK

(2) Eclipse>Window>AVD Manager 进入如图 16.23 所示的窗口界面。

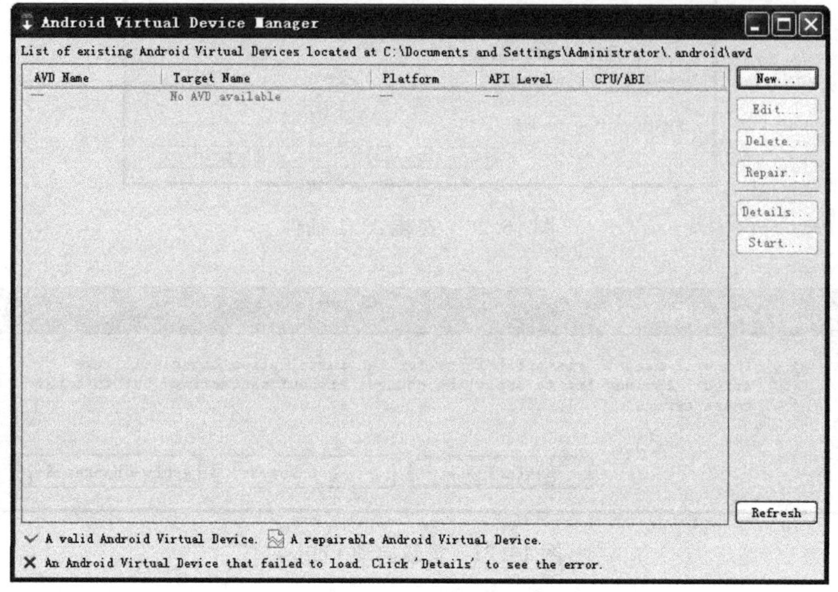


图 16.23　AVD Manager 图形界面

(3) 点击 New 创建支持不同版本的 AVD 设备,如图 16.24 所示。

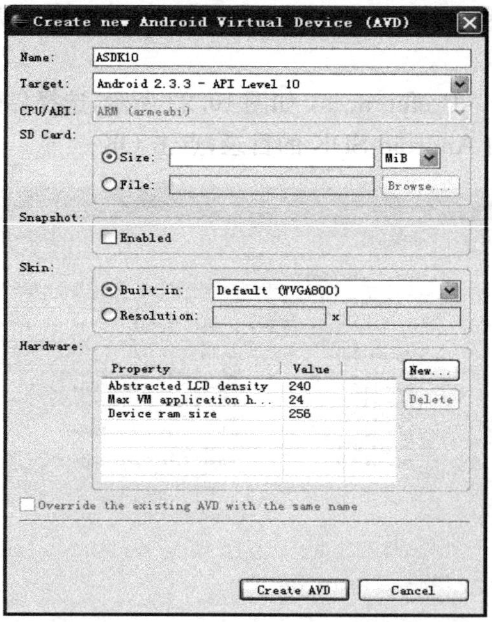

图 16.24　选择 AVD 设备

Name 项可填入你要创建的 AVD 设备的名称,如 ASDK10 等。

Target 项是你 AVD 工作的平台。这里把目前所有的能工作的平台都集结了,所以可以任意地选择平台。

填好后点击 Create AVD 即可完成 AVD 虚拟设备的创建。选择 ASDK10>Start>Launch. 如图 16.25 所示。

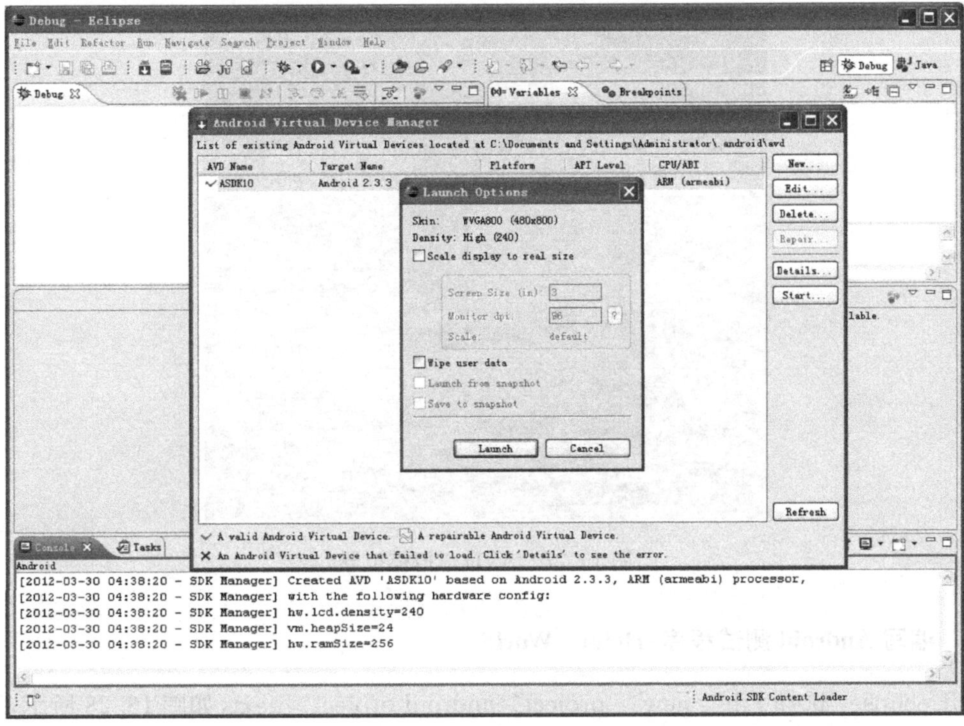


图 16.25　完成 AVD 创建

(4) 数秒钟后，可见生成了 AVD 虚拟模拟器，如图 16.26 所示。

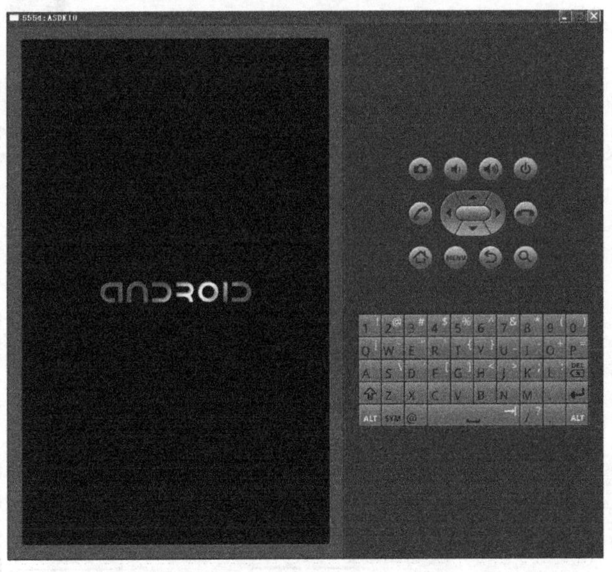


图 16.26　AVD 虚拟模拟器

(5) 数分钟后，图 16.26 所示的工作界面变成图 16.27 所示的界面，可用鼠标按该 GUI 右面的“电源”、“MENU”等按钮观察界面变化。

如果模拟器太大，可通过打开 AVD Manager＞Details＞Skin 中的 Build-in 项修改即可。

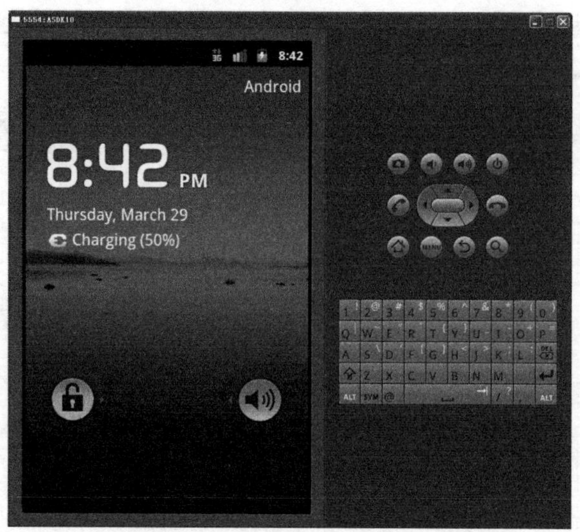


图 16.27　AVD 虚拟模拟器

### 16.1.4　编写 Android 测试程序:Hello　World

打开 eclipse，选择 File>new> project>android project>next，如图 16.28 所示，填入工程名:hello，选择 Next。

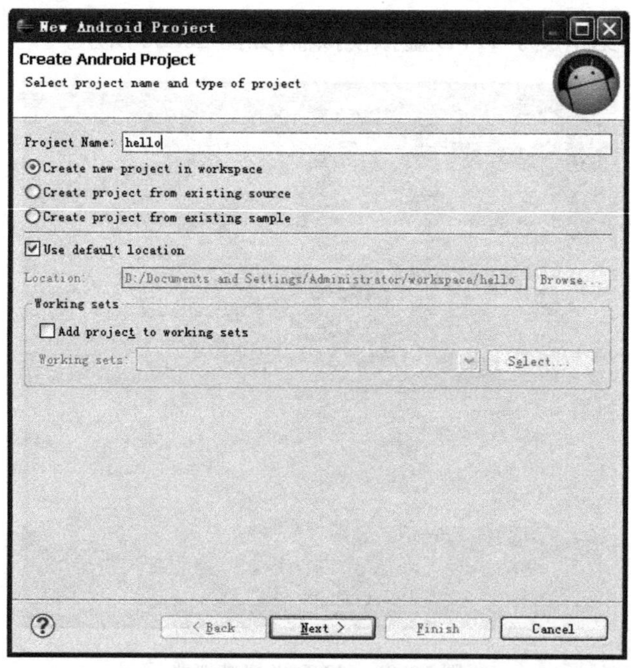


图 16.28　建立工程 hello

选择 Android2.3.3 作为该应用的 SDK，如图 16.29 所示。

填写应用名等，如图 16.30 所示，选择 Finish。

这里值得注意的是，图 16.30 中 Package Name 的命名规则。例如，com. shunshi. abs.

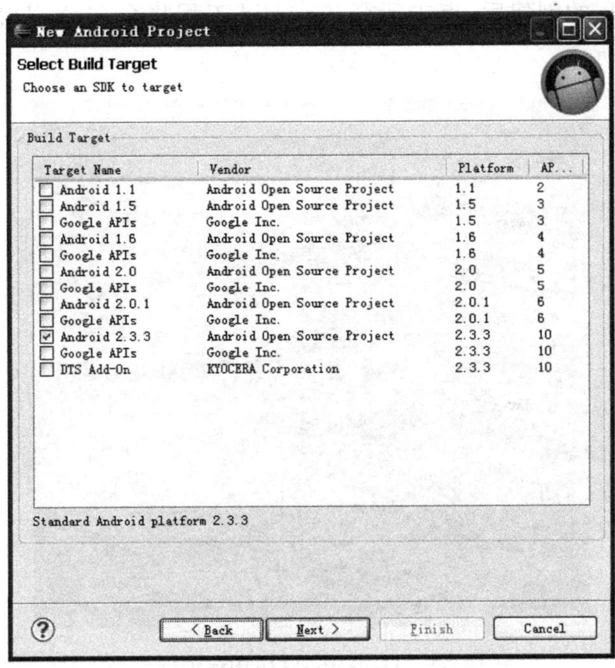


图 16.29　选择 Android2. 3. 3 SDK

model,“. ”来隔开每一部分,每一部分都是包结构。com. shunshi 这个是软件公司网址的 url,可以区分确认哪个公司开发的软件产品;abs 是项目名;model 是项目中的模块/子模块名。Package Name 的命名分级还需根据具体进行调整。

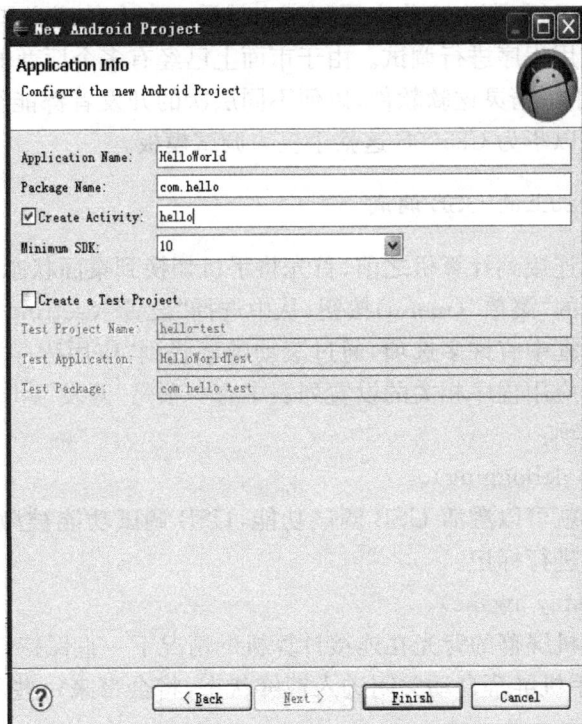

New Android Project
Application Info
Configure the new Android Project
Application Name: HelloWorld
Package Name: com.hello
Create Activity: hello
Minimum SDK: 10
Create a Test Project
Test Project Name: hello-test
Test Application: HelloWorldTest
Test Package: com.hello.test
< Back　Next >　Finish　Cancel

图 16.30　填写应用信息

完成 Android 工程的创建后，点击运行 Android 工程将会在 AVD 虚拟模拟器上看到测试的信息如图 16.31 所示。

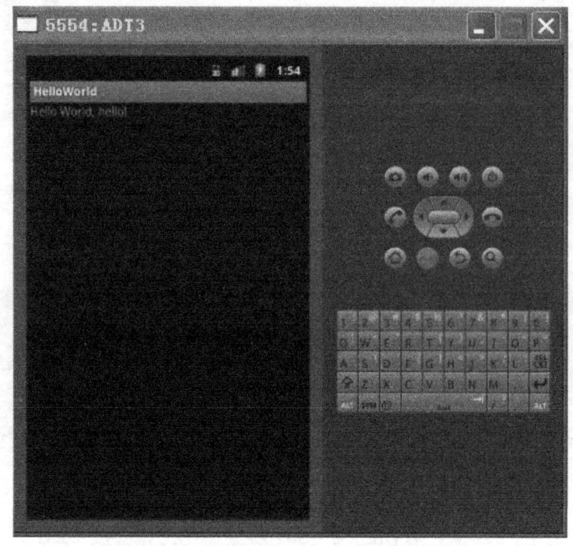


图 16.31　HelloWorld 应用模拟器显示

### 16.1.5　在 Android 手机上运行程序

使用手机模拟器可以节省大量的开发时间，并且 Android SDK 所使用的 AVD 模拟器十分好用。对于开发者来说，或许 95%的调试工作都可以在模拟器上进行，但是如果应用程序没有机会在真实手机上运行，那么这些应用程序也就没有存在的意义了。好在 Android SDK 可以使用真实手机对应用程序进行调试。由于市面上已经有多个厂商的多款 Android 手机出现，我们将使用豌豆荚手机精灵这款软件，以便不同层次的开发者都能很方便地进行 Android 手机程序的调试。这里以华为 C8500S 这款手机为调试模板。

#### 16.1.5.1　激活手机上的 USB 调试

在将 Android 手机连接到计算机之前，首先将手机切换到桌面状态(退出所有正在运行的程序)，然后按下手机上的“菜单”(menu)按钮，从中选择“设置”(setting)选项并打开手机的设置对话框。在设置对话框中有许多选项，通过滚动屏幕找到“应用程序”(applications)选项并单击确定。在打开的与应用程序相关的设置列表中有一项是“开发”(development)，单击它就会出现如下三个设置选项：

1. USB 调试(USB debugging)。

手指单击这个选项就可以激活 USB 调试功能，USB 调试功能被激活后在选项的右边会有一个绿色的“√”符号进行标记。

2. 保持唤醒状态(stay awake)。

这个选项可以让手机屏幕的背光在连接计算机的情况下一直保持打开的状态。有时候在程序调试过程中，如果手机屏幕自动关闭进入锁屏状态，将会带来一些不便，这种情况下就可以将这项功能打开。

3. 允许模拟地点(allow mock locations)。

这个选项是软件开发人员对开发的某些定位软件(一般为地图软件)或定位功能的软件进行调试的时候所使用的。是模拟手机目前所处的位置。例如,手机当前实际位置在中国,但测试软件时要求测试条件为美国,就可以使用该功能进行测试软件模拟定位。

通过上面的设置,华为 C8500S 这款手机已经可以通过 USB 接口接收调试信息了。不过不要着急将手机连接到计算机上,因为还要先在计算机上安装手机的驱动程序。

#### 16.1.5.2　用豌豆荚手机精灵加载 Android 手机 USB 驱动

在 Windows 操作系统下,Android 手机需要手动安装 USB 驱动,因市面上已有多个厂商的多款 Android 手机出现,驱动也是种类繁多,这里介绍使用豌豆荚手机精灵,操作简单。

首先正常下载安装豌豆荚手机精灵,并运行。

将之前打开 USB 调试的 Android 手机与 PC 机连接。界面如图 16.32 所示。

图 16.32　运行豌豆荚

点击“打开连接向导”开始准备安装 USB 驱动,如图 16.33 所示。

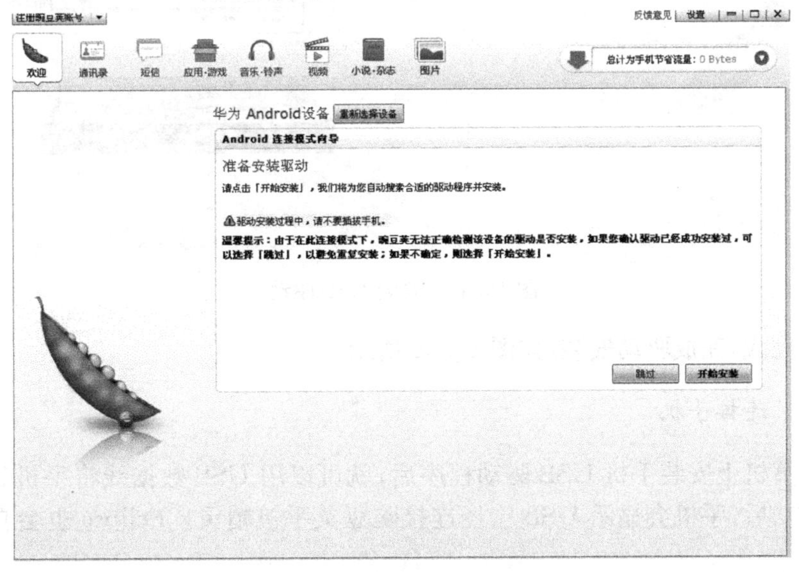


图 16.33　准备安装 USB 驱动

点击开始安装，豌豆荚手机精灵就会自动下载相应 Android 手机驱动并安装，如图 16.34 所示。

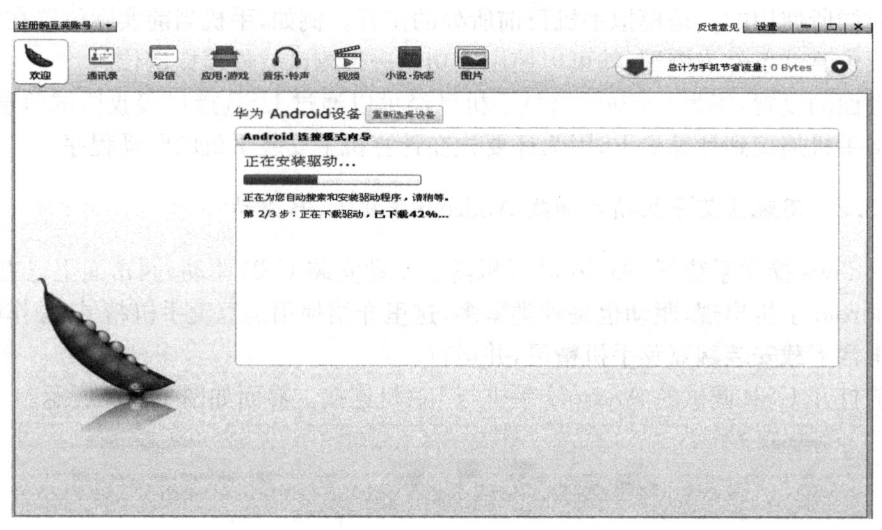


图 16.34　安装 USB 驱动

提示并安装相应手机 USB 驱动，如图 16.35 所示。

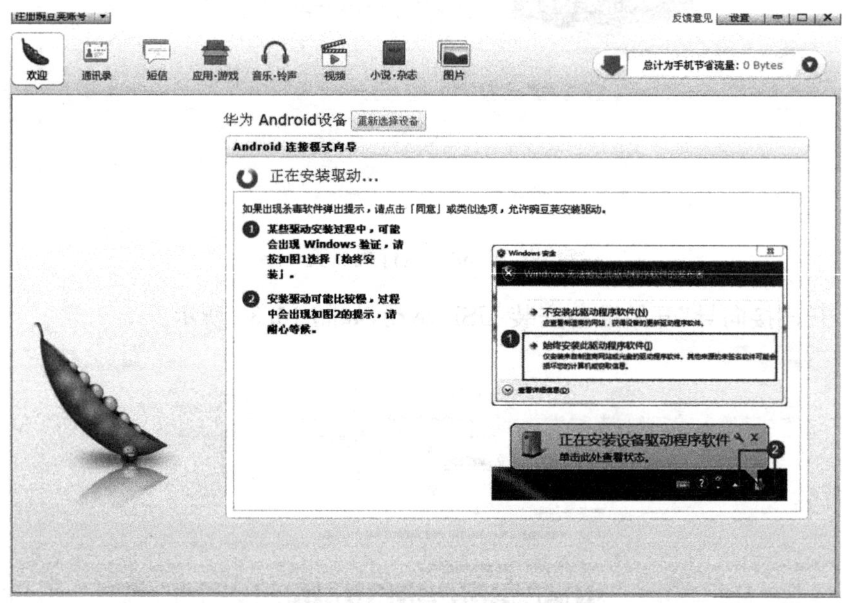


图 16.35　安装 USB 驱动

最后单击完成，完成驱动安装，如图 16.36 所示。

#### 16.1.5.3　连接手机

成功在计算机上安装手机 USB 驱动程序后，就可以用 USB 数据线将手机和计算机连接起来。连接成功后，手机会显示 USB 已经连接豌豆荚手机精灵。Eclipse 也会自动检测并识别出手机设备。

图 16.36　完成安装

#### 16.1.5.4　在手机上运行 OpenGL

现在打开 Eclipse，打开工程 OpenGL。操作步骤为单击 File＞new＞Project 打开对话框，选择 Android＞Android Project＞Next，如图 16.37 所示。

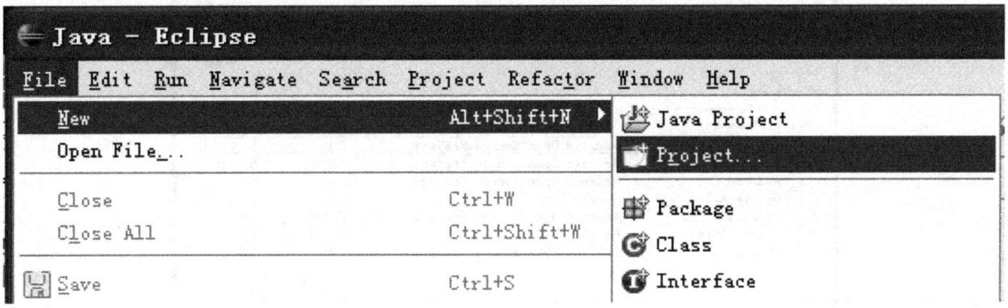

Java - Eclipse
File Edit Run Navigate Search Project Refactor Window Help
New Alt+Shift+N
Open File...
Close Ctrl+W
Close All Ctrl+Shift+W
Save Ctrl+S
Java Project
Project...
Package
Class
Interface

图 16.37　打开 OpenGL

选择 Create project from exising source，然后单击 Browse...，选择你电脑中 OpenGL 工程的文件夹，如图 16.38 所示。

然后单击 Next，选择你所使用的 Android 版本，然后单击 Finish，工程加载完成，如图 16.39所示。

在 Eclipse 中执行“Run”命令选择 Android Application，Android 手机中就会自动加载并运行 OpenGL 程序，如图 16.40 所示。

在 Android 手机上运行程序除此方法之外，还可通过复制到 SD 卡实现。

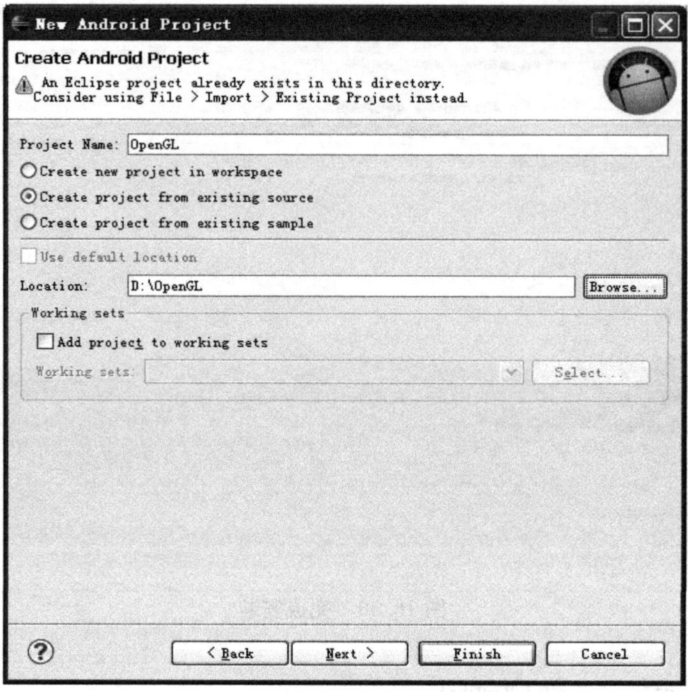


图 16.38 打开 OpenGL

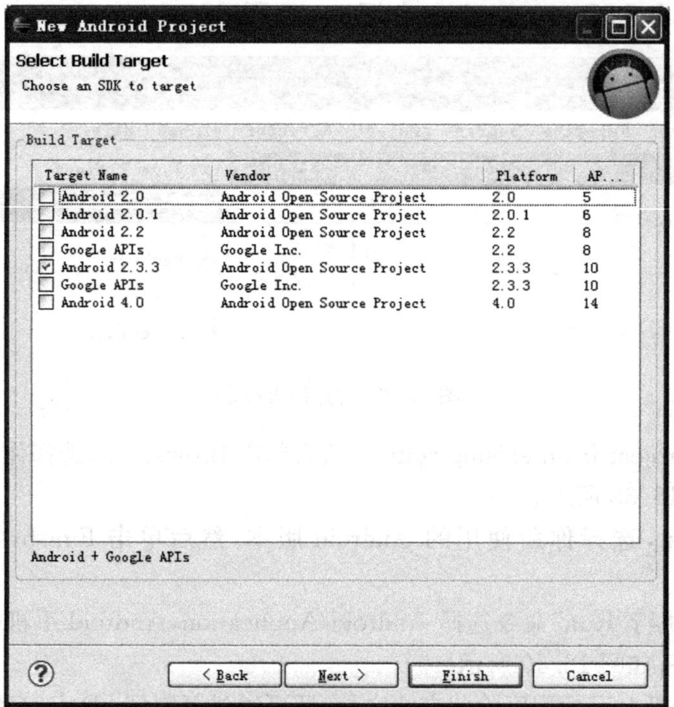


图 16.39 选择 Android 版本

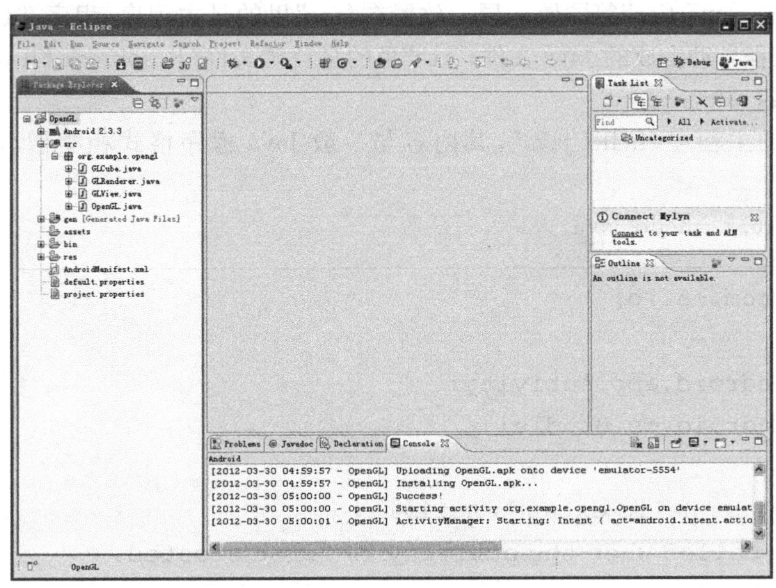

图 16.40　运行程序

# 16.2　项目编程实例

## 16.2.1　Android 应用程序架构

现在我们回过头来看看 16.1.4 小节中的 Android 工程建立向导帮忙做了哪些工作，以此来了解 Android 应用程序的生命周期及其文件组成方式。首先，在 Eclipse 中打开 hello 工程，并展开“Package Explorer”窗口中的内退，如图 16.41 所示。

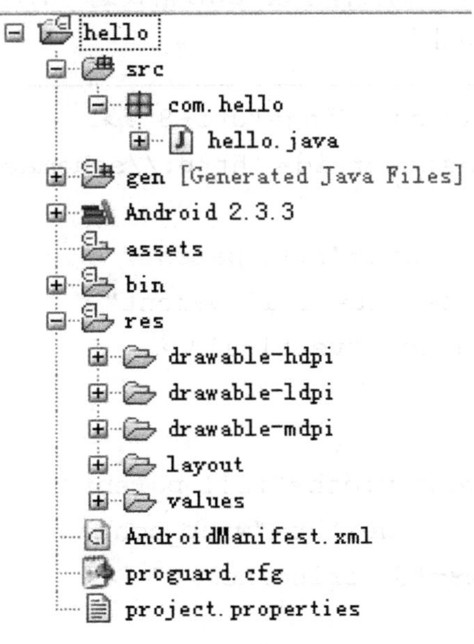


图 16.41　hello 工程

在展开的文件夹层中，“src”、“gen”、“Android2.3.3”、“assets”、“res”、“AndroidManifest.

xml”与“project. properties”等同属一层。放置在“src”里的是主程序、程序类(class);放置在“gen”里的是工程自动生成的 Java 文件;“res”里的是资源文件(Resources Files),如布局文件(layout)与常数(values)。

该工程中的主程序“hello. java”,其内容与一般 Java 程序格式相类似,内容如代码清单 16.1所示。

代码清单 16.1　hello. java

```
package com.hello;

import android.app.Activity;
import android.os.Bundle;

public class Hello extends Activity {
    /* *  Called when the activity is first created. * /
    @ Override
    public void onCreate(Bundle savedInstanceState) {
        super.onCreate(savedInstanceState);
        setContentView(R.layout.main);
    }
}
```

从 hello. java 主程序里可见 hello 类继承了 Activity 类,在类中重写了 onCreate()方法,在方法内以 setContentView()来设置这个 Activity 要显示的布局(R. layout. main),使用布局配置“res/layout/main. xml”,布局文件是以 XML 格式编写的,内容如代码清单 16.2 所示。

代码清单 16.2　main. xml

```
<? xml version="1.0" encoding="utf-8"?>
<LinearLayout xmlns:android="http://schemas.android.com/apk/res/
android"
    android:layout_width="fill_parent"
    android:layout_height="fill_parent"
    android:orientation="vertical" >

    <TextView
        android:layout_width="fill_parent"
        android:layout_height="wrap_content"
        android:text="@ string/hello" />
</LinearLayout>
```

查看“res/value/strings. xml”字符串常数的设置如图 16.42 所示,在 Value 行填写“我成功了!”。

Name* hello

Value* 我成功了!

图 16.42　字符串设置

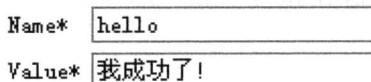

这就是说“hello”字符串变量的内容为“我成功了!”。保存并运行该应用，则将在模拟器的 HelloWorld 应用程序中显示该文字内容，如图 16.43 所示。

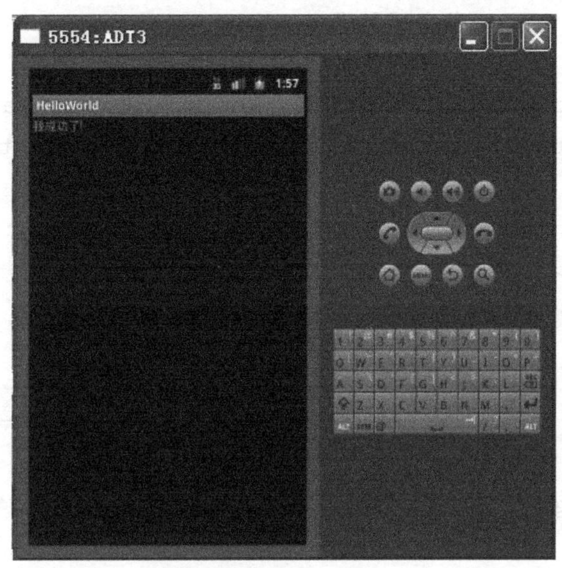


图 16.43　字符串显示

Android 应用程序有以下 3 种类型：

前端 Activity(foreground activity)；

后台服务(background services)；

间隔执行 Activity(intermittent activity)。

前端 Activity 就如同这个 HelloWorld 一样，运行在手机前端程序中；后台服务可能是看不见的系统服务(system service)、系统广播信息(broadcast)与接收器(receiver)；间隔执行 Activity 则类似如进程(treading)、Notification Manager 等。

每个工程都有一个“AndroidManifest. xml”设置文件，里面包含这个 Android 应用程序具有哪些 Activity、Service 或者 Receiver。现在来看看工程 hello 制作好的“Android Manifest. xml”设置文件的内容，如代码清单 16.3 所示。

代码清单 16.3　AndroidManifest. xml

```
<? xml version="1.0" encoding="utf-8"? >
<manifest xmlns:android="http://schemas.android.com/apk/res/android"
    package="com.hello"
    android:versionCode="1"
    android:versionName="1.0" >
```

```
    <uses-sdk android:minSdkVersion="10" />

    <application
        android:icon="@ drawable/ic_launcher"
        android:label="@ string/app_name" >
        <activity
            android:label="@ string/app_name"
            android:name=".hello" >
            <intent-filter >
                <action android:name="android.intent.action.MAIN" />
                <category android:name="android.intent.category.LAUNCH-
ER" />
            </intent-filter>
        </activity>
    </application>

</manifest>
```

在该文件中有一个名为 hello 的 Activity，设置其 intent-filter 的 category android:name 为"android. intent. category. LAUNCHER"，写在 intent-filter 里是指定此 Activity 为默认运行的主 Activity。

### 16.2.2 简单 Android 程序应用

hello 工程从新建到运行成功，一直都没有写代码，从本节开始要学写代码，让工程实现我们要它做的事情。

#### 16.2.2.1 更改与显示文字标签

在此范例中，将在 Layout 中创建 TextView 对象，并学会定义 res/values/strings. xml 里的字符串常数，最后通过 TextView 的 setText 方法，在加载程序之初更改 TextView 的文字。操作步骤如下：

(1) 创建 stringView 工程，Application Name 为 StringView，Package Name 为 com. string，Create Activity 为 StringView，在主程序 StringView. java 中添加代码，如代码清单 16.4所示。

代码清单 16.4 StringView. java

```
package com.string;

import android.app.Activity;
import android.os.Bundle;
/* 必须引用 widget.TextView 才能在程序里声明 TextView 对象* /
import android.widget.TextView;
```

```
public class StringView extends Activity {
    /* 必须引用 widget.TextView 才能在程序里声明 TextView 对象* /
    private TextView mTextView01;
    /* * Called when the activity is first created. * /
    @ Override
    public void onCreate(Bundle savedInstanceState) {
        super.onCreate(savedInstanceState);
        /* 载入 main.xml Layout,此时 myTextView01:text 为 str_1 * /
        setContentView(R.layout.main);
        /* 使用 findViewBtId 函数,利用 ID 找到该 TextView 对象 * /
        mTextView01=(TextView) findViewById(R.id.myTextView01);

        String str_2="欢迎来到 Android 的 TextView 世界...";
        mTextView01.setText(str_2);
    }
}
```

(2) 修改 res/layout/main. xml。

在 res/layout/main. xml 中添加 android:id 为 myTextView01,android:text 为 str_1,如代码清单 16. 5 所示。

代码清单 16. 5　res/layout/main. xml

```
<? xml version="1.0" encoding="utf-8"? >
<LinearLayout xmlns:android="http://schemas.android.com/apk/res/an-
droid"
    android:layout_width="fill_parent"
    android:layout_height="fill_parent"
    android:orientation="vertical" >

    <TextView
        android:id="@ + id/myTextView01"
        android:layout_width="fill_parent"
        android:layout_height="wrap_content"
        android:text="@ string/str_1" />

</LinearLayout>
```

(3) 在 values/strings. xml 中,对字符串名 str_1 进行设置,如代码清单 16. 6 所示。

代码清单 16. 6　values/strings. xml

```
<? xml version="1.0" encoding="utf-8"? >
```

```
<resources>

    <string name="hello">Hello World, HelloWorld! </string>
    <string name="app_name">StringView</string>
    <string name="str_1">我是存放在 strings.xml 里的「字串 1」</string>

< /resources>
```

以上 3 步设置完成后，在模拟器中运行，结果如图 16.44 所示。

图 16.44　运行结果

更改 values/strings. xml 中 app_name 字符串的 value 为 Hello，然后运行，看会有什么变化，如图 16.45 所示。

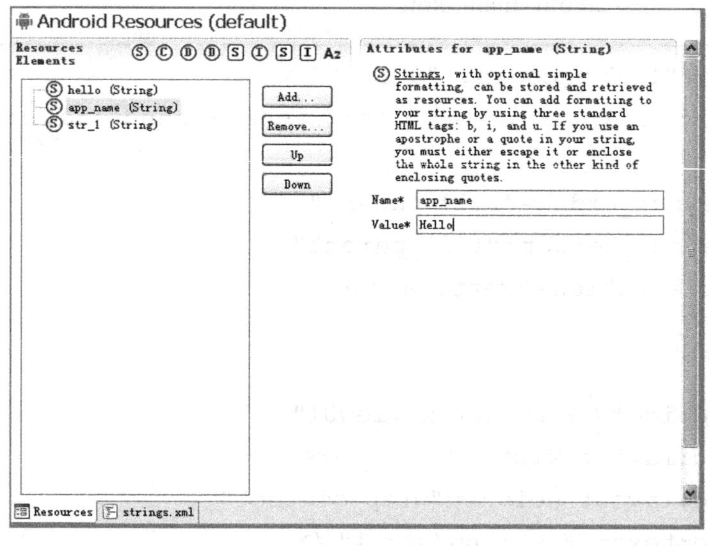


图 16.45　更改字符串

16.2.2.2　简易的按钮事件

按钮在许多 Windows 窗口应用程序中是最常见到的控件(controls)，此控件也常在网页设计里出现，如网页注册窗体、应用程序里的“确定”等。

而按钮所触发的事件处理，我们称为 Event Handler，只不过在 Android 中，按钮事件是由系统的 Button. OnClickListener 所控制，熟悉 Java 的读者对监听机制应该并不陌生。以下的范例将示范如何在 Activity 里布局一个按钮(Button)，并设计这个按钮的事件处理函数，当点击按钮的同时，更改 TextView 里的文字。

**例 3**　创建图 16.46 所示界面，按下"按我"按钮后，显示"Hi，Everyone"，如图 16.47 所示。

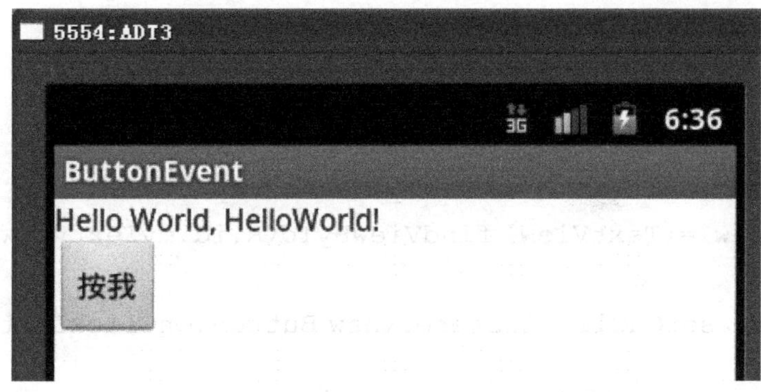


图 16.46　运行结果

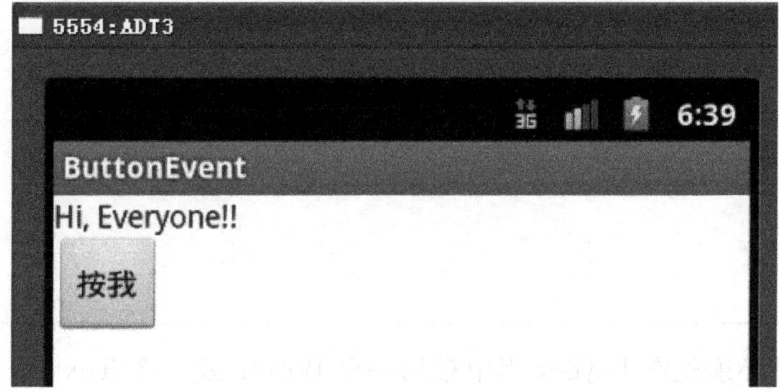


图 16.47　运行结果

操作步骤如下：

(1) 创建 buttonEvent 工程，Application Name 为 ButtonEvent，Package Name 为 com. button，Create Activity 为 ButtonEvent，在主程序 ButtonEvent. java 中添加代码，如代码清单 16.7所示。

代码清单 16.7　ButtonEvent. java

```
package com.button;

import android.app.Activity;
import android.os.Bundle;
import android.view.View;
import android.widget.Button;
import android.widget.TextView;
```

```
public class ButtonEvent extends Activity {
    private Button mButton1;
    private TextView mTextView1;

    /* *  Called when the activity is first created. * /
    @ Override
    public void onCreate(Bundle savedInstanceState) {
        super.onCreate(savedInstanceState);
        setContentView(R.layout.main);
        mButton1=(Button) findViewById(R.id.myButton1);
        mTextView1=(TextView) findViewById(R.id.myTextView1);

        mButton1. setOnClickListener(new Button.OnClickListener()
        {
        //  @ Override
          public void onClick(View v)
          {
            // TODO Auto-generated method stub
            mTextView1. setText("Hi, Everyone!!");
          }
        });
    }
}
```

在上面的程序必须先在 Layout 当中布局一个 Button 及一个 TextView 对象，找不到这两个组件的话，系统将无法运行下去，在开发阶段会造成编译错误。

其次在主程序中，请留意 onCreate 里创建的 Button. OnClickListener 事件，这也是触发按钮时会运行的程序段落。

(2) 修改 res/layout/main. xml，如代码清单 16. 8 所示。

代码清单 16. 8　res/layout/main. xml

```
<? xml version="1. 0" encoding="utf-8"? >
<LinearLayout
    xmlns:android="http://schemas.android.com/apk/res/android"
    android:background="@ drawable/white"
    android:orientation="vertical"
    android:layout_width="fill_parent"
    android:layout_height="fill_parent"
    >

    <TextView
```

```
    android:id="@ +id/myTextView1"
    android:layout_width="fill_parent"
    android:layout_height="wrap_content"
    android:textColor="@ drawable/blue"
    android:text="@ string/hello" />
  <Button
  android:id="@ + id/myButton1"
  android:layout_width="wrap_content"
  android:layout_height="wrap_content"
  android:text="@ string/str_button1" />

</LinearLayout>
```

（3）修改 res/values/string. xml，如代码清单 16.9 所示。

代码清单 16.9　res/values/string. xml

```
<? xml version="1.0" encoding="utf-8"? >
<resources>
  <string name="hello">Hello World, HelloWorld! </string>
  <string name="app_name">ButtonEvent</string>
  <string name="str_button1">按我</string>
</resources>
```

（4）res/values/下增加 color. xml 文件。

在 values 上，点击鼠标右键，选择 New>File，在 File name 出填写：color. xml，选择 Finish，这样就在 values 下增加了新文件 color. xml。在 res/values/color. xml 中添加内容，如代码清单 16.10 所示。

代码清单 16.10　res/values/color. xml

```
<? xml version="1.0" encoding="utf-8"? >
<resources>
  <drawable name="darkgray"># 808080</drawable>
  <drawable name="white"># FFFFFF</drawable>
  <drawable name="blue"># 0000FF</drawable>
</resources>
```

通过以上步骤后编译就可实现图 16.46 和图 16.47 的要求。

#### 16.2.2.3　手机页面的转换

在网页的世界里，想要在两个网页之间做转换，只要利用超链接(hyperlink)就可以实现，但在手机的世界里，要如何实现手机页面之间的转换呢？最简单的方式就是改变 Activity 的 Layout。在这个应用中，将布局两个 Layout，分别为 Layout1(main. xml)和 Layout2(mylayout. xml)，默认载入的 Layout 为 main. xml，且在 Layout1 中创建一个按钮，当点击按钮时，显示第二个 Layout(mylayout. xml)；同样的，在 Layout2 里也设计一个按钮，当点击该按钮时，则显示回原来的 Layout，下面的例子说明了如何在两个页面之间相互切换。

**例 4**　在主程序中，预加载的 Layout 是 main. xml，屏幕上显示的是黑色背景的“This is Layout 1!!”，如图 16. 48 所示。在第一个 Layout 上的按钮被点击的同时，改变 Activity 的 Layout 为 mylayout. xml，屏幕上显示为白色背景的“This is Layout 2!!”，如图 16. 49 所示，并利用 Button 点击时，调用方法的不同做两个 Layout 间的切换。

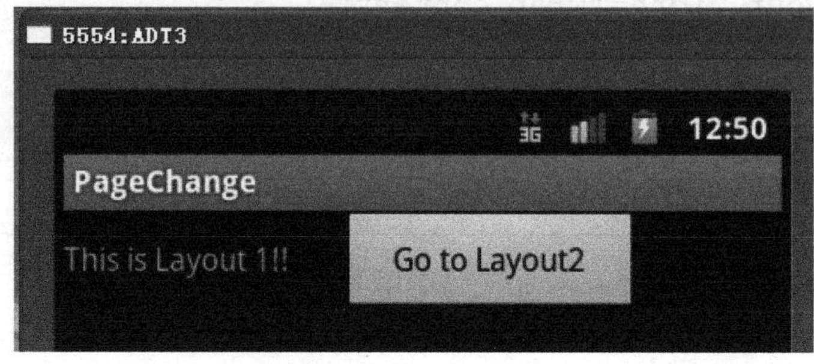


图 16. 48　运行结果

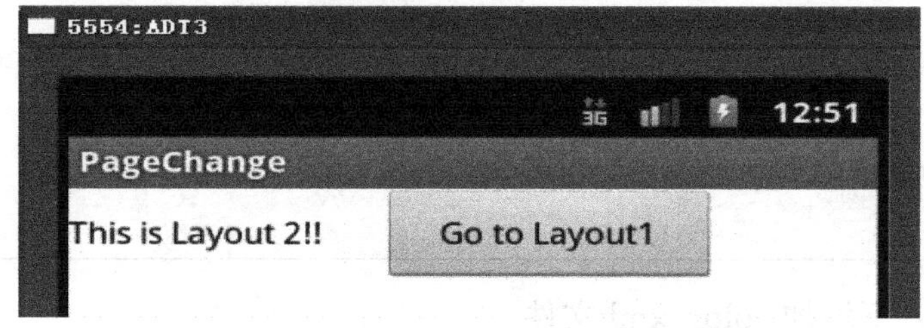


图 16. 49　运行结果

操作步骤如下：

(1) 创建 pageChange 工程，Application Name 为 PageChange，Package Name 为 com. change，Create Activity 为 PageChange，在主程序 PageChange. java 中添加代码，如代码清单 16. 11所示。

代码清单 16. 11　PageChange. java

```
package com.change;
import android.app.Activity;
import android.os.Bundle;
import android.view.View;
import android.widget.Button;

public class PageChange extends Activity {
    /* *  Called when the activity is first created. * /
    @ Override
    public void onCreate(Bundle savedInstanceState) {
```

```
    super.onCreate(savedInstanceState);
    setContentView(R.layout.main);
    /* 以 findViewById()取得 Button 对象,并添加 onClickListener * /
    Button b1= (Button) findViewById(R.id.button1);
    b1.setOnClickListener(new Button.OnClickListener()
    {
      public void onClick(View v)
      {
        jumpToLayout2();
      }
    });
}

/* method jumpToLayout2:将 layout 由 main.xml 切换成 mylayout.xml * /
public void jumpToLayout2()
{
  /* 将 layout 改成 mylayout.xml * /
  setContentView(R.layout.mylayout);

  /* 以 findViewById()取得 Button 对象,并添加 onClickListener * /
  Button b2=(Button) findViewById(R.id.button2);
  b2.setOnClickListener(new Button.OnClickListener()
  {
    public void onClick(View v)
    {
      jumpToLayout1();
    }
  });
}

/* method jumpToLayout1:将 layout 由 mylayout.xml 切换成 main.xml * /
public void jumpToLayout1()
{
  /* 将 layout 改成 main.xml * /
  setContentView(R.layout.main);

  /* 以 findViewById()取得 Button 对象,并添加 onClickListener * /
  Button b1=(Button) findViewById(R.id.button1);
  b1.setOnClickListener(new Button.OnClickListener()
  {
```

```
            public void onClick(View v)
          {
             jumpToLayout2();
            }
          });
       }
}
```

为了凸显 Layout 间切换的效果，特别改变两个 Layout 的背景色及输出文字。在 main. xml 中定义其背景为黑色，输出文字为“This is Layout 1!!”。

(2) 修改 res/layout/main. xml，如代码清单 16. 12 所示。

代码清单 16. 12　res/layout/main. xml

```
<? xml version="1.0" encoding="utf-8"? >
  <LinearLayout
      android:layout_width="fill_parent"
      android:layout_height="fill_parent"
      android:background="@ drawable/black"
      xmlns:android="http://schemas.android.com/apk/res/android"
  >
    <TextView
      android:id="@ + id/text1"
      android:textSize="14sp"
      android:layout_width="186px"
      android:layout_height="29px"
      android:layout_x="70px"
      android:layout_y="32px"
      android:text="@ string/layout1"
  >
  </TextView>
  <Button
      android:id="@ + id/button1"
      android:layout_width="200px"
      android:layout_height="wrap_content"
      android:layout_x="200px"
      android:layout_y="82px"
      android:text="Go to Layout2"
  >
  </Button>
</LinearLayout>
```

在 mylayout.xml 中定义其背景色为白色，输出文字为“This is Layout 2!!”。

(3) 修改 res/layout/mylayout.xml，如代码清单 16.13 所示。

代码清单 16.13　res/layout/mylayout.xml

```
<? xml version="1.0" encoding="utf-8"? >
  <LinearLayout
     android:layout_width="fill_parent"
     android:layout_height="fill_parent"
     android:background="@ drawable/white"
     xmlns:android="http://schemas.android.com/apk/res/android"
  >
    <TextView
     android:id="@ + id/text2"
     android:textSize="14sp"
     android:layout_width="186px"
     android:layout_height="29px"
     android:layout_x="70px"
     android:layout_y="32px"
     android:textColor="@ drawable/black"
     android:text="@ string/layout2"
    >
    </TextView>
    <Button
     android:id="@ +id/button2"
     android:layout_width="200px"
     android:layout_height="wrap_content"
     android:layout_x="200px"
     android:layout_y="82px"
     android:text="Go to Layout1"
    >
    </Button>
</LinearLayout>
```

(4) 修改 res/values/color.xml，如代码清单 16.14 所示。

代码清单 16.14　res/values/color.xml

```
<? xml version="1.0" encoding="utf-8"? >
  <resources>
    <drawable name="black"># 000000</drawable>
    <drawable name="white"># FFFFFFFF</drawable>
  </resources>
```

(5) 修改 res/values/strings. xml,如代码清单 16. 15 所示。

代码清单 16. 15　res/values/strings. xml

```
<?xml version="1.0" encoding="utf-8"?>
<resources>
    <string name="layout1">This is Layout 1!! </string>
    <string name="layout2">This is Layout 2!! </string>
    <string name="app_name">PageChange</string>

</resources>
```

通过以上步骤,编译后运行后就可得到如图 16. 48 所示和图 16. 49 所示的结果。

16. 2. 2. 4　调用另一个 Activity

在例 4 中介绍了如何运用切换 Layout 的方式进行手机页面间的转换。如果要转换的页面不止是背景、颜色或内容,而是 Activity 的置换,那就不是单单改变 Layout 能实现的了,在程序里要移交主控权到另一个 Activity,当是先前的 Layout 技巧是办不到的。那要如何解决呢?

在 Android 的程序设计中,可在主程序中使用 startActivity()这个方法来调用另一个 Activity,但这儿的关键并不是 startActivity()这个方法,而是 Intent 这个特有的对象。Intent 就如同其英文字义,是"想要"或"意图"的意思,在主 Activity 中,告诉程序自己是什么,并想要前往哪里,这就是 Intent 对象所处理的事情了。

本范例没有特别的 Layout 布局,而是直接在主 Activity 中部署一个按钮,当点击按钮的同时,告诉主 Activity 前往 Activity2,并在 Activity2 里创建一个回到主 Activity 的按钮,这个例子将利用此简易的程序描述,讲述如何在一个 Activity 中调用另一个 Activity。

**例 5**　在主程序中加载 Layout main. xml,屏幕上显示的是黑色背景的"This is Activity 1!!",在 Button 被点击是调用另一个 Activity,并将主 Activity 关闭。如图 16. 50 和 16. 51 所示。

本范例运行后的结果如图 16. 50 所示。

图 16. 50　运行结果

点击界面上的按钮,就可以得到如图 16. 51 所示的界面。

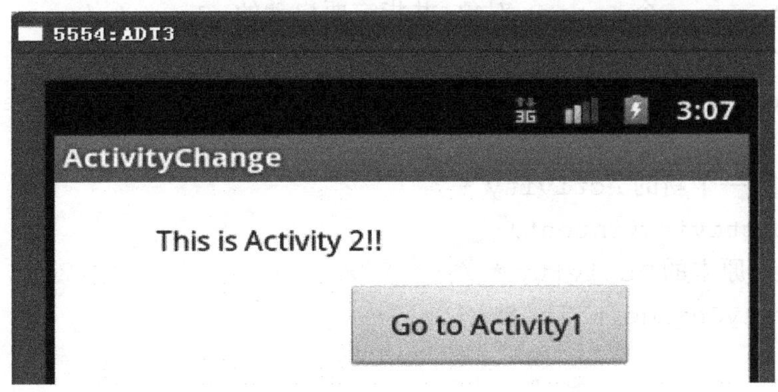


图 16.51　运行结果

步骤如下：

(1) 创建工程 activityChange，Application Name 为 ActivityChange，Package Name 为 com.activity，Create Activity 为 ActivityChange，在主程序 ActivityChange.java 中添加代码，如代码清单 16.16 所示。

代码清单 16.16　ActivityChange.java

```
package com.activity;

/* import 相关 class * /
import android.app.Activity;
import android.os.Bundle;
import android.view.View;
import android.widget.Button;
import android.content.Intent;

public class ActivityChange extends Activity {
    /* * Called when the activity is first created. * /
    @ Override
    public void onCreate(Bundle savedInstanceState) {
        super.onCreate(savedInstanceState);
        /* 载入 mylayout.xml Layout * /
        setContentView(R.layout.main);

        /* 以 findViewById()取得 Button 对象,并添加 onClickListener * /
        Button b1= (Button) findViewById(R.id.button1);
        b1.setOnClickListener(new Button.OnClickListener()
        {
          public void onClick(View v)
          {
```

```
        /*  new 一个 Intent 对象,并指定要启动的 class * /
        Intent intent= new Intent();
      intent.setClass(ActivityChange.this, ActivityChange_1.class);

      /*  调用一个新的 Activity * /
      startActivity(intent);
      /*  关闭原本的 Activity * /
      ActivityChange.this.finish();
      }
    });
  }
}
```

ActivityChange_1.java 程序是第二个 Activity 的主程序,其加载的 Layout 为 mylayout.xml,屏幕上所显示的是白色背景的“This is Activity 2!!”,同样为其添加 Button,并 onClickListener(),当 Button 被点击时返回前一个 Activity,并关闭当前的 Activity。

(2) 修改 src/com.activity/ActivityChange_1.java,如代码清单 16.17 所示。

代码清单 16.17　src/com.activity/ActivityChange_1.java

```
package com.activity;

/*  import 相关 class * /
import android.app.Activity;
import android.os.Bundle;
import android.content.Intent;
import android.view.View;
import android.widget.Button;

public class ActivityChange_1 extends Activity
{

  /* *  Called when the activity is first created. * /
    @ Override
  public void onCreate(Bundle savedInstanceState)
    {
      super.onCreate(savedInstanceState);
      /*  载入 main.xml Layout * /
      setContentView(R.layout.mylayout);

      /*  以 findViewById()取得 Button 对象,并添加 onClickListener * /
      Button b2= (Button) findViewById(R.id.button2);
```

```
    b2.setOnClickListener(new Button.OnClickListener()
    {
      public void onClick(View v)
      {
          /* new 一个 Intent 对象,并指定要启动的 class * /
          Intent intent= new Intent();
    intent.setClass(ActivityChange_1.this, ActivityChange.class);

      /* 调用一个新的 Activity * /
        startActivity(intent);
        /* 关闭原本的 Activity * /
        ActivityChange_1.this.finish();
      }
  });

 }

}
```

为了凸显 Activity 间切换的效果,特别将两个 Layout 的背景及输出文字有所区别。

(3) 修改 res/layout/main.xml,如代码清单 16.18 所示。

代码清单 16.18　res/layout/main.xml

```
<?xml version="1.0" encoding="utf-8"?>
<LinearLayout xmlns:android="http://schemas.android.com/apk/res/an-
droid"
    android:layout_width="fill_parent"
    android:layout_height="fill_parent"
    android:orientation="vertical">

  <TextView
      android:id="@+id/text1"
      android:textSize="24sp"
      android:layout_width="280px"
      android:layout_height="49px"
      android:layout_x="70px"
      android:layout_y="32px"
      android:text="@string/act1"
      >
  </TextView>
  <Button
```

```
        android:id="@ +id/button1"
        android:layout_width="200px"
        android:layout_height="wrap_content"
        android:layout_x="100px"
        android:layout_y="82px"
        android:text="Go to Activity2"
    >
    </Button>

</LinearLayout>
```

(4) 修改 res/layout/mylayout,如代码清单 16.19 所示。

代码清单 16.19　res/layout/mylayout

```
<? xml version="1.0" encoding="utf- 8"? >
  < AbsoluteLayout
      android:layout_width="fill_parent"
      android:layout_height="fill_parent"
      android:background="@ drawable/white"
      xmlns:android="http://schemas.android.com/apk/res/android"
  >
    <TextView
      android:id="@ + id/text2"
      android:textSize="14sp"
      android:layout_width="200px"
      android:layout_height="29px"
      android:layout_x="70px"
      android:layout_y="32px"
      android:textColor="@ drawable/black"
      android:text="@ string/act2"
    >
    </TextView>
    <Button
      android:id="@ +id/button2"
      android:layout_width="200px"
      android:layout_height="wrap_content"
      android:layout_x="200px"
      android:layout_y="82px"
      android:text="Go to Activity1"
    >
    </Button>
```

```
</AbsoluteLayout>
```

由于本范例中添加了一个 Activity，所以必须在 AndroidManifest. xml 中定义一个新的 Activity，并给予 name，否则程序将无法编译运行。

(5) 修改 AndroidManifest. xml，如代码清单 16. 20 所示。

代码清单 16. 20　AndroidManifest. xml

```
<? xml version="1. 0" encoding="utf-8"? >
<manifest xmlns:android= "http://schemas.android.com/apk/res/android"
   package="com.activity"
   android:versionCode="1"
   android:versionName="1. 0" >

   <uses- sdk android:minSdkVersion="10" />

   <application
      android:icon="@ drawable/ic_launcher"
      android:label="@ string/app_name" >
      <activity
         android:label="@ string/app_name"
         android:name=".ActivityChange" >
         <intent-filter >
            <action android:name="android.intent.action.MAIN" />

            <category android:name="android.intent.category.LAUNCHER" />
         </intent-filter>
      </activity>
      <activity android:name="ActivityChange_1"> </activity>
   </application>

</manifest>
```

接着自己可以对 value 下的 strings. xml 文件进行编辑，可以设置自己想要输出的文字。内容与 16. 2. 2. 3 小节相似，这里不再赘述。

#### 16. 2. 2. 5　试写一个小应用

在例 5 中介绍了如何在 Activity 中调用另一个 Activity，但若需要在调用另一个 Activity 时同时传递数据，那么就需要利用 Android. os. Bundle 对象封装数据的能力，将欲传递的数据或参数通过 Bundle 来传递不同 Intent 之间的数据。

**例 6**　本范例设计一个应用，用“标准体重计算器”来计算你的标准体重。需要在 Activity1 中手机 User 输入的数据，在离开 Activity1 的同时，将 User 选择的结果传递至 Activity2，在 Activity2 里加上一个“返回上一页”的按钮，返回上页后要能保留之前输入的相关信息，那么就必须使用 startActivityForResult()。

Activity1 调用 Activity2 的方法 startActivityForResult(intent,0)中，0 为下一个 Activity 要返回值的依据。重写 onActivityResult()这个方法，令程序在收到 result 后，在重新加载写回原本输入的值。

运行程序，选择性别，填写身高，如图 16.52 所示。

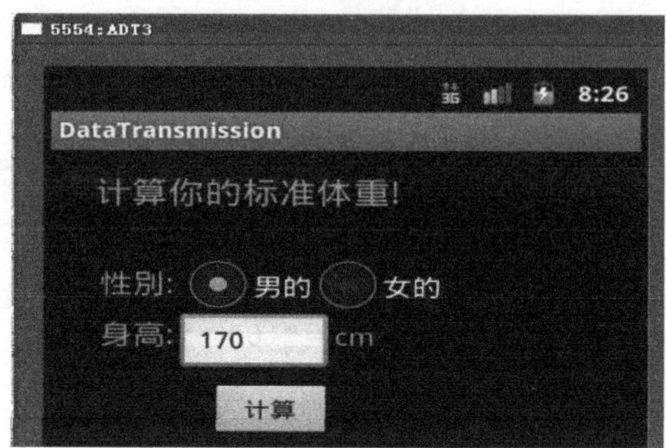


图 16.52　运行结果

点击“计算”按钮得到如图 16.53 所示结果。

图 16.53　运行结果

步骤如下：

(1) 创建工程 dataTransmission，Application Name 为 DataTransmission，Package Name 为 com.data，Create Activity 为 DataTransmission，在主程序 DataTransmission.java 中添加代码，如代码清单 16.21 所示。

代码清单 16.21　DataTransmission.java

```
package com.data;

import android.app.Activity;
import android.os.Bundle;
import android.content.Intent;
```

```
import android.view.View;
import android.widget.Button;
import android.widget.EditText;
import android.widget.RadioButton;

public class DataTransmission extends Activity {
    /* * Called when the activity is first created. * /
    @ Override
    public void onCreate(Bundle savedInstanceState) {
        super.onCreate(savedInstanceState);
        /* 载入 main.xml Layout * /
        setContentView(R.layout.main);

        /* 以 findViewById()取得 Button 对象,并添加 onClickListener * /
        Button b1=(Button) findViewById(R.id.button1);
        b1.setOnClickListener(new Button.OnClickListener()
        {
          public void onClick(View v)
          {
            /* 取得输入的身高* /
            EditText et=(EditText) findViewById(R.id.height);
            double height=Double.parseDouble(et.getText().toString());
            /* 取得选择的性别* /
            String sex="";
            RadioButton rb1=(RadioButton) findViewById(R.id.sex1);
            if(rb1.isChecked())
            {
              sex="M";
            }
            else
            {
              sex="F";
            }
            /* new 一个 Intent 对象,并指定 class* /
            Intent intent=new Intent();
intent.setClass(DataTransmission.this,DataTransmission_1.class);

            /* new 一个 Bundle 对象,并将要传递的数据传入* /
            Bundle bundle=new Bundle();
            bundle.putDouble("height",height);
```

```
          bundle.putString("sex",sex);

          /* 将 Bundle 对象 assign 给 Intent* /
          intent.putExtras(bundle);

          /* 调用 Activity DataTransmission_1* /
          startActivity(intent);
        }
      });
  }
}
```

在 Activity2 中,当 Button 被点击时,将 Bundle 对象与结果返回给前一个 Activity。

(2) 修改 src/com. data/ DataTransmission_1. java,如代码清单 16. 22 所示。

代码清单 16. 22　src/data. com/DataTransmission_1. java

```
package com.data;

import java.text.DecimalFormat;
import java.text.NumberFormat;
import android.app.Activity;
import android.os.Bundle;
import android.widget.TextView;

public class DataTransmission_1 extends Activity
{
  /* * Called when the activity is first created. * /
    @ Override
    public void onCreate(Bundle savedInstanceState)
    {
      super.onCreate(savedInstanceState);
      /* 加载 main.xml Layout * /
      setContentView(R.layout.mylayout);

      /* 取得 Intent 中的 Bundle 对象 * /
      Bundle bunde=this.getIntent().getExtras();

      /* 取得 Bundle 对象中的数据 * /
      String sex=bunde.getString("sex");
      double height=bunde.getDouble("height");
```

```
/* 判断性别 * /
String sexText="";
if(sex.equals("M"))
{
  sexText="男性";
}
else
{
  sexText="女性";
}

/* 取得标准体重 * /
String weight=this.getWeight(sex, height);

/* 设置输出文字 * /
TextView tv1=(TextView) findViewById(R.id.text1);
tv1.setText("你是一位"+ sexText+ "\n 你的身高是"
          + height+ "厘米\n 你的标准体重是"+ weight+ "公斤");
}

/* 四舍五入的 method * /
private String format(double num)
{
  NumberFormat formatter=new DecimalFormat("0.00");
  String s=formatter.format(num);
  return s;
}

/* 以 findViewById()取得 Button 对象,并添加 onClickListener * /
private String getWeight(String sex,double height)
{
  String weight="";
  if(sex.equals("M"))
  {
    weight=format((height- 80)* 0.7);
  }
  else
  {
    weight=format((height- 70)* 0.6);
  }
```

```
        return weight;
    }

}
```

范例中有两个 Activity,所以 AndroidManifest. xml 里必须有两个 activity 的声明,否则系统将无法运行。

(3) 修改 res/layout/main. xml,如代码清单 16. 23 所示。

代码清单 16. 23　res/layout/main. xml

```
<? xml version="1. 0" encoding="utf-8"? >
<AbsoluteLayout
    android:id="@ + id/widget0"
    android:layout_width="fill_parent"
    android:layout_height="fill_parent"
    xmlns:android="http://schemas.android.com/apk/res/android"
  >

    <TextView
      android:id="@ + id/title"
      android:layout_width="260px"
      android:layout_height="36px"
      android:text="@ string/title"
      android:textSize="20sp"
      android:layout_x="36px"
      android:layout_y="20px"
    >
    </TextView>
    <TextView
      android:id="@ + id/text1"
      android:layout_width="wrap_content"
      android:layout_height="37px"
      android:text="@ string/text1"
      android:textSize"18sp"
      android:layout_x="40px"
      android:layout_y="162px"
    >
    </TextView>
    <TextView
      android:id="@ + id/text2"
      android:layout_width="wrap_content"
```

```
  android:layout_height="32px"
  android:text="@ string/text2"
  android:textSize="18sp"
  android:layout_x="40px"
  android:layout_y="112px"
>
</TextView>
<TextView
  android:id="@ +id/text3"
  android:layout_width="wrap_content"
  android:layout_height="wrap_content"
  android:text="cm"
  android:textSize="16sp"
  android:layout_x="231px"
  android:layout_y="166px"
>
</TextView>
<Button
  android:id="@ +id/button1"
  android:layout_width="100px"
  android:layout_height="56px"
  android:layout_x="130px"
  android:layout_y="230px"
  android:text="计算">
</Button>
<RadioGroup
  android:id="@ +id/sex"
  android:layout_width="300px"
  android:layout_height="100px"
  xmlns:android="http://schemas.android.com/apk/res/android"
  android:layout_x="108px"
  android:layout_y="98px"
  android:orientation="horizontal"
  android:checkedButton="@ + id/sex1"
>
  <RadioButton
    android:id="@ + id/sex1"
    android:layout_width="wrap_content"
    android:layout_height="wrap_content"
    android:text="男的"
```

```
    >
    </RadioButton>
    <RadioButton
      android:id="@ +id/sex2"
      android:layout_width="wrap_content"
      android:layout_height="wrap_content"
      android:text="女的"
    >
    </RadioButton>
  </RadioGroup>
  <EditText
    android:id="@ +id/height"
    android:layout_width="120px"
    android:layout_height="60px"
    android:textSize="14sp"
    android:layout_x="106px"
    android:layout_y="160px"
    android:numeric="decimal"
  >

  </EditText>
</AbsoluteLayout>
```

(4) 修改 res/layout/mylayout. xml，如代码清单 16. 24 所示。

代码清单 16. 24　res/layout/mylayout. xml

```
<? xml version="1.0" encoding="utf-8"? >
 <AbsoluteLayout
   android:layout_width="fill_parent"
   android:layout_height="fill_parent"
   xmlns:android="http://schemas.android.com/apk/res/android"
 >
   <TextView
     android:id="@ +id/text1"
     android:layout_width="wrap_content"
     android:layout_height="wrap_content"
     android:textSize="20sp"
     android:layout_x="50px"
     android:layout_y="72px"
   >
   </TextView>
 </AbsoluteLayout>
```

(5) 修改 res/values/strings.xml，如代码清单 16.25 所示。

代码清单 16.25 res/values/strings.xml

```
<? xml version="1.0" encoding="utf-8"? >
<resources>
    <string name="title"> 计算你的标准体重! </string>
    <string name="text1"> 身高:</string>
    <string name="text2"> 性别:</string>
    <string name="app_name"> DataTransmission</string>

</resources>
```

(6) 修改 AndroidManifest.xml，如代码清单 16.26 所示。

代码清单 16.26 AndroidManifest.xml

```
<? xml version="1.0" encoding="utf- 8"? >
<manifest xmlns:android="http://schemas.android.com/apk/res/android"
    package="com.data"
    android:versionCode="1"
    android:versionName="1.0" >

    <uses- sdk android:minSdkVersion="10" />

    <application
        android:icon="@ drawable/ic_launcher"
        android:label="@ string/app_name" >
        <activity
            android:label="@ string/app_name"
            android:name=".DataTransmission" >
            <intent- filter >
                <action android:name="android.intent.action.MAIN" />

                <category android:name="android.intent.category.LAUNCHER" />
            </intent-filter>
        </activity>
        <activity android:name="DataTransmission_1"> </activity>
    </application>

</manifest>
```

### 16.2.3 Android 实战案例

**例 7** 猜猜看红心 A 在哪里？

本例子就简单地利用 Android 的 ImageView Widget 在手机上来实现一个小游戏。

在屏幕上放三张牌，红心 A、黑桃 2 与梅花 3，庄家先把三张牌都亮出来，让玩家看清楚红心 A 在哪里，之后庄家将牌翻面，如图 16.54 所示，并随意变换牌的顺序后，玩家开始下注，猜测红心 A 是哪一张，如果猜错了，手机上切换显示到如图 16.55 所示的画面；点击“再玩一次”，显示如图 16.56 所示画面，如果猜中了，手机切换显示到如图 16.57 所示的画面。

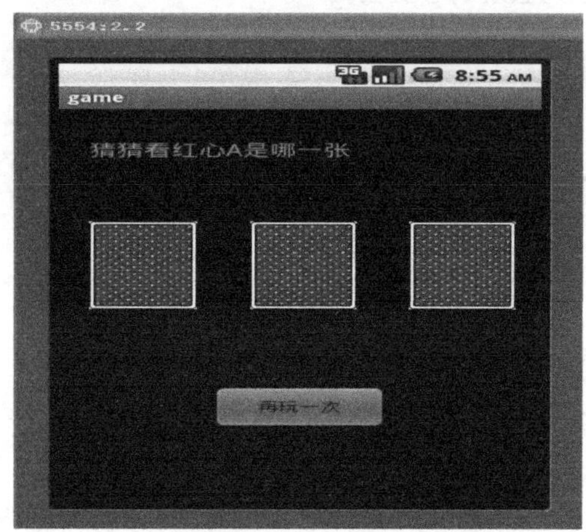


图 16.54 运行后手机界面

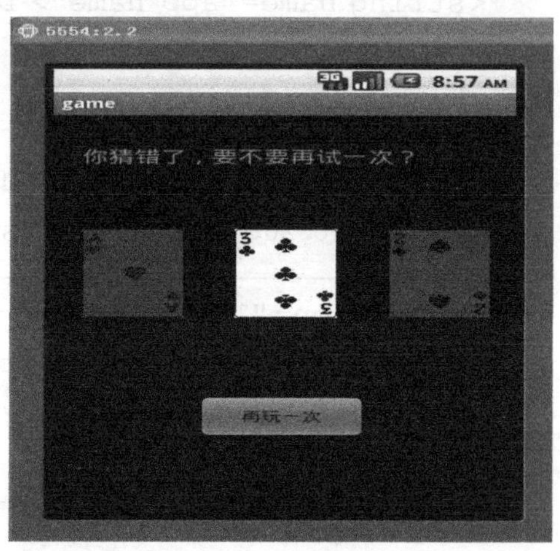


图 16.55 随意点击一张牌后

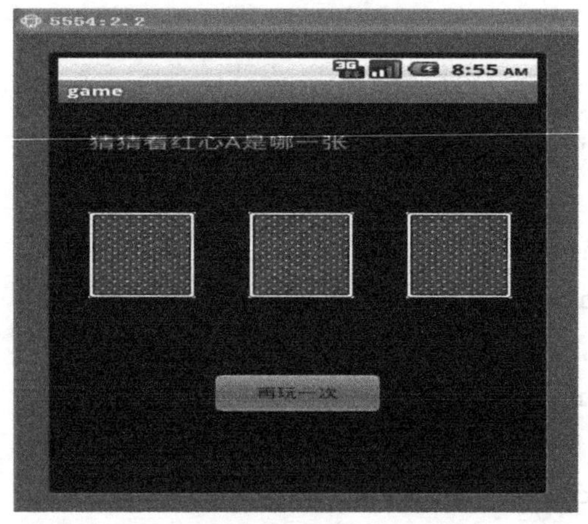


图 16.56 点击“再玩一次”后

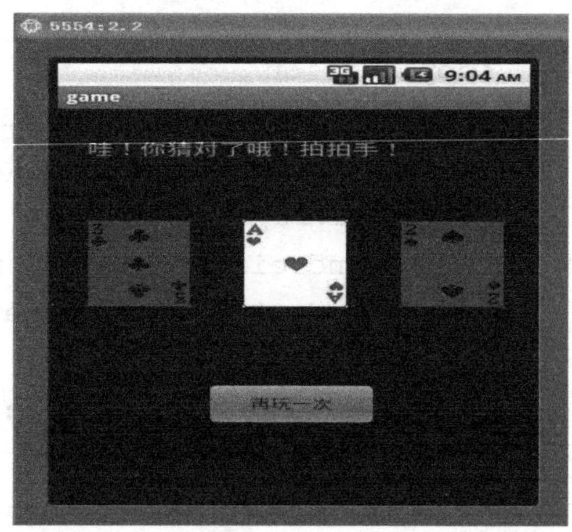


图 16.57 再次选牌

**分析** 范例中使用了 TextView、Button 及三个 ImageView 对象，一开始三个 ImageView 都默认显示扑克牌的背面，当用户选择了其中一张牌时，三个 ImageView 同时翻面，程序依照选择的对错，在 TextView 中显示结果，并可通过“再玩一次”的 Button 来重新开始游戏。

实现本范例前需要准备四张图片：红心 A、黑桃 2、梅花 3 及扑克牌背面，并将这四张文件存入到 res/drawable 文件夹中。四张图片路径如下：

res/drawable/p01.png：红心 A；

res/drawable/p02. png:黑桃 2;

res/drawable/p03. png:梅花 3;

res/drawable/p04. png:扑克牌背面。

当游戏一开始,玩者便从三张扑克牌中点击一张,然后程序会一次翻开所有牌面,并将玩者为选择的牌面以灰暗效果处理,在这个练习里,将学习 ImageView 的 onClickListener()事件与设置透明度的技巧。

首先将三张图片文件的 id 存入数组 s1 中,randon()这个方法会将 s1 中的 id 顺序做随即的调换,以制作洗牌的效果,三个 ImageView 默认加载图片都为扑克牌的背面。

当用户点击其中一张图片时,会触发该 ImageView 的 onClick 事件,程序将判断此张牌是否为红心 A,再依猜对与否来决定 TextView 的显示内容。

“再玩一次”Button 中的 onClick 事件,会将三个 ImageView 显示的图片文件都重新设置为扑克牌背面,并做一次洗牌的动作(自定义的 randon()方法)。

操作步骤如下:

(1) 创建工程 playPoker,Application Name 为 PlayPoker,Package Name 为 com. play,Create Activity 为 PlayPoker,在主程序 PlayPoker. java 中添加代码,如代码清单 16. 27 所示。

代码清单 16. 27　PlayPoker. java

```
package com.play;

import android.app.Activity;
import android.os.Bundle;
import android.widget.Button;
import android.widget.ImageView;
import android.widget.TextView;
import android.view.View;

public class PlayPoker extends Activity
{
    /* 声明对象变量* /
      private ImageView mImageView01;
      private ImageView mImageView02;
      private ImageView mImageView03;
      private Button mButton;
      private TextView mText;
      /* 声明长度为 3 的int 数组,并将三张牌的 id 放入
        R.drawable.p01:红心 A
        R.drawable.p02:黑桃 2
        R.drawable.p03:梅花 3
        R.drawable.p04:扑克牌背面* /
      private static int[] s1=
```

```
    new int[]{R.drawable.p01,R.drawable.p02,R.drawable.p03};
/* * Called when the activity is first created. * /
@ Override
public void onCreate(Bundle savedInstanceState) {
    super.onCreate(savedInstanceState);
    /* 载入main.xml Layout * /
    setContentView(R.layout.main);

    /* 取得相关对象 * /
    mText=(TextView)findViewById(R.id.mText);
    mImageView01=(ImageView)findViewById(R.id.mImage01);
    mImageView02=(ImageView)findViewById(R.id.mImage02);
    mImageView03=(ImageView)findViewById(R.id.mImage03);
    mButton=(Button)findViewById(R.id.mButton);
    /* 运行洗牌程序 * /
    randon();
    /* 替mImageView01添加onClickListener* /
    mImageView01.setOnClickListener(new View.OnClickListener()
    {
      public void onClick(View v)
      {
        /* 三张牌同时翻面,并将未选择的两张牌变透明 * /
        mImageView01.setImageDrawable(getResources()
                          .getDrawable(s1[0]));
        mImageView02.setImageDrawable(getResources()
                          .getDrawable(s1[1]));
        mImageView03.setImageDrawable(getResources()
                          .getDrawable(s1[2]));
        mImageView02.setAlpha(100);
        mImageView03.setAlpha(100);
        /* 依有没有猜对来决定TextView要显示的信息 * /
        if(s1[0]==R.drawable.p01)
        {
          mText.setText("哇! 你猜对了喔!! 拍拍手!");
        }
        else
        {
          mText.setText("你猜错了喔!! 要不要再试一次?");
        }
      }
    });
```

```
/* 替 mImageView02 添加 onClickListener* /
mImageView02.setOnClickListener(new View.OnClickListener()
{
  public void onClick(View v)
  {
    /* 三张牌同时翻面,并将未选择的两张牌变透明 * /
    mImageView01.setImageDrawable(getResources()
                        .getDrawable(s1[0]));
    mImageView02.setImageDrawable(getResources()
                        .getDrawable(s1[1]));
    mImageView03.setImageDrawable(getResources()
                        .getDrawable(s1[2]));
    mImageView01.setAlpha(100);
    mImageView03.setAlpha(100);
    /* 依有没有猜对来决定 TextView 要显示的信息 * /
    if(s1[1]== R.drawable.p01)
    {
      mText.setText("哇! 你猜对了喔!! 拍拍手!");
    }
    else
    {
      mText.setText("你猜错了喔!! 要不要再试一次?");
    }
  }
});

/* 替 mImageView03 添加 onClickListener* /
mImageView03.setOnClickListener(new View.OnClickListener()
{
  public void onClick(View v)
  {
    /* 三张牌同时翻面,并将未选择的两张牌变透明 * /
    mImageView01.setImageDrawable(getResources()
                        .getDrawable(s1[0]));
    mImageView02.setImageDrawable(getResources()
                        .getDrawable(s1[1]));
    mImageView03.setImageDrawable(getResources()
                        .getDrawable(s1[2]));
    mImageView01.setAlpha(100);
    mImageView02.setAlpha(100);
    /* 依有没有猜对来决定 TextView 要显示的信息 * /
    if(s1[2]==R.drawable.p01)
```

```
          {
            mText.setText("哇！你猜对了喔!! 拍拍手!");
          }
          else
          {
            mText.setText("你猜错了喔!! 要不要再试一次?");
          }
        }
      });

      /* 点击 Button 后三张牌都翻为背面且重新洗牌* /
      mButton.setOnClickListener(new Button.OnClickListener()
      {
        public void onClick(View v)
        {
          mText.setText("猜猜看红心 A 是哪一张?");
          mImageView01.setImageDrawable(getResources()
                  .getDrawable(R.drawable.p04));
          mImageView02.setImageDrawable(getResources()
                  .getDrawable(R.drawable.p04));
          mImageView03.setImageDrawable(getResources()
                  .getDrawable(R.drawable.p04));
          mImageView01.setAlpha(255);
          mImageView02.setAlpha(255);
          mImageView03.setAlpha(255);
          randon();
        }
      });
    }
    /* 重新洗牌的程序* /
    private void randon()
    {
      for(int i=0;i<3;i+ + )
      {
        int tmp=s1[i];
        int s=(int)(Math.random()* 2);
        s1[i]=s1[s];
        s1[s]=tmp;
      }
  }
}
```

该程序中为了视觉的效果，使用了 ImageView 的 setAlpha(int alpha)方法，将没选择的两张牌设置透明度为 100，没选到的牌变透明了，选到的那一张自然就凸显出来了，其中 alpha 值为 255 即没有透明度的意思，所以，才会在“再玩一次”按钮的 onClick 事件中将三张牌的 alpha 值都设为 255。

(2) 在 res 目录创建 drawable 目录，将本游戏中使用到的四张图片(p01. png、p02. png、p03. png 和 p04. png)复制到 res/drawable 文件夹中。

(3) res/layout/main. xml，如代码清单 16. 28 所示。

代码清单 16. 28　res/layout/main. xml

```
<? xml version="1. 0" encoding="utf-8"? >
<AbsoluteLayout
xmlns:android="http://schemas.android.com/apk/res/android"
    android:id="@ +id/layout1"
    android:layout_width="fill_parent"
    android:layout_height="fill_parent"
    android:orientation="vertical" >
    <TextView
      android:id="@ +id/mText"
      android:layout_width="270px"
      android:layout_height="40px"
      android:text="@ string/str_title"
      android:textSize="18sp"
      android:layout_x="20px"
      android:layout_y="32px"
    >

  </TextView>

    <ImageView
      android:id="@ +id/mImage01"
      android:layout_width="71px"
      android:layout_height="96px"
      android:layout_x="20px"
      android:layout_y="122px"
      android:src="@ drawable/p04"
    >
    </ImageView>
    <ImageView
      android:id="@ +id/mImage02"
      android:layout_width="71px"
```

```
    android:layout_height="96px"
    android:layout_x="126px"
    android:layout_y="122px"
    android:src="@ drawable/p04"
  >
  </ImageView>
  <ImageView
    android:id="@ +id/mImage03"
    android:layout_width="71px"
    android:layout_height="96px"
    android:layout_x="232px"
    android:layout_y="122px"
    android:src="@ drawable/p04"
  >
  </ImageView>
  <Button
    android:id="@ +id/mButton"
    android:layout_width="118px"
    android:layout_height="wrap_content"
    android:text="@ string/str_button"
    android:layout_x="100px"
    android:layout_y="302px"
  >
  </Button>

</AbsoluteLayout>
```

(4) res/values/strings. xml,如代码清单 16. 29 所示。

代码清单 16. 29　res/values/strings. xml

```
<? xml version="1. 0" encoding="utf- 8"? >
<resources>
    <string name="hello"> Hello World, HelloWorld! </string>
    <string name="app_name"> PokerGame</string>
    <string name="str_title"> 猜猜看红心 A 是哪一张? </string>
    <string name="str_button"> 再玩一次</string>

</resources>
```

# 思 考 题

1. 什么是嵌入式实时操作系统？Android 操作系统属于实时操作系统吗？

2. 在 Android 中，请简述 jni 的调用过程。

3. 简述 Android 应用程序结构是哪些？

4. 什么是 Activity？

5. 请描述一下 Activity 生命周期。

6. 两个 Activity 之间跳转时必然会执行的是哪几个方法。

7. 什么是 Service 以及描述下它的生命周期。

8. Service 有哪些启动方法，有什么区别，怎样停用 Service？

9. 能说下 Android 应用的入口点吗？

10. Android 都有哪些 XML 解析器？

11. SQLite 支持事务吗？添加删除如何提高性能？

12. Android Service 和 Binder、AIDL 你都熟练吗？

13. Android2.3 较之前版本新增了哪些新特性？

14. Android4.0 较之前版本新增了哪些新特性？

15. 在 16.2.3 小节中用 Android2.3 编译的 playPoker 工程能不能直接用 Android4.0 编译？试说明它们的差别。

# 附录3 JAVA常用包

**Java提供的部分常用包**

| 包名 | 主要功能 |
|---|---|
| java. applet | 提供了创建 applet 需要的所有类 |
| java. awt. * | 提供了创建用户界面以及绘制和管理图形、图像的类 |
| java. beans. * | 提供了开发 Java Beans 需要的所有类 |
| java. io | 提供了通过数据流、对象序列以及文件系统实现的系统输入、输出 |
| java. lang. * | Java 编程语言的基本类库 |
| java. math. * | 提供了简明的整数算术以及十进制算术的基本函数 |
| java. rmi | 提供了与远程方法调用相关的所有类 |
| java. net | 提供了用于实现网络通讯应用的所有类 |
| java. security. * | 提供了设计网络安全方案需要的一些类 |
| java. sql | 提供了访问和处理来自于 Java 标准数据源数据的类 |
| java. test | 包括以一种独立于自然语言的方式处理文本、日期、数字和消息的类和接口 |
| java. util. * | 包括集合类、时间处理模式、日期时间工具等各类常用工具包 |
| javax. accessibility | 定义了用户界面组件之间相互访问的一种机制 |
| javax. naming. * | 为命名服务提供了一系列类和接口 |
| javax. swing. * | 提供了一系列轻量级的用户界面组件，是目前 Java 用户界面常用的包 |

注：在使用 Java 时，除了 java. lang 外，其他的包都需要 import 语句引入之后才能使用。

java. applet　Java Applet 包：其中包含 Applet 类和几个接口，能够实现 applet 和浏览器交互和播放音频剪辑。在 java2 中，类 javax. swing. JApplet 用来定义使用 Swing GUI 组件的 applet。

java. awt　Java 抽象窗口工具包：其中包含创建和操纵 GUI 所需的类和接口，主要用于 java1. 0 和 1. 1 而在 java2 中，通常用 javax. swing 包中的 Swing GUI 组件代替使用。

java. awt. event　Java 抽象窗口工具包：其中包含 java. awt 和 java. swing 包中的 GUI 组件具有事件处理能力的类和接口。

java. io　Java 输入输出包：其中包含支持程序输入输出数据的类（文件和流）。java 语言的标准输入/输出类库，如基本输入/输出流、文件输入/输出、过滤输入/输出流等。

java. lang　Java 语言包：其中包含许多 Java 程序所需的类和接口. 默认由编译器加载到所有的程序中。java 的核心类库，包含了运行 java 程序必不可少的系统类，如基本数据类型、基本数学函数、字符串处理、线程、异常处理类等，系统缺省加载这个包。

java. net　Java 网络包：其中包含能够使程序通过网络进行通信的类。

java. text　Java 文本包：其中包含支持 Java 程序处理数字，数据，字符和字符串的类和接口. 这个包提供了许多国际化功能——是程序能按地区进行用户自定义（如可以使 applet 基于用户所在国家以不同的语言显示字符串）。

java.util　Java 工具包：其中包括工具类和接口，如日期和时间处理，类 Random 的随机数处理能力，存储和处理大量数据以及用类 StringTokenizer 将字符串分解成更小的称为 token 的字段。包含如处理时间的 date 类，处理变成数组的 Vector 类，以及 stack 和 HashTable 类。

javax.swing　Java Swing GUI 组件包：其中包含为可移植 GUI 提供支持的 Java Swing GUI 组件所需要的类和接口。

javax.swing event　Java Swing 事件包：其中包含为 javax.swing 包中 GUI 组件提供事件处理能力的类和接口。

# 附录 4 JAVA 常用接口

## 1. Servlet 实现相关

Servlet 接口:主要定义了 servlet 的生命周期方法,它定义了以下方法:

init(ServletConfig config)用于初始化 Servlet;

destroy()销毁 Servlet;

getServletInfo()获取 Servlet 的信息;

getServletConfig()获得 Servlet 配置相关的信息;

service(ServletRequest req, ServletResponse res)运行应用程序的逻辑入口点;

ServletRequest 表示客户端的请求信息;

ServletResponse 表示对客户端的响应。

GenericServlet 抽象类:为 servlet 提供了一般的实现(包括实现了 servlet 和 ServletConfig 两个接口),保存了容器通过 init 方法传递给 servlet 的一个 ServletConfig 类型的重要对象。

HttpServlet 抽象类:为处理 http 请求的 servlet 提供了一般实现,主要是定义和实现了若干 service 方法。HttpServlet 的子类必须实现以下方法中的一个:

doGet()

doPost()

doPut()

doDelete()

init()和 destroy()

getServletInfo()

## 2. Servlet 配置相关

ServletConfig 接口:为 servlet 提供了使用容器服务的若干重要对象和方法。主要方法有以下几个:

getInitParameter(String name)返回特定名字的初始化参数;

getInitParameterNames()返回所有的初始化参数的名字;

getServletContext()返回 Servlet 的上下文对象的引用。

## 3. Servlet 上下文相关

ServletContext 接口:是 Servlet 的上下文对象,这个对象是在服务器启动时创建的,为 servlet 提供了使用容器服务的若干重要方法。它的常用的方法:

getAttribute(String name)获得 ServletContext 中名称为 name 的属性;

getContext(String uripath)返回给定的 uripath 的应用的 Servlet 的上下文；

removeAttribute(String name)删除名称为 name 的属性；

setAttribute(String name,Object object)在 ServletContext 中设置一个属性,这个属性的名称为 name,值为 object 对象。

## 4. 请求和响应相关

请求和响应相关的接口和类非常多,主要有几下几种：

ServletRequest:代表了 Servlet 的请求,它是一个高层接口,HttpServletRequest 是它的子接口；

ServletResponse:代表了 Servlet 的响应,它是一个高层接口,HttpServletResponse 是它的子接口；

ServletInputStream:Servlet 的输入流；

ServletOutputStream:Servlet 的输出流；

ServletRequestWrapper:是 ServletRequest 的实现；

ServletResponseWrapper:是 ServletResponse 的实现；

HttpServletRequest:用来处理一个对 Servlet 的 Http 格式的请求信息。

# 附录 5　JAVA 包装类

（1）Integer 类。

八种基本数据类型之一，是 int 类型的包装类，在对象中包装了一个基本类型 int 的值。

（2）Float 类。

八种基本数据类型之一，是 float 类型的包装类。

（3）Double 类。

八种基本数据类型之一，是 double 类型的包装类。

（4）Character 类。

八种基本数据类型之一，是 char 类型的包装类。

（5）String 类。

java. lang. String 类，String 是一个对象，表示字符串常量。

（6）StringTokenizer 类。

它是一个很方便的字符串分解器，主要用来根据分隔符把字符串分割成标记（token），然后按照请求返回各个标记。

（7）StringBuffer 类。

java. lang 包下的类，是字符串缓冲类。该类的对象实体内存空间可以自动改变大小，便于存放一个可变的字符序列。

（8）Random 类。

java. util 包中专门提供了一个和随机处理有关的类，这个类就是 Random 类。随机数字的生成相关的方法都包含在该类的内部。

# 第五篇　应用与设计

本篇综合前几篇学习的知识，通过“多道数据采集系统”和“基于 Qt 的移动扫描系统”两个实例的设计与实现，阐述嵌入式产品开发的方法与过程，帮助工程师独立实现常见的应用系统。

# 第 17 章　多道数据采集系统概述

在核物理实验中，多道脉冲幅度(峰值)分析系统已被广泛应用于测量核辐射能谱，现有的多道脉冲幅度分析器多以 8/16 位单片机构成控制系统，其缺点是采集速度低，不能满足时间精确度要求较高的实验。较为先进的数据采集系统是基于 FPGA 开发的，虽然基本解决了采集速度的问题，但其电路较复杂、集成度较低、设计和调试难度较大、升级系统困难以及通常没有友好的用户界面等缺点使得其在很多地方的应用中受到了限制。

随着电子技术的快速发展，更多新型的低功耗、高集成度器件现已被广泛应用于核数据采集系统当中。32 位 ARM 嵌入式处理器具有高性能、低功耗的特性，并且具有可编程性和可操作性，能支持较为复杂的程序设计，已被广泛应用于消费电子产品、无线通信和网络通信等领域。它的出现，也为核数据采集系统提高精度和速度提供了很好的硬件平台基础。

本项目设计了基于 ARM 和 Linux 的多路高速峰值采集和数据处理系统，应用到脉冲峰值的在线检测与分析中。该系统以 AD9220 作为数模转换核心，以先进的 S3C2410/2440 (三星公司 ARM9)芯片为采集控制器以及使用 100MBaseT 以太网技术作为传输技术，实现了高精度、高速率的数据采集和稳定传输，并提供了友好的用户控制界面，大大提高了数据采集的实时性、直观性和精确度。

现存的脉冲峰值分析系统能达到 5μS 左右的分辨能力，而对随机脉冲的采集能力通常只能到 20μS 左右。本系统特别为核物理实验中高频脉冲信号采集而设计，能实现对随机脉冲信号进行以最高 10ms 为单元、最高时间分辨为 2μS 的峰值采集。

## 17.1　系 统 设 计

### 17.1.1　基本需求

这里采用 NaI 探测器对常用的 Cs137 能谱测量进行说明。核辐射信号进入 NaI 探测器后输出一系列的负脉冲信号，幅度一般在几十毫伏，再通过成形放大器将该微小信号放大输出，输出信号一般为几个伏特的高斯脉冲，脉冲宽度约为 1μs。这些脉冲信号服从 Possion 分布，其幅度主要由高压幅值和放大器的放大倍数决定。我们需要检测到各个脉冲的幅度高度，采用脉冲高度分析的模式将这些高度信息按照地址存放到存储器中，然后绘制出能谱图。

### 17.1.2　总体设计

本系统分为基于 ARM9 的多道数据采集子系统与 PC 机数据处理子系统两大部分。数据采集子系统完成信号预处理、A/D 转换、数据压缩及存储;PC 机数据处理子系统完成与数据采集子系统的通信，将采集到的数据下载到本地，并实现数据分析、存储和图形化显示，系统结构如图 17.1 所示。

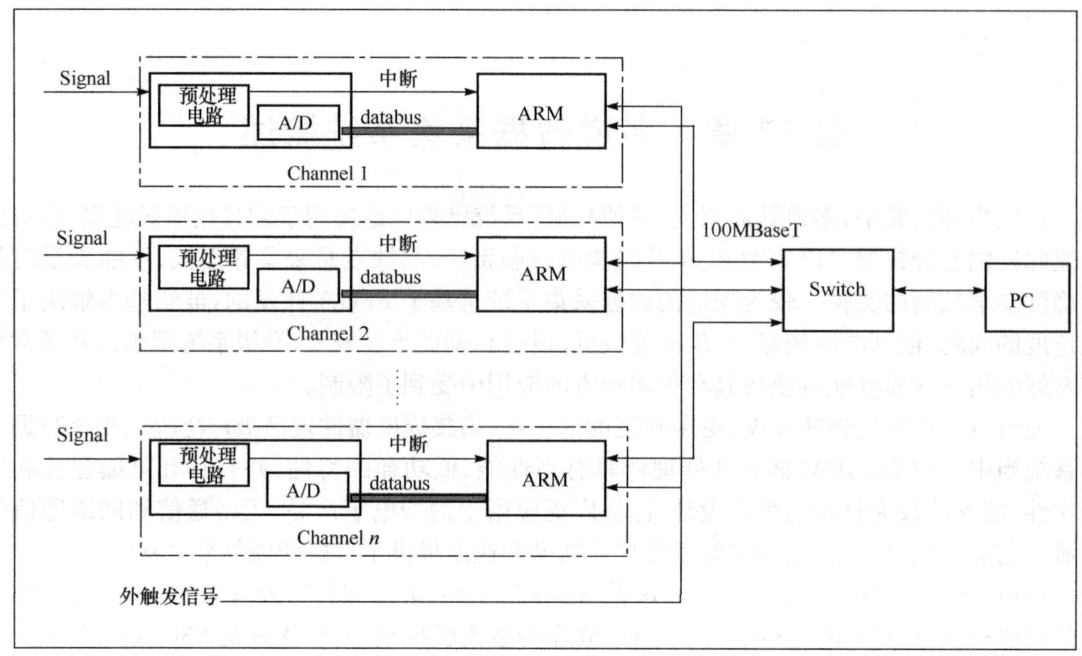


图 17.1　多道数据采集系统

## 17.2　系统实现

### 17.2.1　硬件设计

(1) 峰值采集电路。

峰值采集电路主要由信号预处理电路、信号峰值判别处理及 A/D 转换电路组成。其主要功能是将输入的模拟信号经硬件电路判为峰值后，向 CPU 发出中断请求，将其转换的数字信号由 CPU 存储到存储器中，如图 17.2 所示。

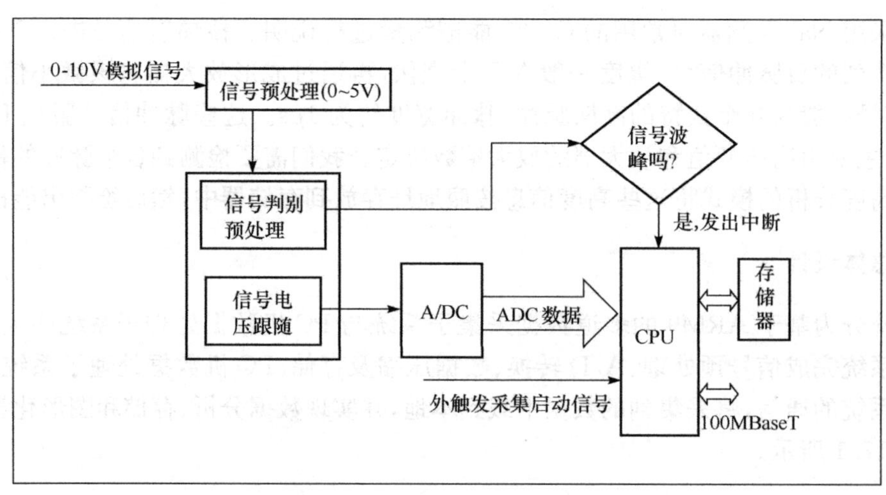


图 17.2　单道峰值数据采集子系统

为了快速、准确地检测到脉冲峰值，这里没有采用传统的软件判峰方法，而采用了硬件电路判峰，保证了 A/D 转换电路准确快速地采集到核脉冲的幅度而不会因为软件延时等原因造成丢峰现象，如附录 1 的硬件采集电路图所示。

为了提高采样精度和速度，A/D 转换芯片采用 AD 公司的 AD9220 集成转换器，其具有 12bit 的数字输出和 10.0MSPS 的转换速度。

0～10V 的峰值模拟信号由“SIGINP”输入，经由 R5 分压后，在 $W_1$ 处转换为 0～5V 的模拟信号。随之，一路信号通过 U3 构成的电压跟随电路后进入 A/D 转换器 U1，再经 U2、U9 接入到 ARM9 CPU 总线 ARM-LCD-SOK 连接器上；另一路由 Uf、U4、U5、U6 和 U8 组成的峰值判别电路，由 CON6 的 G 点发出峰值中断信号。A/D 所需 10MHz 工作频率由 U7 二分频后提供。

(2) 峰值数据存储及通信。

采用三星公司 ARM9 系列的 S3C2410 芯片做数据调度，其工作频率为 200MHz，远远高于数据采集系统所需的数据量(500k/s～1M/s)，完全能胜任高速数据采集的任务。其存储器采用 SD 卡，最高可扩充至 2G，按常用采集粒度 100ms 计算，单次采集时长可长达 13.88 小时，每个最小单元可存储 $2^{16}$ 个峰值，其存储能力也完全满足实验要求。

### 17.2.2　数据采集

(1) Linux 系统移植。

采用 Linux2.6 实时操作系统作为控制平台，其优势在于 Linux 具有完整的文件系统和成熟的网络支持，中断处理和定时机制完善。对设计中所需的精确的定时以及强大网络支持是至关重要的。

通过对 Linux2.6 内核进行适当的裁剪，留下 SD 卡驱动、FTP 服务和网络支持功能[5]；使用交叉编译器 ARM-Linux-gcc 在 openSUSE 11 下其进行交叉编译，最后形成大小为 1M 字节左右的 zImage 内核。使用 PC 机，通过 JTAG 接口，将三星公司提供的系统引导程序 vivi 和编译后的内核 zImage 下载到 Nand Flash 中，将编译的应用程序和其启动脚本也下载至 Nand Flash 中。系统上电后，按默认启动脚本自动初始化、加载驱动和运行应用程序。

(2) 数据存储结构。

当硬件判断有峰出现时，立即输出中断信号到 ARM CPU，从 A/D 转换器读取采集到的峰值，并在下一峰到来之前及时地将数据转移到数据采集子系统的 SDRAM 中，最后存储在大容量 SD 卡中。中断处理程序采用了内核级编程，数据采集中断信号采用了最高优先级的外部中断。内核级编程和最高优先级的中断使整个中断服务程序不被其他系统进程干扰，有效地确保采集的准确性，防止了丢峰现象的发生。

本设计对数据压缩采用了三级缓冲方式，即使用三个 4kB 缓冲器 Buffer1、Buffer2 和 Buffer3，巧妙地避开数据采集和数据转存之间可能发生的冲突。缓冲器数据存取设计为长 4 字节、高 1024 的大小，这样来自底层 A/D 的数据就可按 1～1024 进行分类压缩，每一类可存放的最大值为 $2^{16}$，有效地降低了数据量，实现了高速长时采集的要求。

由于本系统应用于核脉冲信号分析实验，输入的信号是强度和时间均具有随机性的电压信号，实验要求的数据采集结果是在一个给定的时间片段内所出现脉冲电平高低的统计量。因此，我们采用了以时间为最小单元的数据结构，如要求采样粒度为 10ms，则对每 10ms 内出现的脉冲分布进行一次统计，统计结果存于一个整形数组中，数组按次序排列，以二进制文件的形式保存。

(3) 通信机制。

数据采集子系统所需要的采集配置参数及采集完存储在 SD 卡上的数据是通过远端的 PC 数据处理端完成的，它们之间的连接采用 10/100MBaseT 以太网连接。数据采集子系统支持采用外触发信号启动和命令启动两种工作模式。外触发信号模式可满足无人值守的工作需求。

数据采集子系统与数据处理子系统之间的通信机制如图 17.3 所示。PC 数据处理子系统作为客户端，通过 Socket 与数据采集子系统建立 TCP 链接，成功后发送配置参数；数据采集端收到配置参数后，回复接收到配置参数的标志 SparkleOK。根据数据采集工作模式，数据采集端初始化工作状态。数据采集完毕后，回复数据采集完毕标志 SparkleDone，通知 PC 数据处理端通过建立 FTP 链接下载采集的数据。数据一般在几百兆字节左右，通过 100MbaseT 以太网能快速下载。

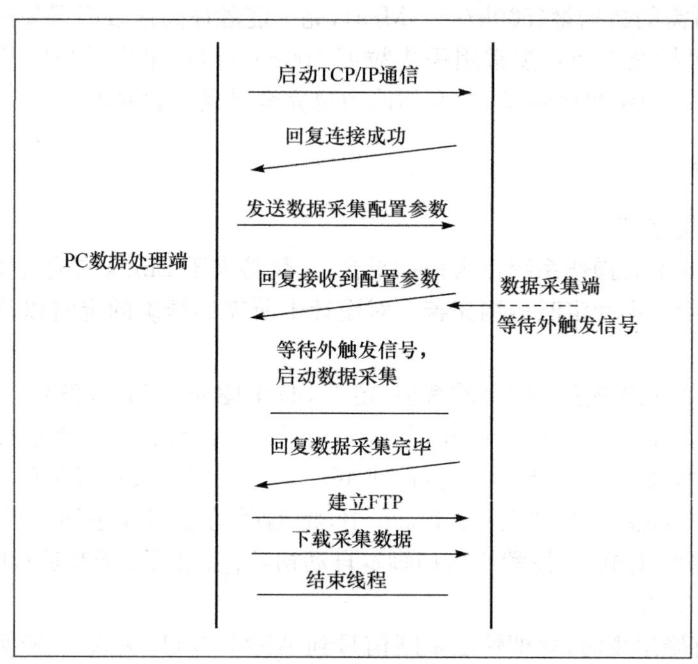


图 17.3　单道外触发信号启动的数据采集过程

对于多通道数据采集，采用多线程工作方式实现。本系统最大支持 20 道数据同时采集，也就是 PC 可以同时与 20 个数据采集点链接，实时完成多路数据的采集和处理，程序框图如图 17.4 所示。

### 17.2.3　数据处理

数据处理子系统主要由数据配置、数据分析和数据存储及可视化显示组成，如图 17.5 所示。该数据处理子系统采用 Visual C＋＋ 6.0 进行开发。

(1) 数据配置。

需要配置的数据包括工作方式、room 时长、room 数。在通常的核辐射能量测量中，时长一般在 10 分钟以内，最小 room 时长(最高时间分辨率)为 10ms，最大 room 时长(最低时间分

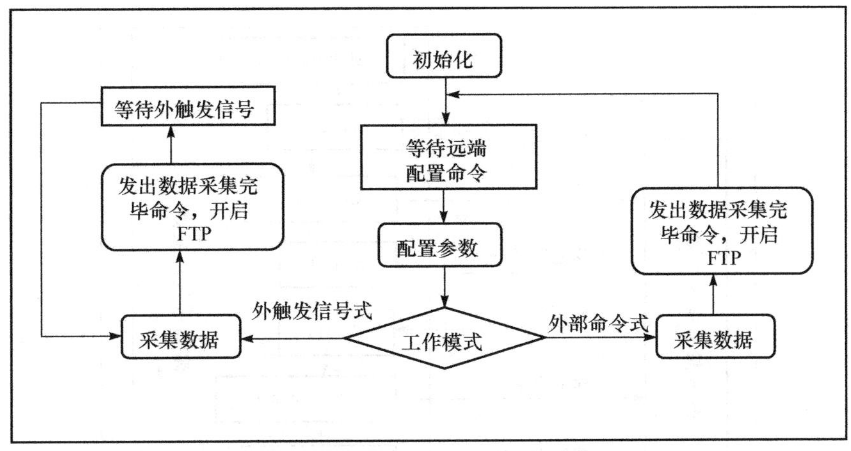


图 17.4　多道数据采集流程

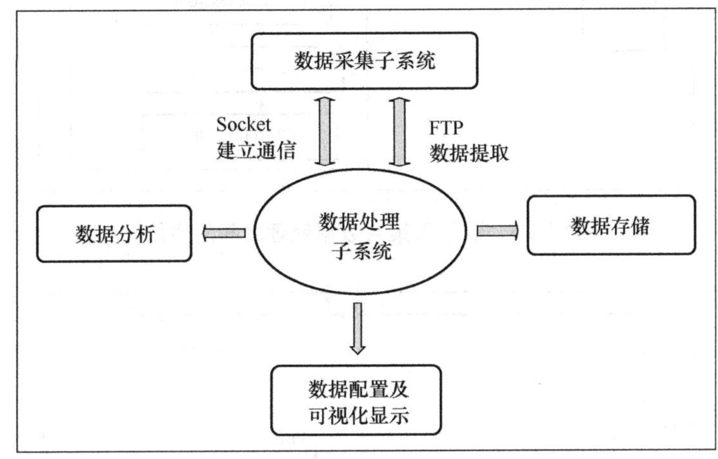


图 17.5　数据处理子系统

辨率)为 100ms。

数据处理子系统作为客户机，与采用服务器工作模式的数据采集子系统通过 TCP/IP 流式套接字编程实现。流式套接字是最常用的套接字类型，其传输特点为面向链接、无差错、发送先后顺序一致、包长度不限和非重复的网络信息包。TCP/IP 协议簇中的 TCP 协议使用此类接口。多路数据采集子系统与数据处理之间的通信如图 17.6 所示。

对于外触发信号工作模式，数据配置只需要一次，数据采集子系统由外触发信号驱动自动采集数据，完成后发送采集完毕信令 Sparkledone 给数据处理子系统。数据处理子系统采用多线程循环工作方式保持与数据采集子系统的通信，并及时下载采集的数据进行存储和处理。

(2) 数据存储。

数据采集子系统采集数据完毕后，数据处理子系统通过 FTP 通信协议进行下载。并以二进制格式存储在本地，保存文件名定义为：放电编号(ShotNum)＋ch＋通道编号。其中，放电编号取值范围：0～16777215，通道编号取值范围：0～255。

(3) 数据分析及可视化显示。

使用本系统测量放射性元素 Cs137 的能谱，如图 17.7 所示。

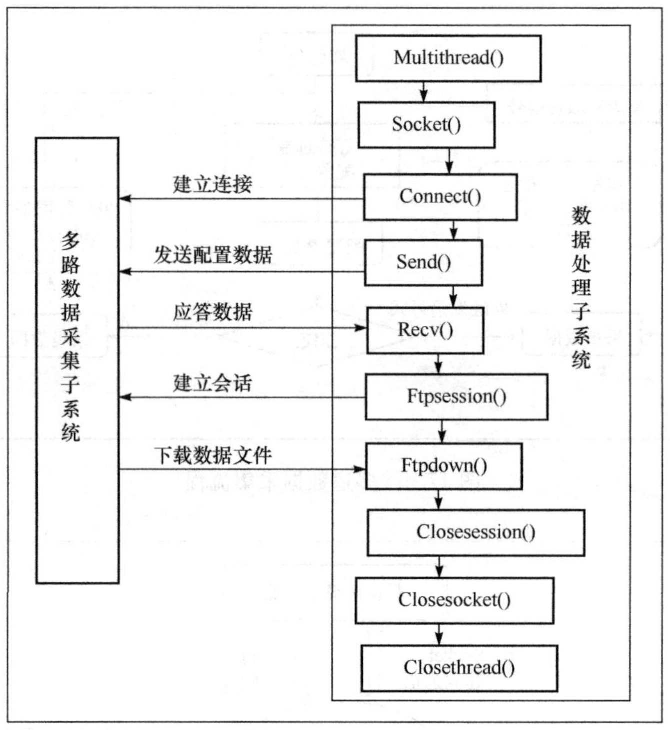


图 17.6　数据采集与数据处理之间的通信

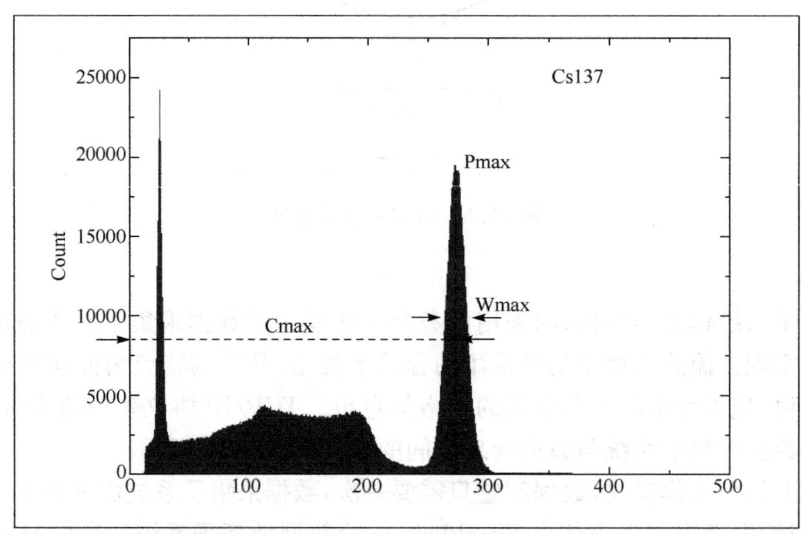


图 17.7　测量的 Cs137 能谱图

从数据采集端获得的数据最高分辨率为 1024 道(即 10 位 A/D 转换),可按需求绘制出多种分辨率为 $1024/n(n=1,2,4,8,16)$的能量分布图,并通过图形用户界面显示。设核辐射最大峰峰值为 Pmax,对应的道数为 Cmax,峰值半高宽为 Wmax,定义最大峰峰值分辨率为 Wmax/Cmax。本系统对 Cs137 的检测数据如表 17.1 所示。

表 17.1 Cs137 测量值

| 测量时长/秒 | 测量时长/秒 | Pmax | Cmax | Wmax | Wmax /Cmax |
|---|---|---|---|---|---|
| 测量值 | 500 | 20000 | 273 | 22 | 8.06% |

# 17.3 结 论

本系统采用嵌入式系统以及友好的图形化界面，成功研发出了高达 2μS 时间分辨率的新型多通道高速脉冲幅度分析系统，实现了对数据的实时分析。利用该系统测量了放射性元素 Cs137 的能谱，与标准能谱吻合度较高，达到了核辐射能谱的测量要求。实验测量到的能谱具有较高的能量分辨率，同时信噪比也达到了较为理想的水平。

# 附录 6　硬件采集电路图

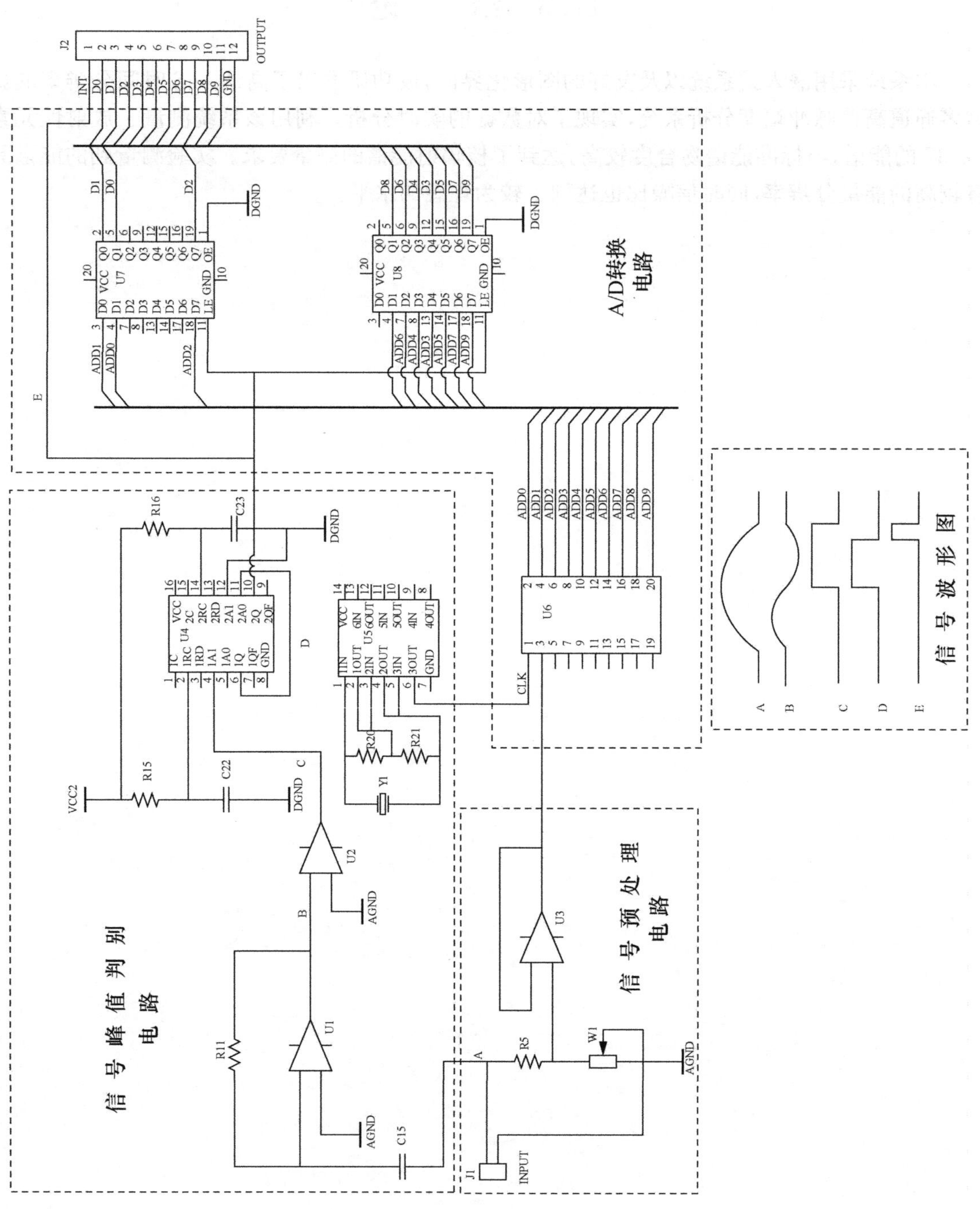

# 附录7 软件程序

本项目采用在ARM9开发板的/mnt/yaffs目录下，通过创建init. sh脚本来启动数据采集和建立嵌入式系统与PC端的网络通信。

系统启动后，可通过开发板系统自动启动脚本/etc/init. d/rcS运行脚本/mnt/yaffs/init. sh，所以在init. sh中添加命令即可实现开机后自动运行所需程序。脚本init. sh的自动运行需要在脚本/etc/init. d/rcS中加入语句：/mnt/yaffs/init. sh &。

在init. sh脚本中配置如下内容：

```
ifconfig eth0 192.168.110.111 mtu 500   /* 设置开发板 IP 地址* /
route add default gw 192.168.0.254 netmask0.0.0.0   /* 设置开发板网关地址* /
inetd   /* 启动服务器功能 * /
insmod/mnt/yaffs/adc_driv.o
insmod/mnt/yaffs/tcp
```

以上配置完成后，开机就能使嵌入式系统处于工作等待状态。要实现这个配置环境需要先考虑以下几个方面的问题。

(1) vivi/uboot配置。

如果vivi在启动时需要等待几秒的时间，则可通过修改开发包中bootloader/vivi/init目录下的main. c文件来设置vivi启动等待时间。如需要立即启动，可设置等待时间为0。

修改后，在bootloader/vivi/目录，使用make clean和make命令编译程序，可生成新的可执行vivi文件。

本开发未使用uboot，有兴趣者可自行验证。

(2) Linux 2. 6. x内核配置。

本项目使用多块嵌入式系统板通过以太网交换机与PC进行通信，每块系统板需要具备一个不同的MAC地址，但目前嵌入式系统板出厂的时候每个网卡的MAC地址都设为相同的值，这就需要对每块系统板的网卡的驱动进行修改，设置不同的MAC地址。

为了解决这个应用中出现的MAC地址冲突，需要修改厂商提供的开发包中的dev/drivers/net/dm9ks. c文件。修改完成后，再使用make clean、make dep、make zImage命令为每块系统板编译出不同的新的内核文件zImage。

将新的zImage文件分别下载到各开发板，就完成了各开发板MAC地址的配置。

(3) 根文件系统配置。

根文件系统可以使用系统板生产厂商提供的文件系统，本项目不需要再开发，直接下载到所用开发板的FLASH中即可。

(4) 数据采集模块及TCP/IP网络通信模块开发。

① 数据采集软件模块。

在PC端软件开发包中开发数据采集C程序adc_driv. c，使用make clean和make命令编译程序，生成目标文件adc_driv. o，并下载到开发板的/mnt/yaffs/目录下，通过/etc/init. d/rcS脚本运行 init. sh 脚本，将其装载到 zImage 中。

② TCP/IP 网络通信模块。

在 PC 端软件开发包中开发 TCP/IP 网络通信模块 C 程序 tcp. c，使用命令 make clean 和 make 命令编译，生成可执行文件 tcp。下载到开发板的/mnt/yaffs/目录下，通过/etc/init. d/rcS 脚本运行 init. sh 脚本，将其装载到 zImage 中。

需要注意的是不同厂商提供的开发板，由于其配套的软件包有所差异，所以在/mnt/yaffs/init. sh 脚本的配置上会有所不同，需要开发者根据实际情况进行配置。

# 第 18 章　基于 Qt 的移动扫描系统

本章介绍基于 Qt 的嵌入式扫描仪驱动的移植及应用开发，如图 18.1 所示。

## 18.1　实现目标及方法

(1) 实现目标：

A. 实现 mini2440 对便携式 usb 扫描仪的支持；

B. 实现对采集数据的转存和压缩；

C. 实现参数的设置和扫描图的预览和查看。

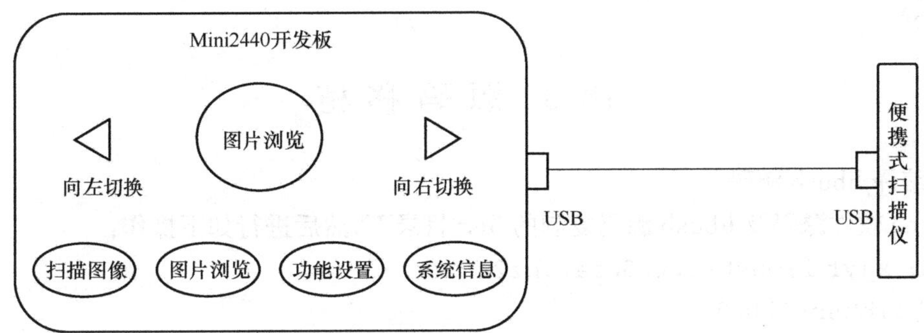


图 18.1　便携式扫描系统

(2) 实现方法：

A. 在互联网上查找开源项目中相关的源代码进行交叉编译；

B. 移植编译好的源码到目标板上，以实现底层的驱动和支持；

C. 使用 Qt Designer 开发 UI 程序，编译生成目标板可执行程序，然后下载到目标板上；

D. 在后台利用命令行工具进行扫描和压缩。

## 18.2　相 关 资 源

(1) 开发环境的搭建。

本系统使用的是：

Qt 平台：Qtopia-2.2.0；

UI 素材设计工具：Qt Designer 1.1；

交叉编译器：arm-Linux-gcc4.4.3；

嵌入式 Linux 内核：Linux2.6.32.2；

扫描仪：方正便携式扫描仪，型号为 Z12。

(2) 准备需要的软件。

① 扫描仪驱动及命令行软件源码。

Sane 网站：http://www.sane-project.org。

在此开源项目中查找是否支持方正 Z12 便携式扫描仪的后台驱动。将相关的后台驱动及前台工具源码下载备用。

② libusb 源码。

Libusb 网站：http://www.libusb.org。

在此开源项目中找到相应的 libusb 源码包，并下载。

③ 图像压缩工具源码。

Cjpeg 兴趣组：http://jpegclub.org。

在此开源项目中查找 cjpeg 工具源码，下载源码备用。

以上源码包都在本书所配备的软件包 Part05 目录下，读者可复制相应源码到 Linux 系统下进行交叉编译。

注意：在我们编译上面三个源码时会出现缺失库的问题，这是由于在交叉编译时编译的程序需要目标系统中的其他组件的支持，所以根据报错，需将涉及的其他组件补齐。如 usb 库、libusb 库等。

## 18.3 源码移植

(1) 编译 libusb 源码。

将 sane 软件源码及 libusb 源码复制的/usr 目录下，然后进行如下操作：

```
# tar xjvf libusb-1.0.8.tar.bz2
# cd libusb-1.0.8
# ./configure--prefix=/usr/sane--host=arm-linux
# make
# make install
```

复制输出文件/usr/sane 下面的目录 include 与 lib 到所安装的交叉编译器的相关目录下，因为交叉编译器在编译 sane 时要调用 libusb 库：

```
# cp-r /usr/sane/*  /opt/4.4.3/arm-none-linux-gnueabi
```

(2) 编译 sane 源码。

```
# tar xvzf sane-backends-1.0.22.tar.gz
# cd sane-backends-1.0.22    // 在/usr 目录下解压源码生成的目录
# ./configure --prefix=/usr/sane --host=arm-linux--enable-libusb_1_0
# make
# make install
```

在这里需要注意一个问题，在指定安装目录时，不能指定到其他的目录，不然会编译出错。这是因为，sane 源码的安装目录默认/usr/sane。

将编译好的 sane 下载到开发板上，在图形界面下找到 sane，然后将 sane 压缩为 sane.tar.gz，然后 ftp 到开发板，当然也可以用其他方法。

通过 ftp 传到开发板的 sane.tar.gz 在/home/plg 目录下，将其复制到/usr 目录下，进行解压，解压出来的文件为 sane。这时在超级终端中输入命令：

```
# scanimage
```

提示：sh：scanimage：not found

把 sane 的 bin 目录下的四个文件全部复制主目录/bin 下面，如下：

```
# cp-r /usr/sane/bin/*  /bin
# scanimage
```

提示没有 cism216. fw 文件，解决办法：在互联网上搜索并下载 cism216. fw 文件或者使用本书软件包 Part05 目录下所提供的 cism216. fw 文件，并复制到所提示的相应目录下。

在开发板终端使用命令调用，看是否能完成扫描过程，如

```
# scanimage >out1.pnm           //扫描后的图片保存在当前目录下
```

可在开发板终端中键入如下命令，以查看 scanimage 的使用方法及详细命令参数。

```
# scanimage-help
```

至此，sane 的移植成功了，但在这里有两个需要注意的事项：

① 在进行 sane 移植之前，要确定 sane 是否有需要用到的扫描仪的后台支持，先确定有相关的后台支持后，再进行移植。不然将 sane 移植到开发板后，在输入命令时会找不到扫描仪。

② 在移植过程中，要学会根据错误提示，多查资料，找到相应的解决办法。

(3) 编译 cjpeg 源码。

```
# tar xvzf jpegcrop.tar.gz
# cd jpegcrop/jpeg-8d/
# ./configure --prefix=/home/for_arm/jpeg--host=arm-linux
# make
# make install
```

将编译后的输出文件下载到开发板，将输出文件/jpeg/bin 目录下的文件复制到开发板的/bin 目录下，并配置相应的 lib 库环境变量。然后在终端执行：

```
# cjpeg out1.pnm >out1.jpg   //在 out1.pnm 目录下执行
```

通过 cjpeg，就可以把 out1. pnm 图像进行压缩和格式转换。

## 18.4 制作扫描仪启动界面

(1) UI 素材。

事先准备好 UI 设计样本，将需要的背景、图标设计完成后导出成 jpg 或 png 格式备用(图 18.2)。

其他涉及的图片素材就不再一一介绍，在本教程所配套的软件包的 Part05 目录下有相应的源码包，解压 qt，然后在/qt/pic 文件夹里面找到所需的素材。

(2) 制作 UI 界面。

启动 Qt Designer，在第二篇时我们分别编译了 x86 版本的 qtopia 和 arm 版本的 qtopia。现在我们只需启动 arm 版本下的 Qt Designer(图 18.3)。

```
# cd /opt/mini2440/arm-qtopia/qtopia-2.2.0-FriendlyARM/qt2/bin
# ./designer
```

在新建文件中选择 Widget(图 18.4)。

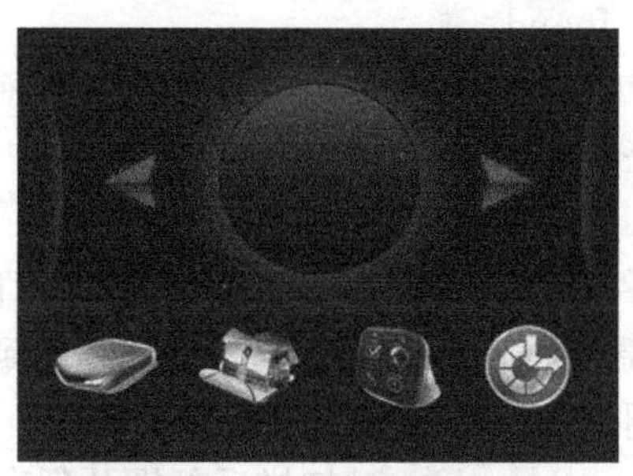

(a) 背景图

(b) 系统信息

(c) 功能设置

(d) 扫描图像

(e) 图片浏览

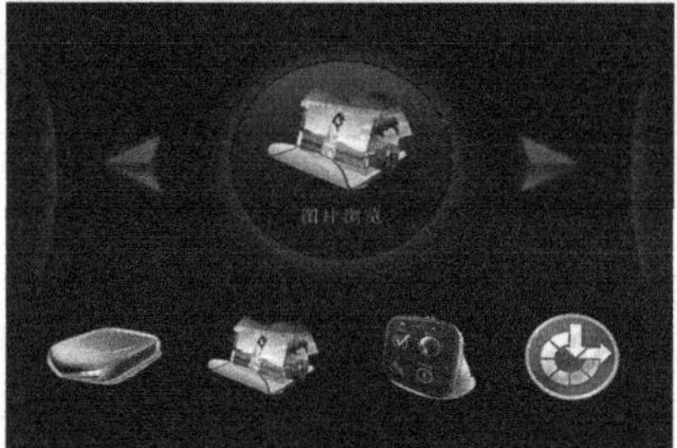

(f) UI界面

(g) 扫描时的界面

图 18.2　UI素材

使用 Qt Designer 设计界面文件，可以把需要的按钮、复选框等拖动到界面中，这些功能将会在将来的界面中出现，具体设计方法可参考 Qt Designer manual。

注意：① 在刚开始熟悉时可以将各种控件单独拖动到界面中自行尝试功能；

② 布局中考虑屏幕的大小和分辨率与将要应用的屏幕尺寸对应；

③ 利用控件的坐标值来对齐按钮和图标，可将不需要的控件的 $x$、$y$ 坐标值设置为负值(可视界面以外)，也可使用 visiable 属性可以将暂时不用的图标隐藏起来，在需要的时候，可以在程序中修改 visiable 属性。

在新建的 Dialog 中，点击新建界面的任意一处，在属性编辑窗口中，找到 name 项，将其值改为 YourButtonBaseForm，再找到 maximumSize 项，将值改为[320,240]。将 palette 的背景颜色设为黑色，将 caption 的值设为 BUTTONS，如图 18.5 所示。

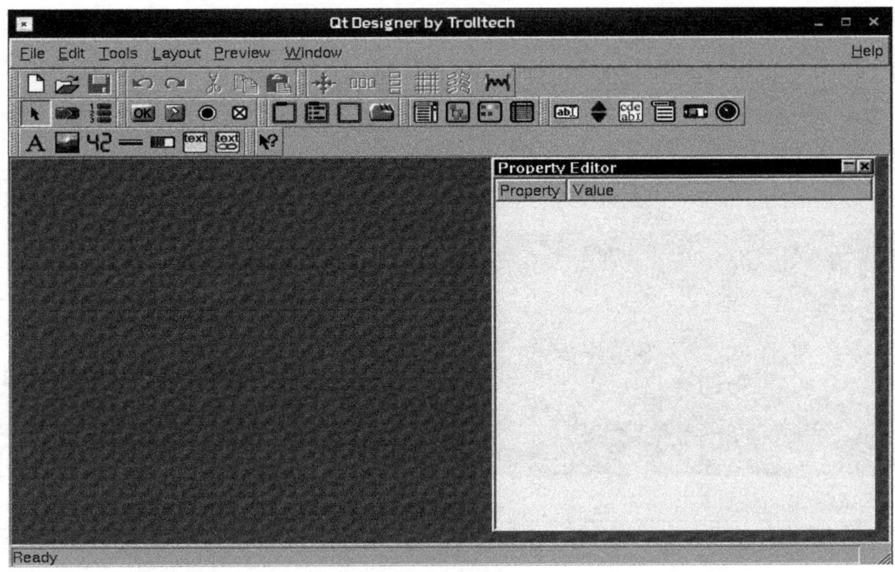


图 18.3　Qt Designer

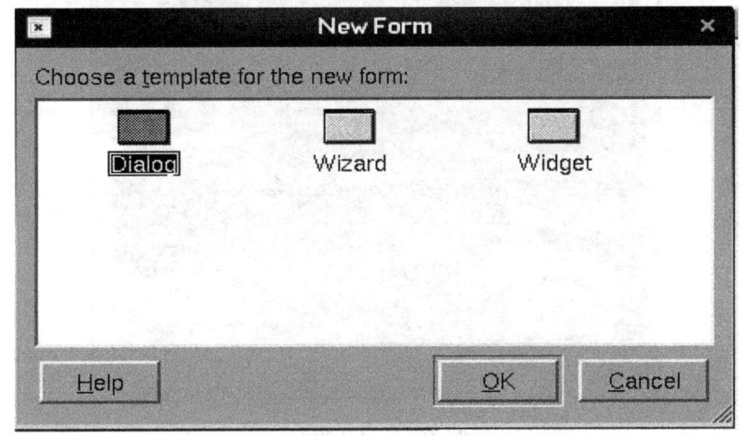


图 18.4　新建窗口

一些相关控件名称及图标：

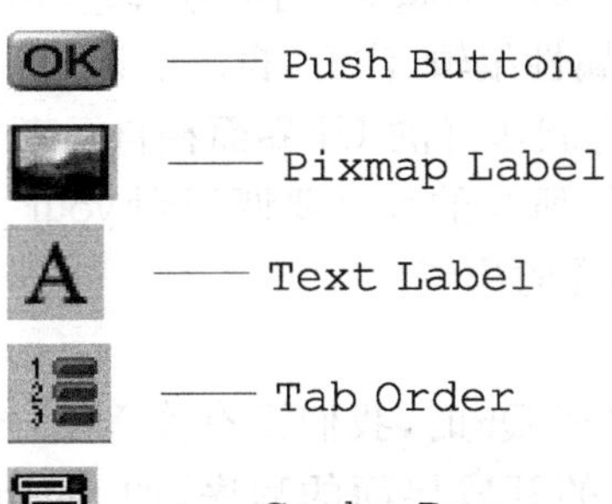


选择 Pixmap Label 控件，在 BUTTONS 中拖动出六个 Pixmap Label 控件。并分别对六个控件进行属性编译。如图 18.6 所示。

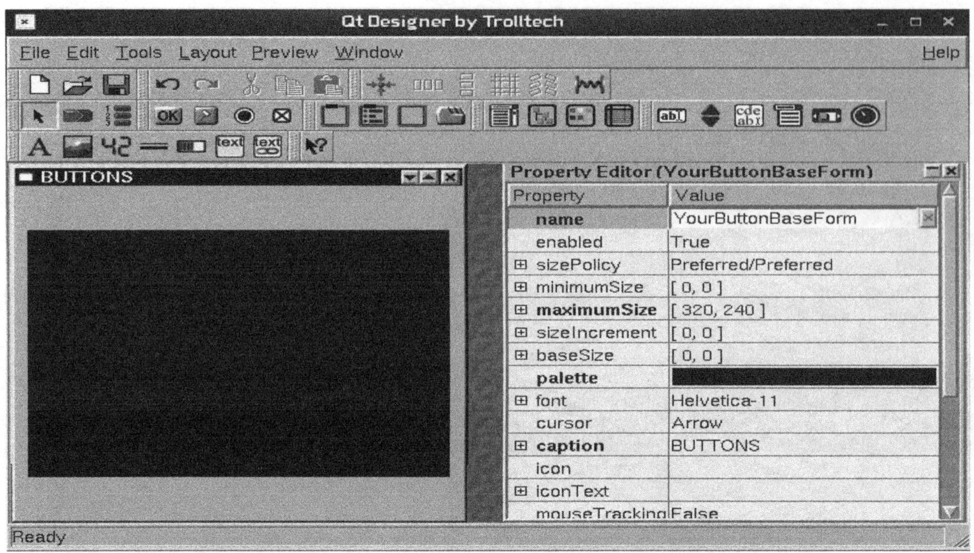


图 18.5 UI设计

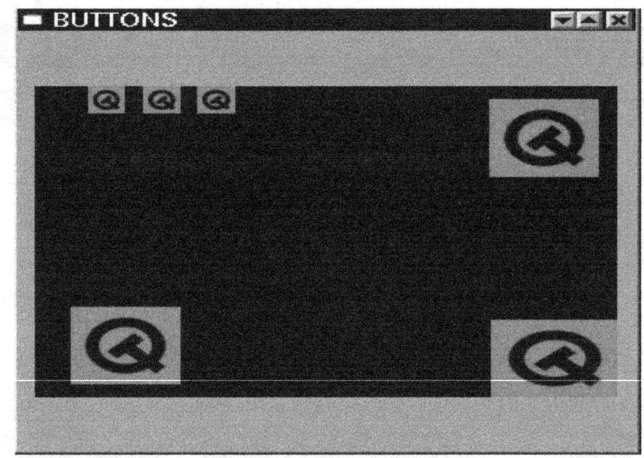


图 18.6 UI设计

然后，在拖动出 4 个 Combo Box 控件，10 个 Text Label，1 个 Push Button 控件，读者可根据本书提供的软件包，在 Part05 目录下找到 UI 源码包，用 Qt Designer 打开 your_button_base_form. ui。可根据已设计好的 UI 界面进行各个控件的属性编辑(注意，自己设计的 UI 界面，其中的各个控件属性必须和源码包提供的一致)。然后将制作好的 UI 界面在自己新建的目录下保存为保存为 your_button_base_form. ui。因为，我们所写的程序要调用到 your_button_base_form. ui，如果以其他文件名存储的话，会在程序编译时出错。

制作出的 UI 界面如图 18.7 所示。

编写标准 C++编写的方法在每个部位添加代码，在编写 Qt 时，我们没有像 VC++那样的一整套开发工具，但是 Qt 提供了一个类似 VC++中的开发界面的程序，如 uic、moc、qmake。

为设计好的 *. ui 文件编写 yourbutton. h 和 yourbutton. cpp，用 qmake 生产可执行文件，然后下载到开发板，通过加载脚本的形式启动扫描仪(由于程序比较复杂，这里不作详细介绍，

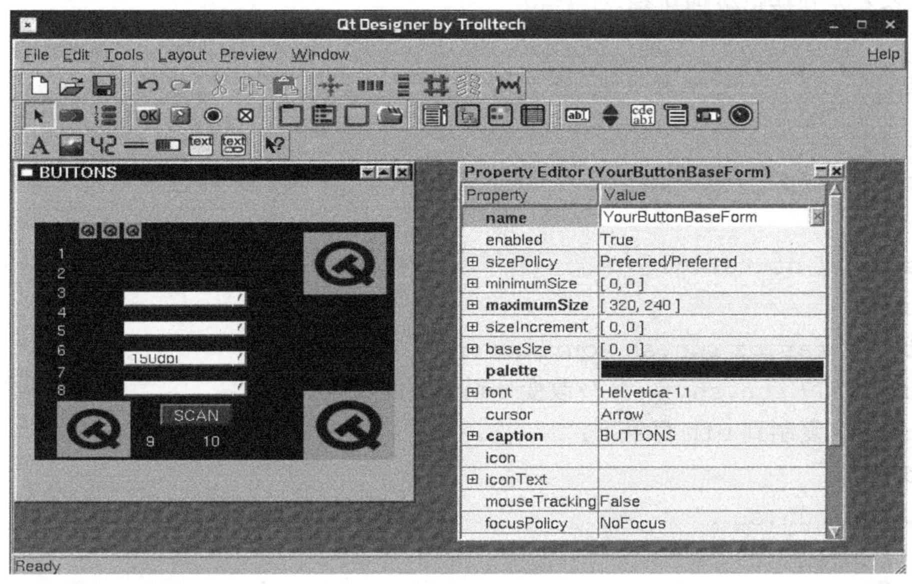


图 18.7　UI 设计

本教程所提供的软件包中有相应的代码)。

(3) 连接事件。

使用 connnect 工具将鼠标点击事件、焦点获取事件等与自己的函数进行关联。

在我们的主程序代码中添加如下类似代码:

```
connect(helloPushButton,SIGNAL(clicked()),this,SLOT(sayHello()));
```

connect 函数将界面设计中被命名为 helloPushButton 的按钮的 clicked()事件与主程序中的 sayHello()函数关联起来,这样在我们再界面上点击 helloPushButton 按钮时,程序将调用 sayHello()函数,我们想要的功能就能写在 sayHello()函数里面。

(4) 在程序中调用外部工具。

在本例中,我们的扫面程序是采用调用外部工具来实现的,这里使用了函数 commond(),在 Qt 中只做了调用如:

```
cfg_cmd=(colorbox- > currentItem()+ 2)+ (dpibox- > currentItem()+ 1)
* 10;
//从界面中获取当前配置
sprintf(commond,"scanimage % d1001g6",cfg_cmd);
//字符串函数把要执行的命令行生成
system(commond);
//以命令行输出命令,启动扫描过程
```

## 18.5　配置自动加载脚本

在目标板中,我们需要进行启动文件的配置,上电后才能自动运行我们的程序,在这之前还要配置相应的环境变量。

将本书软件包 Part05 录下的 qt. tar. gz 下载到开发板上,在开发板的主目录下创建 qt 目录。以下命令在开放板终端执行：

```
# cd /
# mkdir qt
# cd /qt
# cp /home/plg/qt.tar.gz    //在这里 qt.tar.gz 源码包是通过 ftp 下载到开发板
# tar xvzf qt.tar.gz
# ls
# pic qt.tar.gz run.sh yourbutton
# chmod 777 run.sh       //改变 run.sh 的权限
```

将 run.sh 复制到 bin 目录下：

```
# cd /bin
# cp /qt/run.sh .
# vi run.sh
```

在最后加上：/qt/./yourbutton -qws，然后保存退出。

```
//配置环境变量
export LD_LIBRARY_PATH=/opt/Qtopia/lib:/usr/local/lib
export QTDIR=/opt/Qtopia
export QPEDIR=/opt/Qtopia
export LD_LIBRARY_PATH=/opt/Qtopia/lib:$ LD_LIBRARY_PATH
export QWS_DISPLAY='Transformed:Rot90'
//修改启动脚本
# cd /etc/init.d
# vi rcS
```

在脚本的后部分，找到/bin/qtopia &，把这一句注释掉，另起一行，加上：/bin/run. sh & 让板子启动的时候直接启动我们自己写好的脚本。至此我们已经完成了这个 Qt 开发流程，接下来的工作就是不断地调试，完善功能。

## 18.6　结　　论

本项目基于已有的开源项目和网络教程，为我们实现了最终需要的功能，帮助我们加快了项目的开发进度。是我们掌握软件开发过程较好的方法。

## 思 考 题

1. PC 端的 GUI 图形用户界面除了采用 Visual C＋＋ 6.0 开发外，是否可以采用 Qt 进行开发？请简要说明理由。

2. 在第 18 章中，扫描仪的启动界面是否可以用 Qt4 以上的版本进行开发；以及如何调用外部程序，以实现扫描仪的启动？

# 参 考 文 献


成奋华. Java 程序设计项目教程[M]. 北京:高等教育出版社,2009.

成洁,卢紫毅. Linux 窗口程序设计(-Qt4 精彩实例分析)[M]. 北京:清华大学出版社,2008.

广州友善之臂计算机科技公司. Mini6410 用户手册[M], 2011(2).

广州友善之臂计算机科技公司 . Mini2440 用户手册[M],2010(9).

李长明. 基于 ARM 和 Linux 嵌入式系统的软件开发过程[J]. 工业控制计算机,2006,19(3):47-48,51.

李俊 . 嵌入式 Linux 设备驱动开发详解[M]. 北京:人民邮电出版社,2008.

罗致,王仲东. ARM Linux 在 AT91RM920 平台上的移植[J]. 软件技术,2006,25(1):85 - 86.

欧阳峥峥,林茂. 基于 TCP/IP 协议通信软件的分析与实现[J]. 武汉工业学院学报,2005,24(2):12-14,46.

徐谡,徐立,孙计安. Java 应用与开发案例教程[M]. 北京:清华大学出版社,2005.

许信顺,贾智平 . 嵌入式 Linux 应用编程[M]. 北京:机械工业出版社,2006.

燕孝飞. 完全掌握 Eclipse(项目开发实战)[M]. 北京:科学出版社,2009.

杨丰盛. Android 技术内幕[M]. 北京:机械工业出版社,2011.

余志龙,陈昱勋,郑名杰,等. Google Android SDK 开发范例大全[M]. 北京:人民邮电出版社,2009.

张洪波,陈洪彬,吴君 . Linux 命令应用大全[M]. 北京:清华大学出版社,2009.

张利国,龚海平,王植萌. Android 移动开发入门与进阶[M]. 北京:人民邮电出版社,2009.

张秀松,施金鸿. 基于 AT91RM920 的嵌入式工业控制系统设计[J]. 微计算机信息,2006,22(2):45-47.

Analog Devices, Inc. AD7656/AD7657/AD7658 250ksps 6-Channel Simultaneous Sampling Bipolar ADC [EB/OL] . www. analog. com, 2006.

bbs. hiapk. com.

Carlson D. Eclipse 精粹[M]. 张欣,译. 北京:机械工业出版社,2006.

Daniel P. Bovet,Marco Cesati. Understanding the Linux kernel[M]. sebastopol:O'Reilly Media,2005.

Davies J,Whittaker R. SUSE Linux 10 宝典[M]. 周孝生,等译 . 北京:人民邮电出版社,2007.

http://jpegclub. org.

http://qt. nokia. com.

http://qt. nokia. com/title-cn/.

http://www. chinaunix. net.

http://www. developer. nokia. com/Community/Wiki/index. php/.

http://www. mathematik. uni-ulm. de/help/qt-2. 3. 1/designer/.

http://www. oschina. net/p/qt+creator.

http://www. sane-project. org.

http://www. wandoujia. com/windows. html.

http://www. openSUSE. org.

www. apkbus. com.

www. cmd100. com/bbs/forum. php.

www. codefans. net.

www. ligotop. com/Android.

www. opda. com. cn.